人工智能 人才培养系列

人工智能

原理与实践

基于Python语言和TensorFlow

◎ 张明 何艳珊 杜永文 编著

人 民 邮 电 出 版 社
北 京

图书在版编目（CIP）数据

人工智能原理与实践 ：基于Python语言和TensorFlow / 张明，何艳珊，杜永文编著. -- 北京 ：人民邮电出版社，2019.8（2023.1重印）
ISBN 978-7-115-50929-1

Ⅰ. ①人… Ⅱ. ①张… ②何… ③杜… Ⅲ. ①人工智能－算法②软件工具－程序设计 Ⅳ. ①TP18 ②TP311.561

中国版本图书馆CIP数据核字(2019)第040865号

内容提要

TensorFlow 是谷歌公司开发的一款开源的人工智能应用框架，用于帮助研究者研究和部署深度神经网络，并为研究者提供一个加速深度学习的平台，到目前为止，TensorFlow 已经成为世界上应用最广泛的机器学习平台。本书从人工智能的基础讲起，深入到人工智能的框架原理、模型构建、源代码分析等各方面内容。全书分为基础篇和实战篇两部分，共 11 章。基础篇部分包括第 1 章到第 4 章，讲解人工智能的入门知识，包括人工智能的概述、Python 编程语言的基本知识点、TensorFlow 的基础知识点和运行方式，这 4 章是后续章节学习和实践的基础。实战篇部分包括第 5 章到第 11 章，讲解如何用 TensorFlow 完成 MNIST 机器学习、卷积神经网络、字词嵌入、递归神经网络、Mandelbrot 集合、偏微分方程模拟仿真和人脸识别的应用实战。

本书深入浅出，原理与案例相结合，涵盖了 TensorFlow 的主要内容，非常适合对人工智能和 TensorFlow 感兴趣的零基础初学者阅读学习。

◆ 编　　著　张　明　何艳珊　杜永文
　责任编辑　刘　博
　责任印制　陈　犇
◆ 人民邮电出版社出版发行　　北京市丰台区成寿寺路 11 号
　邮编　100164　　电子邮件　315@ptpress.com.cn
　网址　http://www.ptpress.com.cn
　北京九州迅驰传媒文化有限公司印刷
◆ 开本：787×1092　1/16
　印张：13.25　　　　　2019 年 8 月第 1 版
　字数：331 千字　　　　2023 年 1 月北京第 6 次印刷

定价：49.80 元

读者服务热线：(010) 81055256　印装质量热线：(010) 81055316
反盗版热线：(010) 81055315
广告经营许可证：京东市监广登字 20170147 号

前 言

2016 年，在谷歌公司的 AlphaGo 击败韩国围棋选手李世石后，掀起了新一轮的人工智能学习热潮。经过近两三年的发展与普及，人工智能的应用遍地开花，逐渐渗透到人们生活的各个领域，并对这些领域的发展起到了不同程度的推动作用。

众所周知，计算机发展到高级阶段，人工智能是其重要发展方向，机器学习则是人工智能的一个工具，而深度学习又包含在机器学习中，是机器学习的一部分。不管是人工智能的学习还是机器学习或者是深度学习，它们皆是基于线性代数、矩阵、微积分、概率论等数学理论的，具有复杂的数学模型和算法。这些枯燥复杂的数学公式增加了人工智能入门的难度，影响了许多对人工智能领域感兴趣的读者继续学习下去的信心，甚至让他们经历了从有兴趣到放弃的过程。能够使对人工智能感兴趣的零基础初学者顺利走完由有兴趣到入门，由零基础到略懂的阶段，则是作者撰写本书的动力。希望本书能够帮助广大的人工智能初学者跨过初期学习的难关，享受到学习人工智能技术的乐趣。

深度学习的框架有许多，其中应用最广泛的是谷歌公司开发 AlphaGo 所用的 TensorFlow 平台框架，它集合了神经网络的各种算法和函数，并形成了一个工具箱。同时，TensorFlow 是基于 Python 编程语言的，具有简单易学、能轻松上手的优势，因此一经开源便受到了各行各业的喜爱。本书从人工智能的基础原理讲起，逐一介绍 Python 语言、TensorFlow 的基本概念和安装、TensorFlow 的基础运作方式、使用 TensorFlow 实现 MNIST 机器学习、卷积神经网络、字词的向量表示、递归神经网络、人脸识别等内容。在介绍这些实战例子的同时，本书深入浅出地介绍了算法模型背后的理论内容。本书尽量减少对纯数学理论的研究探讨，对概念和一些理论知识也做了一定的简化处理；而且注重从实际问题出发，在章节设定上做到循序渐进，在实践中介绍知识点和关联应用，确保读者能够快速地掌握各个知识点及相关技术，可以使用 TensorFlow 来做一些实际工作，并逐渐具备进一步自学的能力。

由于编写仓促，编写水平有限，书中难免出现疏漏和不妥之处，敬请各位读者多多批评指正。

本人与几位同事合作编写了本书，并在此过程中得到了他们的大量帮助，在此向何老师、杜老师表示衷心的感谢。

张 明

2019 年 5 月

目录

基础篇

基础篇

01 第1章 绪论

1.1 人工智能简介

人工智能（Artificial Intelligence，AI）与空间技术、能源技术并称为世界三大尖端技术，也被称为继三次工业革命后的又一次革命，它是在计算机科学、控制论、信息论、神经生理学、哲学、语言学等多种学科研究的基础上发展起来的，是一门新思想、新观念、新理论、新技术不断涌现的前沿性学科和迅速发展的综合性学科。目前，人工智能在很多学科领域都得到了广泛应用，并取得了丰硕成果，无论在理论还是实践上都已自成系统。

2017 年 12 月，人工智能入选“2017 年度中国媒体十大流行语”。经过多年的演进，人工智能的发展进入了新阶段。AlphaGo 的胜利，无人驾驶的成功，模式识别的突破性进展，这些人工智能的发展成果一次又一次地牵动着我们的神经。

1.1.1 人工智能的概念

什么是智能？什么是人工智能？人工智能和人的智能、动物的智能有什么区别和联系？这些是每个人工智能初学者都会问到的问题，也是学术界长期争论却又没有定论的问题。人工智能的出现不是偶然的，从思想基础上讲，它是人们长期以来探索能进行计算、推理和其他思维活动的智能机器的必然结果；从理论基础上讲，它是控制论、信息论、系统论、计算机科学、神经生理学、心理学、数学和哲学等多种学科相互渗透的结果；从物质基础上讲，它是电子计算机的出现和广泛应用的结果。

为了更好地理解人工智能的内涵，本节首先介绍一些与之相关的基本概念。

1. 智能的概念

智能的拉丁文表示是 Legere，意思是收集、汇集。但究竟智能是什么？智能的本质是什么？智能是如何产生的？尽管相关的学者和研究人员一直在努力探究，但这些问题仍然没有完全解决，依然困扰着人类。

虽然近年来，神经生理学家、心理学家等对人脑的结构和功能有了一些初步认识，但对整个神经系统的内部结构和作用机制，特别是人脑的功能原理还没有完全研究清楚，因此对智能做出一个精确、可被公认的定义显然是不可能的，研究人员只能基于自己的研究领域，从不同角度对智能进行侧面描述，如思维理论的观点、知识阈值理论的观点和进化理论的观点。对这些观点的了解可以帮助我们勾勒出智能的内涵和特征。

思维理论认为智能的核心是思维，人的一切智慧或智能都来自大脑的思维活动，人类的一切知识都是人们思维的产物，因而通过对思维规律与方法的研究可以揭示智能的本质。思维理论来源于认知科学，认知科学是研究人们认识客观世界的规律和方法的一门学科。

知识阈值理论认为，智能行为取决于知识的数量和知识的一般化程度，系统的智能来自它运用知识的能力，智能就是在巨大的搜索空间中迅速找到一个满意解的能力。知识阈值理论强调知识在智能中的重要意义和作用，推动了专家系统、知识工程等领域的发展。

进化理论认为，人的本质能力是在动态环境中的行走能力、对外界事物的感知能力、维持生命和繁衍生息的能力，这些本质能力为智能发展提供了基础，因此智能是某种复杂系统所呈现的性质，是许多部件交互作用的结果。智能仅仅由系统总的行为及行为与环境的联系所决定，它可以在没有明显可操作的内部表达的情况下产生，也可以在没有明显的推理系统出现的情况下产生。进化理论是由美国麻省理工学院（MIT）的布鲁克斯（Brooks）教授提出的，他是人工智能进化主义学派的代表人物。

综合上述各种观点，可以认为智能是知识与智力结合的产物。知识是智能行为的基础，智力是获取知识并运用知识求解问题的能力。智能具有以下特征。

（1）感知能力

感知能力是指人类通过诸如视觉、听觉、触觉、味觉、嗅觉等感觉器官感知外部世界的能力。感知是人类最基本的生理、心理现象，也是获取外部信息的基本途径。人类通过感知能力获得关于世界的相关信息，然后经大脑加工成为知识，感知是智能活动产生的前提和基础。

事实上，人类通常对感知到的外界信息有两种不同的处理方式：在紧急或简单情形下，不经大脑思索，直接由底层智能机构做出反应；在复杂情形下，通过大脑思维，做出反应。

（2）记忆与思维能力

记忆与思维都是人脑的重要特征，记忆存储感觉器官感知到的外部信息和思维产生的知识；思维则对记忆的信息进行处理，动态地利用已有知识对信息进行分析、计算、比较、判断、推理、联想、决策等，是获取知识、运用知识并最终求解问题的根本途径。

思维包括逻辑思维、形象思维和灵感思维等，其中，逻辑思维与形象思维是最基本的两类思维方式；灵感思维是指人在潜意识的激发下获得灵感而“忽然开窍”的思维活动，也称顿悟思维。神经生理学家研究发现，逻辑思维与左半脑的活动有关，形象思维与右半脑的活动有关。

① 逻辑思维

逻辑思维也被称为抽象思维，是根据逻辑规则对信息理性处理的过程，反映了人们以抽象、间接、概括的方式认识客观世界的过程。推理、证明、思考等活动都是典型的逻辑思维过程。逻辑思维具有以下特征。

- 思维过程是串行的、线性的过程。
- 容易形式化，可以用符号串表示思维过程。
- 思维过程严密、可靠，可用于从逻辑上合理预测事物的发展，加深人们对事物的认识。

② 形象思维

形象思维以客观现象为思维对象，以感性形象认识为思维材料，以意象为主要思维工具，以指导创造物化形象的实践为主要目的，也称直感思维，如图像识别、视觉信息加工等，形象思维具有以下特征。

- 思维过程是并行协同式的、非线性的过程。
- 较难形式化，对象、场合不同，形象的联系规则也不同，没有统一的形象联系规则。
- 信息变形或缺少时，仍然有可能得到比较满意的结果。

③ 灵感思维

灵感思维是显意识与潜意识相互作用的思维方式。思维活动中经常遇到的“茅塞顿开”“恍然大悟”等情况，都是灵感思维的典型例子，在这样的过程中除了能明显感觉到的显意识外，感觉不到的潜意识也发挥了作用。灵感思维具有以下特点。

- 具有不定期的突发性。
- 具有非线性的独创性及模糊性。
- 穿插于形象思维与逻辑思维之中，有突破、创新、升华的作用。
- 灵感思维过程更复杂，至今无法描述其产生和实现的原理。

（3）学习与自适应能力

学习是人类的本能，这种学习可能是自觉的、有意识的，也可能是不自觉的、无意识的；可能是有教师指导的学习，也可能是通过自身实践的学习。人类通过学习，不断地适应环境、积累知识。

（4）行为能力

行为能力是指人们通过语言、表情、眼神或者形体动作对外界刺激做出反应的能力，也被称为表达能力。外界的刺激可以是通过感知直接获得的信息，也可以是经过思维活动得到的信息。

2. 人工智能的定义

考虑到人工智能学科本身相对较短的发展历史及学科所涉及领域的多样性，人工智能的概念是一个至今仍存在争议的问题，目前还没有一个被绝对公认的定义。在其发展过程中，不同学术流派、具有不同学科背景的人工智能学者对其有着不同的理解，提出了一些不同的观点。下面是人工智能领域一些比较权威的科学家所给出的关于人工智能的定义。

人工智能之父、达特蒙斯会议的倡导者之一、1971 年图灵奖的获得者麦卡锡（McCarthy）教授认为，人工智能是使一部机器的反应方式就像是一个人在行动时所依据的智能。

人工智能逻辑学派的奠基人、美国斯坦福大学人工智能研究中心的尼尔森（Nilsson）教授认为，人工智能是关于知识的科学，即怎样表示知识、获取知识和使用知识的科学。

美国人工智能协会前主席、麻省理工学院（MIT）的温斯顿（Winston）教授认为，人工智能就是研究如何使计算机去做过去只有人才能做的智能工作。

人工智能之父、达特蒙斯会议的倡导者之一、首位图灵奖的获得者明斯基（Minsky）认为，人工智能是让机器去做需要人的智能才能做到的事情的一门学科。

知识工程的提出者、大型人工智能系统的开拓者、图灵奖的获得者费根鲍姆（Feigen Baum）认为，人工智能是一个知识信息处理系统。

综合各种人工智能观点，我们可以从“能力”和“学科”两方面对人工智能进行理解。人工智能从本质上讲，是指用人工的方法在机器上实现智能，是一门研究如何构造智能机器或智能系统，使之能够模拟人类智能活动的能力，以延伸人类智能的学科。

3. 其他相关的概念

随着计算机科学技术、控制理论和技术、信息理论和技术、神经生理学、心理学、语言学等相关学科的飞速发展，人工智能领域又出现了广义人工智能、狭义人工智能、计算智能、感知智能及认知智能等概念，这里对它们给出一个简要的介绍。

（1）广义人工智能和狭义人工智能

2001 年，中国人工智能学会第 9 届全国人工智能学术会议在北京举行，中国人工智能学会理事长涂序彦在题为“广义人工智能”的大会报告中，提出了广义人工智能（Generalized Artificial Intelligence，GAI）的概念，给出了广义人工智能的学科体系，认为人工智能这个学科已经从学派分歧的、不同层次的、传统的“狭义人工智能”转变为多学派兼容的、多层次结合的“广义人工智能”。广义人工智能的含义如下。

① 它是多学派兼容的，能模拟、延伸与扩展“人的智能”及“其他动物的智能”，既研究机器智能，也开发智能机器。

② 它是多层次结合的，如自推理、自联想、自学习、自寻优、自协调、自规划、自决策、自感知、自识别、自辨识、自诊断、自预测、自聚焦、自融合、自适应、自组织、自整定、自校正、自稳定、自修复、自繁衍、自进化等，不仅研究专家系统、人工神经网络，而且研究模式识别、智能机器人等。

③ 它是多智体协同的，不仅研究个体的、单机的、集中式人工智能，而且研究群体的、网络的、多智体（Multi-Agent）分布式人工智能（Distributed Artificial Intelligence，DAI），模拟、延伸与扩展人的群体智能或其他动物的群体智能。

（2）计算智能

1992 年，美国学者贝兹德克（Bezedek）在 *Approximate Reasoning* 学报上首次提出了计算智能的观点。1994 年，IEEE 在美国佛罗里达州奥兰多市举办的首届国际计算智能大会（World Congress on Computational Intelligence，WCCI）上，第 1 次将神经网络、进化计算和模糊系统 3 个领域合并，形成“计算智能”这个统一的学科范畴。

然而，计算智能（Computational Intelligence，CI）目前还没有一个统一的形式化定义，使用较多的是贝兹德克的观点，即如果一个系统仅处理底层的数值数据，含有模式识别部件，没有使用人工智能意义上的知识，且具有计算适应性、计算容错力、接近于人的计算速度和近似于人的误差率这 4 个特征，则它是计算智能的。

计算智能是信息科学、生命科学及认知科学等不同学科共同发展的产物，它借鉴仿生学的思想，基于生物系统的结构、进化和认知，以模型（计算模型、数学模型）为基础，以分布、并行、仿生计算为特征去模拟生物体和人类的智能，其研究领域包括神经计算（网络）、模糊计算（系统）、进化计算、群体智能、模拟退火、免疫计算、DNA 计算和人工生命等。

关于计算智能与人工智能的关系，目前存在两种不同的观点。第 1 种观点的代表人物是贝兹德克，该观点认为生物智能（Biological Intelligence，BI）包含了人工智能，人工智能又包含了计算智能，计算智能是人工智能的一个子集。第 2 种观点的代表人物是艾伯哈特（Eberhart），该观点认为人工智能与计算智能之间虽然有重合，但计算智能是一个全新的学科领域，无论是生物智能还是机器智能，计算智能都是其核心部分，人工智能则是外层。

1.1.2 现代人工智能的兴起

尽管人工智能的历史背景可以追溯到遥远的过去，因为人类很早就有制造机器来帮助人类的幻想，但一般认为人工智能这门学科诞生于1956年的达特蒙斯（Dartmouth）学院。

1946年世界上第1台通用电子计算机ENIAC诞生于美国，最初被用于军方弹道表的计算。计算机科学技术经过大约10年的发展，人们逐渐意识到除了单纯的数字计算外，计算机应该还可以帮助人们完成更多的事情。1950年，艾伦·图灵（Alan Turing）在他的论文《计算机器与智能》中提出了著名的图灵测试（The Turing Test）。在图灵测试中，测试员通过文字与隔离开的房间中的一台机器和一个人进行自由对话。如果测试员无法分辨出与他对话的是机器还是人，那么将判定参与测试的机器通过测试。虽然到目前为止，图灵测试的科学性始终受到质疑，但是它在过去的几十年间一直被认为是测试机器智能的一个重要标准，图灵测试对人工智能的发展产生了极为深远的影响。1951年，普林斯顿大学数学系的一位24岁的研究生马文·闵斯基（Marvin Minsky）建立了世界上第1个神经网络机器，这个神经网络机器拥有40个神经元，通过这个神经网络机器，人们第1次模拟了神经信号的传递。这项开创性的工作为人工智能奠定了深远的基础。闵斯基也由于在人工智能领域所做的一系列奠基性的贡献，在1969年获得了计算机科学领域的最高奖项——图灵奖（Turing Award）。

1956年夏季，在美国达特蒙斯学院，达特蒙斯学院年轻的数学助教麦卡锡（McCarthy，后为斯坦福大学教授）、哈佛大学数学与神经学初级研究员明斯基（Minsky，后为MIT教授）、IBM公司信息研究中心负责人罗切斯特（Lochester）和贝尔实验室信息部数学研究员香农（C. Shannon，信息论的创始人）共同发起了一个持续两个月的夏季学术讨论会，并邀请了IBM公司的莫尔（More）和塞缪尔（Samuel）、MIT的塞尔弗里奇（Selfridge）和索罗门夫（Solomonff）、兰德（RAND）公司和卡内基梅隆大学（CMU）的纽厄尔（Newell）和西蒙（Simon）等人参加，会议的主题涉及自动计算机、为计算机编程使其能够使用语言、神经网络、计算规模理论、自我改造、抽象、随机性与创造性等几个方面，在会上他们提出了“学习和智能的每一个方面都能被精确地描述，使得人们可以制造一台机器来模拟它”，这次会议给这个致力于通过机器来模拟人类智能的新的科学领域起了个名字——人工智能（Artificial Intelligence，AI），也就是在这个讨论会上，人工智能这一术语被第1次正式使用，它开创了人工智能的研究方向，标志着人工智能作为一门新兴学科的正式诞生。

1.1.3 人工智能的学术流派

随着人工神经网络的再度兴起和布鲁克斯机器虫的出现，20世纪80年代到21世纪初人工智能的研究形成了相对独立的三大学派，即符号主义学派、连接主义学派和行为主义学派。当然，从其他角度来看，人工智能学派还有另外的划分方法，如强人工智能学派与弱人工智能学派、简约派与粗陋派、传统人工智能学派与现场人工智能学派等，本小节将对这些学派进行详细说明。

1. 符号主义学派、连接主义学派与行为主义学派

人工智能的研究途径是指研究人工智能的观点与方法，从一般的观点来看，根据人工智能研究途径的不同，人工智能的学者被分为以下三大学术流派。

（1）符号主义学派

符号主义学派也称为心理学派、逻辑学派，这一学派的学者主要基于心理模拟和符号推演的方法进行人工智能研究。早期的代表人物有纽厄尔、肖、西蒙等，后来还有费根鲍姆、尼尔森等，其代表性的理念是“物理符号系统假设”，认为人对客观世界的认知基元是符号，认知过程就是符号处理的过程。

“心理模拟，符号推演”是从人脑的宏观心理层面入手，以智能行为的心理模型为依据，将问题或知识表示成某种逻辑网络，采用符号推演的方法，模拟人脑的逻辑思维过程，实现人工智能。采用这一途径与方法的原因如下。

① 人脑可意识到的思维活动是在心理层面上进行的，如记忆、联想、推理、计算、思考等思维过程都是一些心理活动，心理层面上的思维过程是可以用语言符号显式表达的，因而人的智能行为可以用逻辑来建模。

② 心理学、逻辑学、语言学等实际上也是建立在心理层面上的，因此这些学科的一些现成理论和方法可供人工智能参考或直接使用。

③ 数字计算机可以方便地实现语言符号型知识的表示和处理。

④ 可以直接运用人类已有的显式知识（包括理论知识和经验知识）建立基于知识的智能系统。

符号推演法是人工智能研究中最早使用的方法之一，采用这种方法取得了人工智能的许多重要成果，如自动推理、定理证明、问题求解、机器博弈、专家系统等。由于这种方法是模拟人脑的逻辑思维，利用显式的知识和推理来解决问题，因此它擅长实现人脑的高级认知功能，如推理、决策等抽象思维。

（2）连接主义学派

连接主义学派也被称为生理学派，主要采用生理模拟和神经计算的方法进行人工智能研究，其代表人物有麦卡洛克、皮茨、罗森布拉特、科厚南、霍普菲尔德、鲁梅尔哈特等。连接主义学派早在 20 世纪 40 年代就已出现，但由于种种原因发展缓慢，甚至一度出现低潮，直到 20 世纪 80 年代中期才重新崛起，现已成为人工智能研究中不可或缺的重要途径与方法，每年国际国内都有很多关于人工神经网络的专门会议召开，用于相关领域工作的交流。

“生理模拟，神经计算”是从人脑的生理层面，即微观结构和工作机理入手，以智能行为的生理模型为依据，采用数值计算的方法模拟脑神经网络的工作过程来实现人工智能。具体来讲，就是用人工神经网络作为信息和知识的载体，用称为神经计算的数值计算方法来实现网络的学习、记忆、联想、识别和推理等功能。

神经网络具有高度的并行分布性、很强的健壮性和容错性，它擅长模拟人脑的形象思维，便于实现人脑的低级感知功能，如图像、声音信息的识别和处理。

由于人脑的生理结构是由 10～104 个神经细胞组成的神经网络，它是一个动态、开放、高度复杂的巨系统，人们至今对它的生理结构和工作机理还未完全弄清楚，因此要想实现对人脑的真正和完全模拟，一时还难以办到，目前的生理模拟只是局部的或近似的。

（3）行为主义学派

行为主义学派也称进化主义、控制论学派，是基于控制论“感知-动作”控制系统的人工智能学派，其代表人物是 MIT 的布鲁克斯教授。行为主义认为人工智能起源于控制论，人工智能可以像人类智能一样逐步进化，智能取决于感知和行为，取决于对外界复杂环境的适应，而不是表示和推理。这种方法通过模拟人和动物在与环境交互、控制过程中的智能活动和行为特性（如反应、适应、学习、寻优等）研究和实现人工智能。

行为主义的典型工作是布鲁克斯教授研制的六足智能机器虫，这个机器虫可以被看作是新一代的“控制论动物”，它虽然不具备人那样的推理、规划能力，但应对复杂环境的能力却大大超过了原有的机器人，在自然环境下具有灵活的防碰撞和漫游行为。

2. 传统人工智能学派与现场人工智能学派

事实上，由于行为主义的人工智能观点与已有的传统人工智能的看法完全不同，有人把人工智能的研究分为传统人工智能与现场人工智能两大方向。以卡内基梅隆大学为代表的传统人工智能观点认为，智能是表现在对环境的深刻理解及深思熟虑的推理决策上的，因此智能系统需要有强有力的传感和计算设备来支持复杂环境建模和寻找正确答案的决策方案，他们采用的是“环境建模规划-控制”的纵向体系结构。现场人工智能强调的是智能体与环境的交互，为了实现这种交互，智能体一方面要从环境获取信息，另一方面要通过自己的动作对环境施加影响，而且这种影响行为不是深思熟虑的，而是一种反射行为，采用的是“感知-动作”的横向体系结构。

3. 弱人工智能学派与强人工智能学派

在人工智能研究中，根据对“程序化的计算机的作用”所持有的不同观点，人工智能分为强人工智能学派和弱人工智能学派。弱人工智能学派持工具主义的态度，认为程序是用来解释理论的工具，而强人工智能学派持实在论的态度，认为程序本身就是解释对象——心灵。

弱人工智能学派认为，不可能制造出能真正推理和解决问题的智能机器，机器只能执行人的指令，而所谓的智能是被设定的，机器只能通过运行设定好的计算机程序对外界刺激做出对应的反应，它并不真正拥有智能，也不会有自主意识。

弱人工智能所表现出的行为方式是人类预先设定好的，其目的是生命以外的，程序性的，其知识是有限的，运算过程也是处在一个相对封闭的环境中。即使它的能力在今后的发展中得到非常大的提升，这样的提升也仅仅是知识量的增加、运算速度的提高和运算范围的扩大。人类依靠弱人工智能产品极大地减轻了人脑的工作量，使自己从简单的重复劳动中解放出来，并将有限的精力投入到更重要的研究中。这样的人工智能完全是受人类掌控的，所以它作为人类手中的工具对人类来说相对安全。

强人工智能观点认为，有可能制造出真正能推理和解决问题的智能机器，并且这样的机器被认为是有知觉的，有自我意识的。玛格丽特·A.博登（Margaret A. Boden）编写的《人工智能哲学》一书中曾这样描述：带有正确程序的计算机确实可被认为具有理解和其他认知状态，在这个意义上讲，能恰当编程的计算机其实就是一个心灵。

强人工智能有类人的人工智能和非类人的人工智能之分，前者认为机器的思考和推理与人的思维相似，而后者则认为机器具有和人完全不一样的知觉和意识，其推理方式也和人完全不同。

4. 简约派与粗陋派

简约（Neat）和粗陋（Scruffy）的区分最初是由夏克（Schank）于20世纪70年代中期提出的，用于表征他本人在自然语言处理方面的工作同麦卡锡、纽厄尔、西蒙、科瓦斯基（Kowalski）等人的工作不同。

简约派认为问题的解决应该是简洁的、可证明正确的、注重形式推理和优美的数学解集，把智能看成自上而下、以逻辑与知识为基础的推理行为。粗陋派则认为智能是非常复杂的，难以用某种简约的系统解决，不主张从上到下逻辑地构建智能系统，而是自下至上地通过与环境的交互，不断地学习、试验，最后形成适当的响应。通过这个思想建立的智能系统有很强的自主能力，对未知的环境有很高的适应能力，系统的健壮性也很强。对于简约派来说，粗陋的方法看起来有些杂乱，成功案例只是偶然的，不可能真正对智能如何工作这个问题有实质性的解释。对粗陋派来说，简约的方法看起来有些形式主义，在应用到实际系统时太慢、太脆弱。

还有一些学者认为，简约和粗陋两个学派的争论还有些地理位置和文化的原因。粗陋派与明斯基在 20 世纪 60 年代领导的 MIT 的人工智能研究密切相关，MIT 人工智能实验室由于其研究人员“随心所欲”的工作方式而闻名，他们会花大量时间调试程序直到其达到要求。在 MIT 开发的比较重要的、有影响的“粗陋”系统包括威森鲍姆的 ELIZA、维诺格拉德的 SHRDLU 等。然而，由于这种做法缺乏整体设计，很难维持程序的更大版本，太杂乱以至于无法被扩展。MIT 人工智能实验室和其他实验室研究方法的对比也被描述为“过程和声明的差别”。类似于 SHRDLU 的程序被设计成能实施行动的主体，这些主体可以执行过程；其他实验室的程序则被设计成推理机，推理机能操控形式语句（或声明），并能把操控转换成行为。

简约派和粗陋派的分歧在 20 世纪 80 年代达到顶峰。1983 年，尼尔森在国际人工智能学会的演说中曾讨论了这种分歧，但他认为人工智能既需要简约派，也需要粗陋派。事实上，人工智能领域大多数成功的实例来源于简约方法与粗陋方法的结合。

粗陋方法在 20 世纪 80 年代被布鲁克斯应用于机器人学，他致力于设计快速、低价并脱离控制（Out of Control，是 1989 年布鲁克斯与弗林（Flynn）合著论文的标题）的机器人，这样的机器人与早期的机器人不同，它们没有基于机器学习算法对视觉信息进行分析，从而建立对世界的表示，也没有通过基于逻辑的形式化描述规划行为，只是单纯地对传感器信息做出反应。它们的目标只是生存或移动。

20 世纪 90 年代，人们开始用统计学和数学的方法进行人工智能研究，如贝叶斯网络和数学优化这些高度形式化的方法，这种趋势被诺维格（Norvig）和罗素（Russell）描述为“简约的成功”。简约派的问题解决方式在 21 世纪获得了很大的成功，也在整个技术工业中得到应用，然而这种解决问题的方式只是用特定的解法解决特定的问题，对于一般的智能问题仍然无能为力。

尽管简约和粗陋这两个学派之间的争论仍然没有结论，但简约和粗陋这两个术语在 21 世纪已经很少被人工智能的研究人员使用。诸如机器学习和计算机视觉这类问题的简约解决方式已经成为整个技术工业中不可或缺的部分，而特定的、详细的、杂乱无章的粗陋解决方案在机器人和常识方面的研究中仍然占主导地位。

1.2 人工智能的发展历史

从 1956 年在达特蒙斯会议上“人工智能”作为一门新兴学科被正式提出至今，人工智能走过了一条坎坷曲折的发展道路，也取得了惊人的成就，并得到了迅速发展。回顾其发展历史，可以归纳为孕育、形成和发展 3 个主要阶段。

1.2.1 孕育期（1956 年之前）

尽管现代人工智能的兴起一般被认为开始于 1956 年达特蒙斯的夏季讨论会，但实际上自古以来，人类就在一直尝试用各种机器来代替人的部分劳动，以提高征服自然的能力。例如，中国道家的重要典籍《列子》中有“偃师造人”一节，描述了能工巧匠偃师研制歌舞机器人的传说；春秋后期，据《墨经》记载，鲁班曾造过一只木鸟，能在空中飞行“三日不下”；古希腊也有制造机器人帮助人们从事劳动的神话传说。当然，除了文学作品中关于人工智能的记载之外，还有很多科学家为人工智能这个学科的最终诞生付出了艰辛的劳动和不懈的努力。

古希腊著名的哲学家亚里士多德（Aristotle）曾在他的著作《工具论》中提出了形式逻辑的一些主要定律，其中的三段论至今仍然是演绎推理的基本依据，亚里士多德本人也被称为形式逻辑的奠基人。

提出“知识就是力量”这一警句的英国哲学家培根（Bacon）系统地提出了归纳法，对人工智能转向以知识为中心的研究产生了重要影响。

德国数学家和哲学家莱布尼茨（Leibniz）在法国物理学家和数学家帕斯卡（Pascal）所设计的机械加法器的基础上，发展并制成了能进行四则运算的计算器，还提出了逻辑机的设计思想，即通过符号体系，对对象的特征进行推理，这种“万能符号”和“推理计算”的思想是现代化“思考”机器的萌芽。

英国逻辑学家布尔（Boole）创立了布尔代数，首次用符号语言描述了思维活动的基本推理法则。

19 世纪末期，德国逻辑学家弗雷治（Frege）提出用机械推理的符号表示系统，从而发明了大家现在熟知的谓词演算。

1936 年，英国数学家图灵提出了一种理想的计算机数学模型，即图灵机，这为后来电子计算机的问世奠定了理论基础。他还在 1950 年提出了著名的“图灵测试”，给智能的标准提供了明确的依据。

1943 年，美国神经生理学家麦卡洛克（Maculloch）和数理逻辑学家匹茨（Pitts）提出了第 1 个神经元的数学模型，即 M-P 模型，开创了神经科学研究的新时代。

1945 年，美籍匈牙利数学家诺依曼（Neumann）提出了以二进制和程序存储控制为核心的通用电子数字计算机体系结构原理，奠定了现代电子计算机体系结构的基础。

1946 年，美国数学家莫克利（Mauchly）和埃柯特（Eckert）制造出了世界上第 1 台通用电子计算机 ENIAC。这项重要的研究成果为人工智能的研究提供了物质基础，对全人类的生活影响至今。

此外，美国著名数学家维纳（Wiener）创立的控制论、贝尔实验室主攻信息研究的数学家香农创立的信息论等，都为日后人工智能这一学科的诞生铺平了道路。

至此，人工智能的基本雏形已初步形成，人工智能诞生的客观条件也基本具备。这一时期被称为人工智能的孕育期。

1.2.2　形成期（1956～1969 年）

达特蒙斯讨论会之后，在美国开始形成了以智能为研究目标的几个研究组，他们分别是纽厄尔和西蒙的 Carnegie-RAND 协作组（也称为心理学组）、塞缪尔和格伦特尔（Gelernter）的 IBM 公司工程课题研究组以及明斯基和麦卡锡的 MIT 研究组。这 3 个小组在后续的十多年中，分别在定理证明、问题求解、博弈等领域取得了重大突破，人们把这一时期称为人工智能基础技术的研究和形成时期。鉴于这一阶段人工智能的飞速发展，也有人称其为人工智能的高潮时期。这一时期，人工智能研究工作主要集中在以下几个方面。

1. Carnegie–RAND 协作组

1957 年，纽厄尔、肖（Shaw）和西蒙等人编制出了一个称为逻辑理论机（Logic Theory Machine）的数学定理证明程序，该程序能模拟人类用数理逻辑证明定理时的思维规律，证明了怀特黑德（Whitehead）和罗素（W.Russel）的经典著作《数学原理》中第 2 章的 38 个定理，后来又在一部较大的计算机上完成了该章中全部 52 条定理的证明。1960 年，他们编制了十多种不同类型课题的通用问题求解（General Problem-Solving，GPS）程序，在当时就可以解决如不定积分、三角函数、代数方程、猴子摘香蕉、汉诺塔、人羊过河等 11 种不同类型的问题，它和逻辑理论机都是首次在计算机上运行的启发式程序。

此外，该组还发明了编程的表处理技术和 NSS 国际象棋机，纽厄尔关于自适应象棋机的论文以及西蒙关于问题求解和决策过程中合理选择和环境影响的行为理论的论文，也是当时信息处理研究方面的巨大成就。后来他们的学生还做了许多相关的研究工作。例如，1959 年，人的口语学习和记忆的 EPAM（Elementary Perceiving And Memory，初级知觉和记忆）程序模型，成功地模拟了高水平记忆者的学习过程与实际成绩；1963 年，林德赛（R. Lindsay）用 IPL-V 表处理语言设计的自然语言理解程序 SAD-SAM，回答了关于亲属关系方面的提问，等等。

2. IBM 公司工程课题研究组

1956 年，塞缪尔在 IBM 704 计算机上研制成功一个具有自学习、自组织和自适应能力的西洋跳棋程序，该程序可以像人类棋手那样多看几步后再走棋，可以学习人的下棋经验或自己积累经验，还可以学习棋谱。1959 年这个程序战胜了设计者本人，1962 年击败了美国某一州的跳棋大师，他们的工作为发现启发式搜索在智能行为中的基本机制作用做出了贡献。

3. MIT 研究组

1958 年，麦卡锡进行课题 Advice Taker 的研究，试图使程序能接受劝告而改善自身的性能，Advice Taker 被称为世界上第 1 个体现知识获取工具思想的系统。1959 年，麦卡锡发明了函数式的符号处理语言 LISP，成为人工智能程序设计的主要语言，至今仍被广泛采用。1960 年明斯基撰写了《走向人工智能的步骤》的论文。这些工作都对人工智能的发展起到了积极的作用。1963 年，美国高等研究计划局给 MIT 投入了 200 万美金，用来作为开启新项目 Project MAC（The Project on Mathematics and Computation）的研究经费，并在机器视觉和语言理解等研究领域激发了新的推动力。可以毫不夸张地说，Project MAC 项目培养了早期的一大批计算机科学和人工智能的人才，并对这些领域的发展起到了极其深远的影响。随着该项目的不断进行，也就形成了现在 MIT 赫赫有名的计算机科学与人工智能实验室（MIT CSAIL），一系列的优秀研究成果也在此期间不断涌现。例如 MIT 的约瑟夫·维森鲍姆（Joseph Weizenbaum）教授创建了世界上第 1 款自然语言对话程序 ELIZA，这款程序可以通过极其简单的模式匹配和对话规则与人进行文字交流。虽然以我们现在的技术水平来看，当时的文字对话程序显得比较简单，但是在当时，它的问世确实取得了让人惊叹的效果。

4. 其他

1957 年，罗森布拉特（F. Rosenblatt）提出了感知器（Perceptron），用于简单的文字、图像和声音识别，推动了人工神经网络的发展。

1965 年，鲁滨孙（Robinson）提出了归结原理（消解原理），这种与传统演绎推理完全不同的方法成为自动定理证明的主要技术。

1965 年，知识工程的奠基人美国斯坦福大学的费根鲍姆领导的研究小组成功研制了化学专家系统 DENDRAL，该专家系统能够根据质谱仪的试验数据分析推断出未知化合物的分子结构。DENDRAL 于 1968 年完成并投入使用，其分析能力已经接近甚至超过了有关化学专家的水平，在美国、英国等国家得到了实际应用。DENDRAL 的出现对人工智能的发展产生了深刻的影响，其意义远远超出了系统本身在实际使用上所创造的价值。

1969 年，国际人工智能联合会议（International Joint Conference on Artificial Intelligence，IJCAI）举行，这是人工智能发展史上的一个重要里程碑，标志着人工智能这门学科已经得到了世界的公认和肯定。

1.2.3 发展期（1970 年之后）

这一时期人工智能的发展经历曲折而艰难，曾一度陷入困境，但很快又再度兴起。知识工程的方法渗透到人工智能的各个领域，人工智能也从实验室走向实际应用。

1. 困境

自 1970 年以后，许多国家相继开展了人工智能方面的研究工作，大量成果不断涌现，但困难和挫折也随之而来，人工智能遇到了很多当时难以解决的问题，发展陷入困境，举例如下。

塞缪尔研制的下棋程序在和世界冠军对弈时，五局中败了四局，并且很难再有发展。

鲁滨逊提出的归结原理在证明两个连续函数之和仍然是连续函数时，推导了 10 万步依然没有证明出结果。

人们一度认为只要一部双向词典和一些语法知识就能实现的机器翻译闹出了笑话，例如，当把“光阴似箭”的英语句子“Time flies like an arrow”翻译成日语，然后再翻译回英语时，结果成了“苍蝇喜欢箭”；当把“心有余而力不足”的英语句子“The spirit is willing but the flesh is weak”翻译成俄语再翻译回英语时，结果成了“The wine is good but the meat is spoiled”，即“酒是好的，但肉却变质了”。

对于问题求解，由于过去研究的多是良结构的问题，因此在用旧方法解决现实世界中的不良结构问题时，产生了组合爆炸问题。

在神经心理学方面，研究发现人脑的神经元多达 10^{11} 个～10^{12} 个，在当时的技术条件下用机器从结构上模拟根本不可能，明斯基的专著 *Perceptrons* 指出了备受关注的单层感知器存在严重缺陷——不能解决简单的异或（XOR）问题。人工神经网络的研究陷入低潮，在这种情况下，本来就备受争议的人工智能更是受到了来自哲学、心理学、神经生理学等各个领域的责难、怀疑和批评，有些国家还削减了人工智能的研究经费，人工智能的发展进入了低潮期。

2. 生机

尽管人工智能研究的先驱面对种种困难，但他们没有退缩和动摇，其中，费根鲍姆在斯坦福大学带领研究团队进行了以知识为中心的人工智能研究，开发了大量杰出的专家系统（Expert System，ES），人工智能从困境中找到了新的生机，很快再度兴起，进入了以知识为中心的时期。

这个时期，不同功能、不同类型的专家系统在多个领域产生了巨大的经济效益和社会效益，鼓舞了大量学者从事人工智能、专家系统的研究。专家系统是一个具有大量专业知识，并能够利用这些知识去解决特定领域中需要由专家才能解决的那些问题的计算机程序。这一时期比较著名的专家系统有 DENDRAL、MYCIN、PROSPECTOR 和 XCON 等。

DENDRAL 是一个化学质谱分析系统，能根据质谱仪的数据和核磁谐振数据，利用专家知识推断出有机化合物的分子结构，其能力相当于一个年轻的博士，它于 1968 年投入使用。

MYCIN 是 1976 年研制成功的用于血液病治疗的专家系统，能够识别 51 种病菌，正确使用 23 种抗生素，可协助医生诊断、治疗细菌感染性血液病，为患者提供最佳处方，成功地处理了数百例病例。MYCIN 曾经与斯坦福大学医学院的 9 位感染病医生一同参加过一次测试，他们分别对 10 例感染源不明的患者进行诊断并开出处方，然后由 8 位专家对他们的诊断进行评判。在整个测试过程中，MYCIN 和其他 9 位医生互相隔离，评判专家也不知道哪一份答卷是谁做的。专家评判内容包含两部分：一是所开具的处方是否对症有效；二是开出的处方是否对其他可能的病原体也有效且用药不过量。对于第 1 个评判内容，MYCIN 与另外 3 位医生的处方一致且有效；对于第 2 个评判内容，MYCIN 的得分超过了 9 位医生，显示出了较高的医疗水平。

PROSPECTOR 是 1981 年斯坦福大学国际人工智能中心的杜达（Duda）等人研制的用于地矿勘探的专家系统，拥有 15 种矿藏知识，能根据岩石标本以及地质勘探数据对矿藏资源进行估计和预测，能对矿床分布、储藏量、品味、开采价值等进行推断，合理制定开采方案，曾经成功找到一个价值超过一亿美元的钼矿。

XCON 是美国 DEC 公司的专家系统，能根据用户的需求确定计算机的配置，专家做这项工作一般需要 3h，但 XCON 只需要 0.5min，速度提高了 300 多倍，DEC 公司还有一些其他专家系统，由此产生的净收益每年超过了 4000 万美元。

这一时期与专家系统同时发展的重要领域还有计算机视觉、机器人、自然语言理解和机器翻译等。1972 年，MIT 的维诺格拉德（Winograd）开发了一个在“积木世界”中进行英语对话的自然语言理解系统 SHRDLU，该系统模拟一个能操纵桌子上一些玩具积木的机器人手臂，用户通过人-机对话方式命令机器人摆弄那些积木块，系统则通过屏幕来给出回答并显示现场的相应情景。卡内基梅隆大学的尔曼（Erman）等人于 1973 年设计了一个自然语言理解系统 HEARSAY-Ⅰ，1977 年发展为 HEARSAY-Ⅱ，具有 1000 多条词汇，能以 60MIPS 的速度理解连贯的语言，正确率达 85%。这期间美国开发了商用机械手臂 UNIMATE 和 VERSATRAN，它们成为机械手研究发展的基础。

此外，在知识表示、不确定性推理人工智能语言和专家系统开发工具等方面也有重大突破。例如，1974 年明斯基提出了框架理论，1975 年绍特里夫（Shortliffe）提出了确定性理论并用于 MYCIN，1976 年杜达提出了主观 Bayes 方法并应用于 PROSPECTOR，1972 年科迈瑞尔（Colmerauer）带领的研究小组在法国马赛大学成功研制了人工智能编程语言 PROLOG。

1977 年，费根鲍姆在第 5 届国际人工智能联合会上提出了“知识工程”的概念，推动了以知识为基础的智能系统的研究与建造。而在知识工程长足发展的同时，一直处于低谷的人工神经网络也逐渐复苏。1982 年霍普菲尔德（Hopfield）提出了一种全互联型人工神经网络，成功解决了 NP 完全的旅行商问题。1986 年，鲁梅尔哈特（Rumelhart）等人研制出具有误差反向传播（Error Back Propagation，EB）功能的多层前馈网络，即 BP 网络，成为后来应用最广泛的人工神经网络之一。

3. 发展

随着专家系统应用的不断深入和计算机技术的飞速发展，专家系统本身存在的应用领域狭窄、缺乏常识性知识、知识获取困难、推理方法单一、没有分布式功能、与现有主流信息技术脱节等问题暴露出来。为解决这些问题，从 20 世纪 80 年代末起，专家系统又开始尝试进行多技术、多方法综合集成，多学科、多领域综合应用的探索。大型分布式专家系统、多专家协同式专家系统、广义知识表示、综合知识库、并行推理、多种专家系统开发工具、大型分布式人工智能开发环境和分布式环境下的多 Agent 协同系统逐渐出现。

1987 年，首届国际人工神经网络学术大会在美国圣地亚哥举行，并成立了国际神经网络协会（International Neural Network Society，INNS）。1994 年，IEEE 在美国召开首届国际计算智能大会，提出了“计算智能”这个学科范畴。

1991 年，MIT 的布鲁克斯教授在国际人工智能联合会议上展示了他研制的新型智能机器人。该机器人拥有 150 多个包括视觉、触觉、听觉在内的传感器以及 20 多个执行机构和 6 条腿，采用“感知动作”模式，能通过对外部环境的适应逐步进化来提高智能。

在这一时期，人工智能学者不仅继续进行人工智能关键技术问题的研究，如常识性知识表示、非单调推理、不确定推理、机器学习、分布式人工智能、智能机器体系结构等基础性研究，以期取得突破性进展，而且研究人工智能的实际应用，特别是专家系统、自然语言理解、计算机视觉、智能机器人、机器翻译系统都朝着实用化迈进。比较著名的有美国人工智能公司（AIC）研制的英语人-机接口 Intellect、加拿大蒙特利尔大学与加拿大联邦政府翻译局联合开发的实用性机器翻译系统 TAUM-METEO 等。1997 年 5 月 11 日，深蓝（Deep Blue）成为战胜国际象棋世界冠军卡斯帕罗夫的第 1 个计算机系统。2005 年，斯坦福大学开发的一台机器人在一条沙漠小径上成功地自动行驶了 212 公里，赢得了无人驾驶机器人挑战赛（DARPA Grand Challenge）头奖。日本本田技研工业开发多年的人形机器人阿西莫（ASIMO）是目前世界上最先进的机器人之一，它有视觉、听觉、触觉等，能走路、奔跑、上楼梯，可同时与三人进行对话，手指动作灵活，甚至可以拧开水瓶、握住纸杯、倒水等。

诸如此类项目的成功标志着在某些领域，经过努力，人工智能系统可以达到人类的最高水平。但是，从长远来看，人工智能仍处于学科发展的早期阶段，其理论、方法和技术都不太成熟，人类对它的认识也比较肤浅，还有待人们的长期探索。

1.3　人工智能技术的研究内容与应用领域

人工智能进入发展期后，美国的人工智能学者尼尔森曾对人工智能的研究问题进行了归纳，提出人工智能的 4 个核心研究课题，这一论述今天已被公认为一种经典论述，这 4 个核心课题如下。

1. 知识的模型化和表示方法

人工智能的本质是要构造智能机器和智能系统，模拟延展人的智慧，为达到这个目标就必须研究人类智能在计算机上的表示形式，从而把知识存储到智能机器或系统的硬件载体中，以供问题求解使用。知识的模型化和表示方法的研究实际上是对怎样表示知识的一种研究，是要寻求适合计算机接受的对知识的描述、约定或者数据结构。

常用的知识表示方法有一阶谓词逻辑表示方法、产生式规则表示方法、框架表示方法、语义网络表示方法、脚本表示方法、过程表示方法、面向对象表示方法等。

2. 启发式搜索理论

问题求解是人工智能的早期研究成果，它有时也被称为状态图的启发式搜索。搜索可以是将问题转化到问题空间中，然后在问题空间中寻找从初始状态到目标状态（问题的解）的通路；也可以是将问题简化为子问题，然后将子问题划分为更低一级的子问题，如此进行下去直到最终的子问题内具有无用的或已知的解为止。启发则强调在搜索过程中使用有助于发现解的与问题有关的专门知识，从而减少搜索次数，提高搜索效率。

3. 各种推理方法（演绎推理、规划、常识性推理、归纳推理等）

推理是指运用知识的主要过程，如利用知识进行推断、预测、规划、回答问题或获取新知识。从不同角度出发，推理技术有很多的分类方式，产生了很多特定的推理方法。例如，演绎推理是从一般性的前提出发，通过推导即“演绎”，得出具体陈述或个别结论的过程；归纳推理是根据一类事物的部分对象具有某种性质，得出这类事物的所有对象都具有这种性质的推理，是从特殊到一般的过程；常识性推理要用到大量的知识，旨在帮助计算机更自然地理解人的意思以及跟人进行交互，其方式是收集所有背景假设，并将它们教给计算机，长期以来常识推理在自然语言处理领域最为成功；规划是指从某个特定问题状态出发，寻找并建立一个操作序列，直到求得目标状态为止的一个行动过程的描述，它是一种重要的问题求解技术，要解决的问题一般是真实世界中的实际问题，更侧重于问题求解的过程。

4. 人工智能系统和语言

考虑到人工智能所要解决的问题以及人工智能程序的特殊性，目前的人工智能语言有函数型语言、逻辑型语言、面向对象语言及混合型语言等，其中 Python、LISP 与 PROLOG 是其中的佼佼者。

除了以上提到的核心课题之外，目前人工智能的研究更多的是结合具体应用领域进行的，下面将进行详细介绍。

1.3.1 神经网络

神经网络，又称人工神经网络（Artificial Neural Network，ANN），是一种由大量的人工神经元连接而成，用来模仿大脑结构和功能的数学模型或计算模型。它是在现代神经科学研究成果的基础上提出的，反映了人脑功能的基本特性，但它并不是人脑的真实描写，而只是它的某种抽象、简化与模拟。

人工神经网络的研究可追溯到 1943 年心理学家麦卡洛克和数学家匹茨提出的 M-P 模型，该模型首先提出计算能力可以建立在足够多的神经元的相互连接上。20 世纪 50 年代末，罗森布拉特提出的感知机把神经网络的研究付诸于工程实践，这种感知机能通过有教师指导的学习来实现神经元间连接权的自适应调整，以产生线性的模式分类和联想记忆能力。然而，以感知机为代表的早期神经网络缺乏先进的理论和实现技术，感知信息处理能力低下，甚至连 XOR 这样的简单非线性分类问题也解决不了。

20 世纪 60 年代末，知识工程的兴起使得从宏观功能的角度模拟人脑思维行为的研究欣欣向荣，降低了人们从模拟人脑生理结构研究思维行为的热情。著名人工智能学者明斯基等人以批评的观点编写的很有影响力的 *Perceptrons* 一书，直接导致了神经网络研究进入萧条时期。直到美国生物物理学家霍普菲尔德于 1982 年提出具有联想记忆能力的神经网络模型，才再次推动神经网络研究进入又一次兴盛。后来，该领域又陆续出现了著名的波尔兹曼机（一种具有自学习能力的神经网络）和 BP 学习算法等成果，人工神经网络才重新获得了研究者的关注，目前人工神经网络已经成为人工智能中一个极其重要的研究方向，并在模式识别、经济分析和控制优化等领域得到了广泛应用。

人工神经网络具有4个基本特征。

（1）非线性

非线性关系是自然界的普遍特性。大脑的智慧就是一种非线性现象。人工神经元处于激活或抑制两种不同的状态，这种行为在数学上表现为一种非线性关系。具有阈值的神经元构成的网络具有更好的性能，可以提高容错性和存储容量。

（2）非局限性

一个神经网络通常由多个神经元广泛连接而成。一个系统的整体行为不仅取决于单个神经元的特征，而且可能主要由单元之间的相互作用、相互连接所决定。通过单元之间的大量连接模拟大脑的非局限性。联想记忆是非局限性的典型例子。

（3）非常定性

人工神经网络具有自适应、自组织、自学习能力。神经网络处理的信息不但可以有各种变化，而且在处理信息的同时，非线性动力系统本身也在不断变化，经常采用迭代过程描写动力系统的演化过程。

（4）非凸性

非凸性是一个系统的演化方向，指函数有多个极值，故系统具有多个较稳定的平衡态，这将导致系统演化的多样性。

1.3.2 机器学习

知识是智能的基础，要使计算机具有智能，就必须使它具有知识，使计算机具有知识一般有两种途径：一种是人们把有关的知识归纳、整理在一起，并用计算机可以接受、处理的方式输入到计算机中去；另一种是使计算机具有学习的能力，它可以直接向书本、教师学习，也可以在实践过程中不断总结经验、吸取教训，实现自身的不断完善。第2种途径一般称为机器学习（Machine Learning）。

机器学习是机器具有智能的重要标志，同时也是获取知识的根本途径。它主要研究如何使得计算机能够模拟或实现人类的学习功能。机器学习的研究，主要在以下3个方面进行。

（1）研究人类学习的机理和人脑思维的过程。通过对人类获取知识、技能和抽象概念的天赋能力的研究，可以从根本上解决机器学习中存在的种种问题。

（2）研究机器学习的方法。研究人类的学习过程，探索各种可能的学习方法，建立其独立于具体领域的学习算法。

（3）研究如何建立针对具体任务的学习系统。即根据具体的任务要求，建立相应的学习系统。

机器学习按照学习时所用的方法分为机械式学习、指导式学习、示例学习、类比学习、解释学习等。机器学习的研究是建立在信息科学、脑科学、神经心理学、逻辑学、模糊数学等多种学科基础上的，它的发展依赖于这些学科的共同发展。虽然经过近些年的研究，机器学习目前已经取得很大的进展，提出了很多的学习方法，但还没有从根本上完全解决问题。

1.3.3 模式识别

模式识别（Pattern Recognition）使计算机能够对给定的事物进行鉴别，并把它归于与其相同或相似的模式中。模式识别作为人工智能的一个重要研究领域，其目标在于实现人类识别能力在计算机上的模拟，使计算机具有视、听、触等感知外部世界的能力。目前，模式识别已在字符识别、医疗诊断、遥感、指纹识别、脸形识别、环境监测、产品质量监测、语音识别、军事等领域得到了广泛应用。

根据采用的理论不同，模式识别技术可分为模板匹配法、统计模式法、模糊模式法、神经网络法等。模板匹配法首先对每个类别建立一个或多个模板，然后对输入样本和数据库中每个类别的模板进行比较，最后根据相似性大小进行决策；统计模式法是根据待识别事物的有关统计特征构造出一些彼此存在一定差别的样本，并把这些样本作为待识别事物的标准模式，然后利用这些标准模式及相应的决策函数对待识别的事物进行分类，统计模式法适用于不易给出典型模板的待识别事物，如手写体数字的识别；模糊模式法以模糊理论中的隶属度为基础，运用模糊数学中的“关系”概念和运算进行分类；神经网络法将人工神经网络与模式识别相结合，即以人工神经元为基础，对脑部工作的生理机制进行模拟，实现模式识别。

按照模式识别实现的方法区分，模式识别还可以分为有监督分类和无监督分类。有监督分类又叫有人管理分类，主要利用判别函数进行分类判别，需要有足够的先验知识；无监督分类又叫无人管理分类，用于没有先验知识的情况，主要采用聚类分析的方法。

1.3.4 自然语言理解

自然语言理解（Nature Language Processing）又叫自然语言处理，主要研究如何使得计算机能够理解和生成自然语言，即采用人工智能的理论和技术将设定的自然语言机理用计算机程序表达出来，构造能够理解自然语言的系统。它有以下 3 个主要目标。

（1）计算机能正确理解人类的自然语言输入的信息，并能正确答复（或响应）输入的信息。

（2）计算机对输入的信息能产生相应的摘要，而且复述输入信息的内容。

（3）计算机能把输入的自然语言翻译成要求的另一种语言。

目前，自然语言理解主要分为声音语言理解和书面语言理解两大类，此外，机器翻译也是自然语言理解的一个重要的研究领域。其中，声音语言理解过程包括语音分析、词法分析、句法分析、语义分析和语用分析 5 个阶段；书面语言理解则包括除了语音分析之外的其他 4 个阶段；机器翻译指利用计算机把一种语言翻译成另外一种语言。

自然语言理解的研究可以追溯到 20 世纪 50 年代初期。当时，由于通用计算机的出现，人们开始考虑用计算机把一种语言翻译成另外一种语言的可能性，在此之后的十多年中，机器翻译几乎是所有自然语言处理系统的中心课题。起初，主要是进行“词对词”的翻译，当时人们认为翻译工作只是要进行“查词典”和“语法分析”两个过程，即对翻译的文章，可以首先通过查词典，找出两种语言间的对应词，然后经过简单的语法分析调整次序就可以实现翻译。但这种方法未能达到预期的效果，甚至闹出了一些笑话。1966 年美国科学院公布的一个报告中指出，在可以预见的将来，机器翻译不会获得成功。在这一观点的影响下，机器翻译进入了低潮期，自然语言处理转向对语法、语义和语用等基本问题的研究，一批自然语言理解系统脱颖而出，在语言分析的深度和难度方面都比早期的系统有了长足的进步。这期间代表性的工作有维诺格拉德于 1972 年研制的 SHRDLU、伍德（Woods）于 1972 年研制的 LUNAR、夏克于 1973 年研制的 MARGIE 等。其中，LUNAR 是一个用来协助地质专家查找、比较和评价阿波罗-11 号飞船从月球带回的岩石和土壤标本的化学分析数据的系统，该系统首次实现了用普通英语与计算机对话的人机接口；MARGIE 是一个用于研究自然语言理解过程的心理学模型。进入 20 世纪 80 年代之后，自然语言理解在理论和应用上都有了突破性进展，出现了许多高水平的实用化系统。但从另一方面来看，新型智能计算机、多媒体计算机以及智能人-机接口的研究等，都对自然语言理解提出了新的要求，它们要求设计出更为友好的人机界面，使自然语言、文字、图像和声音等都能直接输入计算机，使计算机能以自然语言直接与人进行交流对话。近年来，又有学者把自然语言理解看作人工智能是否能取得突破性进展的关键，认为如果不能用自然语言作为知识表示的基础，人工智能就永远无法实现。

1.3.5 专家系统

专家系统是人工智能的一个重要分支，也是目前人工智能中一个活跃且有成效的研究领域。自 1968 年费根鲍姆等人研制成功第 1 个专家系统 DENDRAI 以来，专家系统已经获得了迅速发展，应用领域涉及医疗诊断、图像处理、石油化工、地质勘探、金融决策、实时监控、分子遗传工程、教学、军事等，产生了巨大的经济效益和社会效益，有力地促进了人工智能基本理论和基本技术的研究与发展。

专家系统是一种在相关领域中具有专家水平解题能力的智能程序系统，它能运用相关领域专家多年积累的经验和专业知识，模拟人类专家的思维过程，求解需要专家才能解决的困难问题。

专家系统由知识库、数据库、推理机、解释模块、知识获取模块和人机接口 6 部分组成。其中，知识库是专家系统的知识存储器，存放求解问题的领域知识；数据库用来存储有关领域问题的事实、数据、初始状态（证据）和推理过程中得到的中间状态等；推理机是一组用来控制、协调整个专家系统的程序；解释模块以用户便于接受的方式向用户解释自己的推理过程；知识获取模块为修改知识库中的原有知识和扩充新知识提供了手段；人机接口主要用于专家系统和外界之间的通信和信息交换。专家系统一般具有以下一些基本特征。

- 具有专家水平的专业知识。
- 能进行有效推理。
- 具有获取知识的能力。
- 具有灵活、透明、交互性和实用性。
- 具有一定的复杂性和难度。

1.3.6 博弈

诸如下棋、打牌、战争等竞争性的智能活动称为博弈（Game Playing）。博弈是人类社会和自然界中普遍存在的一种现象，博弈的双方可以是个人或群体，也可以是生物群或智能机器，各方都力图用自己的智力击败对方。

人们对博弈的研究一直抱有很大的兴趣，早在 1956 年现代人工智能刚刚兴起时，塞缪尔就研制出了跳棋程序（Checkers），它曾获得美国的州级冠军；1967 年格林布莱特（R. Greenblatt）等人设计的国际象棋程序（Chess）赢得了美国一个州的 D 级业余比赛的银杯，现在已经是美国象棋协会的名誉会员；1993 年 8 月，IBM 公司研制的 Deep Thought 2（深思）计算机击败了历史上最年轻的也是最强大的女棋手小波尔加（Judit Polgar）；1997 年 IBM 的计算机“深蓝”打败了国际象棋冠军卡斯帕罗夫；2011 年，IBM 的又一个杰出的计算机系统“沃森（Watson）”参加美国的一档智力竞赛节目《危险边缘》，战胜了该节目历史上两位最成功的选手。

人工智能研究博弈的目的并不只是为了游戏，而是为人工智能提供一个很好的试验平台，通过对博弈的研究来检验某些人工智能技术是否能达到对人类智能的模拟，人工智能中的许多概念和方法都是从博弈程序中提炼出来的，博弈的许多研究已经成功应用于军事指挥和经济决策系统之中。

1.3.7 智能控制

智能控制（Intelligent Control）是指那种无须或仅需少许人的干预，就能独立地驱动智能机器，实现其目标的自动控制，是一种把人工智能技术与经典控制理论及现代控制理论相结合，研制智能控制系统的方法和技术。

智能控制系统是能够实现某种控制任务的智能系统，由传感器、感知信息处理模块、认知模块、规划和控制模块、执行器和通信接口模块等主要部件组成，一般应具有学习能力、自适应功能和自组织功能，还应具有相当的在线实时响应能力和友好的人机界面，以保证人机互助和人机协同工作。

智能控制技术主要用来解决那些用传统的方法难以解决的复杂系统的控制问题，其主要应用领域如智能机器人系统、计算机集成制造系统、复杂的工业过程控制系统、航空航天控制系统、社会经济管理系统、交通运输系统、通信网络系统和环保与能源系统等。

目前国内外智能控制研究的方向及主要内容有以下几个。

（1）智能控制的基础理论和方法。

（2）智能控制系统结构。

（3）基于知识系统的专家控制。

（4）基于模糊系统的智能控制。

（5）基于学习及适应性的智能控制。

（6）基于神经网络的智能控制。

（7）基于信息论和进化论的学习控制。

（8）基于感知信息的智能控制。

（9）其他，如计算机智能集成制造系统、智能计算系统、智能并行控制、智能容错控制和智能机器人等。

1.3.8 其他

除了以上研究内容外，人工智能领域的研究内容还包括自然语言处理、分布式人工智能、人工生命、机器人学、智能检索、智能决策支持系统以及最近的大数据、深度学习等。

1.4 人工智能与 TensorFlow

1.4.1 机器学习与深度学习

人工智能的研究领域众多，但目前的科研工作都集中在弱人工智能这部分，并很有希望在近期取得重大突破。

1. 弱人工智能与强人工智能

通常将人工智能分为弱人工智能和强人工智能，前者让机器具备观察和感知的能力，可以做到一定程度的理解和推理，而后者让机器获得自适应能力，解决一些之前没有遇到过的问题。例如，科幻电影里所展示的人工智能技术多半都是在描绘强人工智能，而这部分在目前的现实世界里难以真正实现。而弱人工智能则有希望取得突破。那么弱人工智能是如何实现的，“智能”又是从何而来的呢？这主要归功于一种实现人工智能的方法——机器学习。

2. 机器学习

在前面的章节中已经初步认识了机器学习。作为人工智能非常重要的一个研究领域，机器学习最基本的做法，是使用算法来解析数据、从中学习，然后对真实世界中的事件做出决策和预测。与传统的为解决特定任务、硬编码的软件程序不同，机器学习是用大量的数据来“训练”，通过各种算法从数据中学习如何完成任务。

举个简单的例子，在浏览网上商城时，经常会出现商品推荐的信息。这是商城根据你往期的购物记录和冗长的收藏清单，识别出这其中哪些是你真正感兴趣，并且愿意购买的产品。这样的决策模型，可以帮助商城为客户提供建议并鼓励消费。

机器学习直接来源于早期的人工智能领域，传统的算法包括决策树、聚类、贝叶斯分类、支持向量机、EM、Adaboost 等。从学习方法上来分，机器学习算法可以分为监督学习（如分类问题）、无监督学习（如聚类问题）、半监督学习、集成学习、深度学习和强化学习，图 1-1 展示了人工智能，机器学习和深度学习的关系。

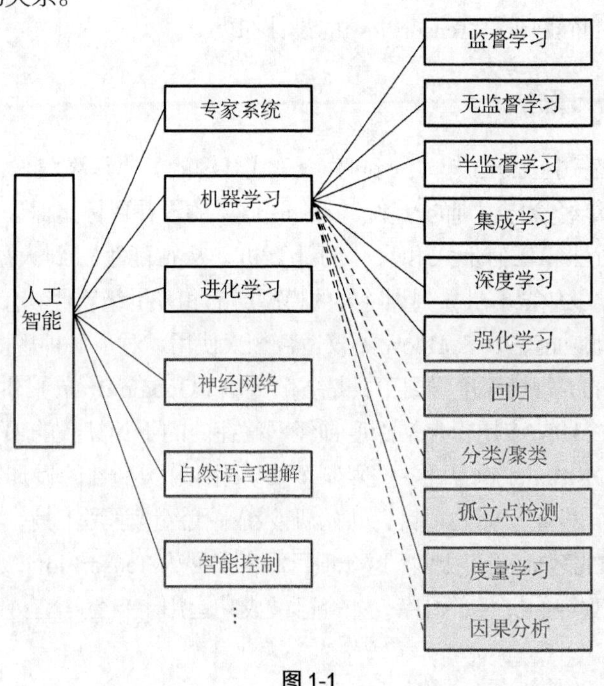

图 1-1

传统的机器学习算法在指纹识别、基于 Haar 的人脸检测、基于 HOG 特征的物体检测等领域的应用基本达到了商业化的要求或者特定场景的商业化水平，但每前进一步都异常艰难，直到深度学习算法的出现。

3. 深度学习

“深度学习”已成为用于描述使用多层神经网络过程的标准术语，多层神经网络是一类极为灵活的可利用种类繁多的数学方法以及不同数学方法组合的模型。这类模型极为强大，但直到最近几年，人们才有能力卓有成效地利用神经网络，其背后原因主要有两点，一是获取足够数量的数据成为现实；二是得益于通用 GPU 的快速发展，多层神经网络拥有了超越其他机器学习方法所必需的计算能力。

深度学习的强大之处在于当决定如何有效地利用数据时，它能够赋予模型更大的灵活性。人们不用盲目猜测应当选择何种输入。一个调校完成的深度学习模型可以接收所有的参数，并自动确定输入值的有用高阶组合。这种能力使得更为复杂的决策过程成为可能，并使计算机比以往任何时候都更加智能。由于深度学习的出现，机器翻译、人脸识别、预测分析、机器作曲、自动驾驶以及无数的人工智能任务都成为可能，或相比以往有了显著改进。

虽然深度学习背后的数学概念几十年前便已提出，但致力于创建和训练这些深度模型的编程库是近些年来才出现的，遗憾的是，这些库中的大多数都会在灵活性和生产价值之间进行取舍。灵活的库对于研究新的模型架构极有价值，但这些库常常有的运行效率太低，有的无法运用于产品中。另外，虽然出现了可托管在分布式硬件上的快速、高效的库，但它们往往专注于特定类型的神经网络，并不适宜研究新的和更好的模型。这就使决策制定者陷于两难境地：应当用缺乏灵活性的库来从事研究，以避免重新实现代码，还是应当在研究阶段和产品开发阶段分别使用两个完全不同的库？如果选择前一种方案，可能便无法测试不同类型的神经网络模型；如果选择后一种方案，则需要维护可能调用了完全不同的两套 API 的代码。

解决这个左右为难的问题正是 TensorFlow 的设计初衷。

1.4.2 TensorFlow 概念

TensorFlow 是谷歌公司于 2015 年 11 月向公众正式开源的，它是汲取了其前身——DistBelief 在创建和使用中积累的多年经验与教训的产物。TensorFlow 的设计目标是保证灵活性、高效性、良好的可扩展性以及可移植性。任何形式和尺寸的计算机，从智能手机到大型计算集群，都可运行 TensorFlow。TensorFlow 中包含了可立刻训练好的模型产品和轻量级软件，有效地消除了重新实现模型的需求。由于其强大的功能，TensorFlow 不仅适合个人使用，对于各种规模的公司也都非常适合。

谷歌公司最初开发的大规模深度学习工具是谷歌大脑（Google Brain）团队研发的 DistBelief。自创建以来，它便被数十个团队应用于包括深度神经网络在内的不计其数的项目中。然而，像许多开创性的工程项目一样，DistBelief 也存在一些限制了其易用性和灵活性的设计错误。DistBelief 完成之后的某个时间，谷歌公司发起了新的项目，开始研发新一代深度学习工具，其设计准备借鉴最初的 DistBelief 在使用中总结的教训和局限性。这个项目后来发展为 TensorFlow，并于 2015 年 11 月正式开源，接着迅速成为受欢迎的机器学习库，如今已被成功运用于自然语言处理、人工智能、计算机视觉和预测分析等领域。

那么，何为 TensorFlow?

1. 解读来自官方网站的单句描述

下面以一种高层观点来介绍 TensorFlow，帮助读者理解它试图求解的问题。

在 TensorFlow 的官方网站上，针对访问者的第 1 句致辞便是如下（相当含糊的）声明。

TensorFlow is an Open Source Software Library for Machine Intelligence.（TensorFlow 是一个用于机器智能的开源软件库。）

在这句话的下方，即“About TensorFlow”下面还有这样一句描述。

TensorFlow is an open source software library for numerical computation using data flow graphs.（TensorFlow 是一个使用数据流图进行数值计算的开源软件库。）

（1）Open Source（开源）

TensorFlow 最初是作为谷歌公司的内部机器学习工具而创建的，但在 2015 年 11 月，它的一个实现被开源，所采用的开源协议是 Apache 2.0。作为开源软件，任何人都可自由下载、修改和使用其代码。开源工程师可对代码添加功能和进行改进，并提议在未来版本中打算实施的修改。由于 TensorFlow 深受广大开发者欢迎，因此这个库每天都会得到来自谷歌公司和第 3 方开发者的改进。

注意，严格来说，我们只能称之为“一个实现”，而不能说“TensorFlow”被开源。从技术角度讲，TensorFlow 是《TensorFlow 白皮书》所描述的一个用于数值计算的内部接口，其内部实现仍然由谷歌公司维护。开源实现与谷歌公司的内部实现之间的差异是由与其他内部软件的连接造成的，并非谷歌公司有意“将好东西藏着掖着”。谷歌公司始终都在不断将内部改进推送到公共代码库。总之，TensorFlow 的开源版本包含了与谷歌公司的内部版本完全相同的功能。

在本书后续内容中，当提到“TensorFlow”时，作者实际上指的是其开源实现。

（2）Library for Numerical Computation（数值计算库）

官方网站的定义中并未将 TensorFlow 称为一个“机器学习库”，而是使用了更宽泛的短语“数值计算”。虽然 TensorFlow 中的确包含一个模仿了具有单行建模功能的机器学习库 Scikit-Learn 的名为“learn”（也称“Scikit Flow”）的包，但需要注意的是，TensorFlow 的主要目标并非是提供现成的机器学习解决方案。相反，TensorFlow 提供了一个可使用户用数学方法从零开始定义模型的函数和类的广泛套件。这使得具有一定技术背景的用户可迅速而直观地创建自定义的、具有较高灵活性的模型。此外，虽然 TensorFlow 为面向机器学习的功能提供了广泛支持，但它也非常适合做复杂的数学计算。然而，由于本书重点讨论机器学习（尤其是深度学习），因此下面主要讲述如何利用 TensorFlow 创建“机器学习模型”。

（3）Data Flow Graphs（数据流图）

TensorFlow 的计算模型是有向图（Directed Graph），如图 1-2 所示。其中每个节点（通常以圆圈或方框表示）代表了一些函数或计算，而边（通常以箭头或线段表示）代表了数值、矩阵或张量。

数据流图极为有用的原因如下。首先，许多常见的机器学习模型，如神经网络，本身就是以有向图的形式表示的，采用数据流图无疑将使机器学习实践者的实现更为自然。其次，通过将计算分解为一些小的、容易微分的环节，TensorFlow 能够自动计算对第 1 个节点的输出产生影响的任意节点的导数（在 TensorFlow 中称为“Operation”）。计算任何节点（尤其是输出节点）的导数或梯度的能力对于搭建机器学习模型都至关重要。最后，通过计算的分解，使计算分布在多个 CPU、GPU 以及其他计算设备上更加容易，即只需将完整的、较大的数据流图分解为一些较小的计算图，并让每台计算设备负责一个独立的计算子图（此外，还需一定的逻辑对不同设备间的共享信息进行调度）。

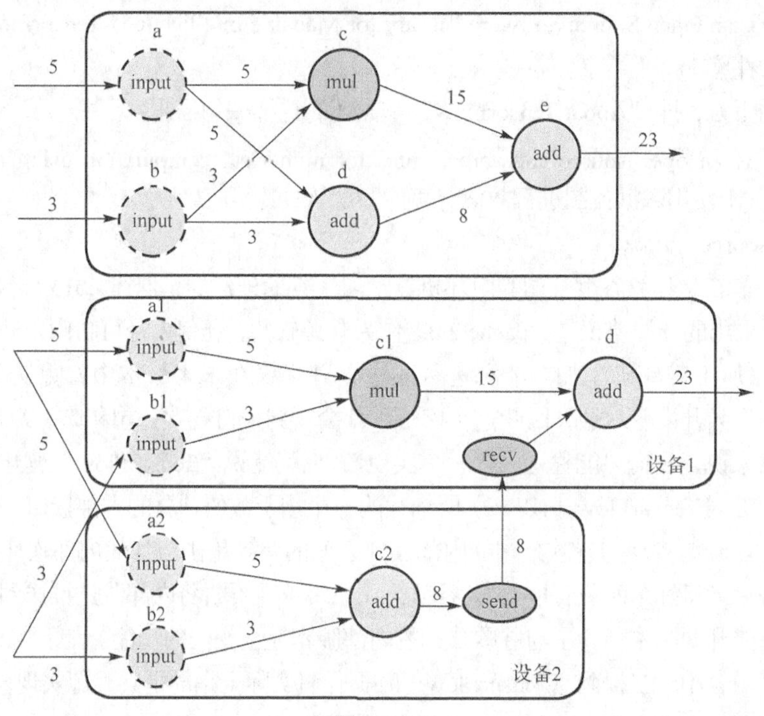

图 1-2

补充：何为张量？

简而言之，张量是一个 *n* 维矩阵。因此，2 阶张量等价于标准矩阵。从可视化的角度看，若将 *m*×*m* 的矩阵视为方形数组（*m* 个数字高，*m* 个数字宽），则可将 *m*×*m*×*m* 的张量视为立方数组（*m* 个数字高，*m* 个数字宽，*m* 个数字深）。一般而言，如果读者更熟悉矩阵数学，完全可以按矩阵的方式来看待张量。

2. 单句描述未体现的内容

虽然短语“open source software library for numerical computation using data flow graphs”的信息密度非常大，但并未涵盖那些真正使 TensorFlow 作为机器学习库脱颖而出的重要方面。下面列出一些 TensorFlow 的重要组成。

（1）分布式功能

上文在介绍数据流图时间接提到，TensorFlow 的设计目标之一是在多台计算机以及单机多 CPU、单机多 GPU 的环境中具有良好的可伸缩性。虽然，最初的开源实现在发布时并不具备分布式功能，但自 TensorFlow 0.8.0 版本起，分布式运行时已成为 TensorFlow 内置库的一部分。虽然这个最初版本的分布式 API 有些臃肿，但它极其强大。大多数其他机器学习库尚不具备这样的功能，尤其值得注意的是，TensorFlow 与特定集群管理器（如 Kubernetes）的本地兼容性正在得到改善。

（2）软件套件

虽然“TensorFlow”主要是指用于构建和训练机器学习模型的 API，但 TensorFlow 实际上是一组需配合使用的软件。

- TensorFlow 是用于定义机器学习模型、用数据训练模型，并将模型导出供后续使用的 API。虽然实际的计算是用 C++编写的，但主要的 API 均可通过 Python 访问。这使得数据科学家和工程师可利用 Python 中对用户更为友好的环境，将实际计算交给高效的、经过编译的 C++代码。TensorFlow 虽然也提供了一套可执行 TensorFlow 模型的 C++ API，但在本书编写之时它还具有较大的局限性，因此对大多数用户都是不推荐的。

- TensorBoard 是一个包含在任意标准 TensorFlow 安装中的可视化软件。当用户在 TensorFlow 中引入某些 TensorBoard 的特定运算时，TensorBoard 可读取由 TensorFlow 计算图导出的文件，并对分析模型的行为提供有价值的参考。它对概括统计量、分析训练过程以及调试 TensorFlow 代码都极有帮助。学会尽早并尽可能多地使用 TensorBoard 会为使用 TensorFlow 工作增添趣味性，并带来更高的生产效率。

- TensorFlow Serving 是一个可为部署预训练的 TensorFlow 模型带来便利的软件。利用内置的 TensorFlow 函数，用户可将自己的模型导出到可由 TensorFlow Serving 在本地读取的文件中。之后，它会启动一个简单的高性能服务器。该服务器可接收输入数据，并将其送入预训练的模型，然后将模型的输出结果返回。此外，TensorFlow Serving 还可以在旧模型和新模型之间无缝切换，而不会给最终用户带来任何停机时间。虽然 TensorFlow Serving 可能是 TensorFlow 生态系统中认可度最低的组成，它却可能是使 TensorFlow 有别于其他竞争者的重要因素。将 TensorFlow Serving 纳入生产环境可避免用户重新实现自己的模型——他们只需使用 TensorFlow 导出的文件。TensorFlow Serving 完全是用 C++编写的，其 API 也只能通过 C++访问。

只有深入了解上述所有软件之间的联系，并熟练掌握它们的联合使用方法，方可真正使 TensorFlow 物尽其用。

1.4.3 TensorFlow 的应用

我们在何时使用 TensorFlow？下面介绍一些 TensorFlow 的用例。一般而言，对于大多数机器学习任务，TensorFlow 都是一个很好的选择。下面简单列出了 TensorFlow 尤其适合的一些场合。

- 研究、开发和迭代新的机器学习架构。由于 TensorFlow 极为灵活，因此在构建新颖的、测试较少的模型时非常有用。而使用某些库时，用户只能获取对实现原型有帮助的具有较强刚性的预建模型，而无法对其进行修改。

- 将模型从训练直接切换到部署。如前所述，TensorFlow Serving 使用户可实现训练到部署的快速切换。因此，在创建依赖于机器学习模型的产品时，使用 TensorFlow 便可实现快速迭代。如果开发团队需要保持较快的开发进度，或者没有使用 C++、 Java 等语言重新实现某个模型的资源，TensorFlow 可赋予开发团队快速实现产品的能力。

- 实现已有的复杂架构。一旦用户掌握了如何阅读可视化的计算图，并使用 TensorFlow 来进行构建，他们便有能力用 TensorFlow 实现最新的研究文献中所描述的模型。在构建未来的模型，或在对用户的当前模型进行严谨的改进时，这种能力可提供非常有价值的见解。

- 大规模分布式模型。在面对多种设备时，TensorFlow 表现出卓越的向上可扩展性。它已经开始在谷歌公司内部的各个项目中逐步取代 DistBelief。随着最近分布式运行的发布，我们将会看到将 TensorFlow 运行于多台硬件服务器和云端虚拟机的越来越多的用例。

- 为移动/嵌入式系统创建和训练模型。虽然 TensorFlow 主要关注向上的扩展（Scaling up），但是对于向下的扩展（Scaling down），它同样有优异的表现。TensorFlow 的灵活性之一体现在它可轻松扩展到计算性能不高的系统中。例如，它可在安卓设备以及像树莓派（Raspberry Pi）这样的微型计算机中运行。TensorFlow 代码库中包含了一个在安卓系统中运行预训练模型的例程。

TensorFlow 可被用于语音识别或图像识别等多项机器深度学习领域，从目前的文档看，TensorFlow 支持卷积神经网络、递归神经网络和 LSTM 算法，这都是目前在图像、语音和自然语言处理最流行的深度神经网络模型。

TensorFlow 表达了高层次的机器学习计算，大幅度地简化了第 1 代系统，并且具备更好的灵活性和可延展性。TensorFlow 的一大亮点是支持异构设备分布式计算，它能够在各个平台上自动运行模型，从手机、单个 CPU/GPU 到成百上千个 GPU 卡组成的分布式系统。它可在小到一部智能手机、大到数千台数据中心服务器的各种设备上运行。

02 第2章 Python基础应用

2.1 引言

Python 是一门简单而又强大的编程语言。对于那些在编程方面有困难的人来说，Python 的出现或许是一个福音。

Python 的诸多特点使它可以作为人工智能领域的脚本语言，这些特点包括以下几方面。

（1）简单且易学。相对于其他高度结构化的编程语言（C++或 Visual Basic）而言，Python 更容易被掌握。它的语法简单，编程者将有更多的时间来解决实际问题，而不需要在学习 Python 语言上耗费太多精力。

（2）免费且开源。Python 是一款免费并且开源的软件。用户可以自由地分发该软件的副本，查看和修改源代码，或者将其中一部分代码用在其他免费的程序里。Python 语言如此好用的一个重要原因在于它有一个十分活跃的用户社区，社区里的成员都积极地参与 Python 的开发和维护。正是由于 Python 是开源的，所以 Python 才被部署在人工智能的 TensorFlow 工具中。

（3）跨平台。Python 支持包括 Windows、Mac、Linux 在内的各种平台。不同平台上的 Python 程序只需要做极小的改动甚至不改动，就能在其他平台上正常运行。Python 的用户之所以如此庞大，其中一个重要原因就是它跨平台的特性。

（4）解释性。许多程序语言（例如 C++或 Visual Basic）需要将程序源文件转换成计算机可以理解的二进制代码。这就需要有适用于各种程序语言的编译器。而 Python 是一种解释性语言，它不需要编译就可以直接运行。这一特点使 Python 使用起来更加简单，并具有更强的移植性。

（5）面向对象。Python 是一门面向对象的编程语言。面向对象的程序不再是功能的堆砌，而是由一系列相互作用的对象构建起来的。很多现代编程语言都支持面向对象的编程。从这个角度看，将 Python 作为 TensorFlow 的脚本语言是一个不错的选择。

2.2 Python 的安装

Python 是由吉多 · 范罗苏姆（Guido van Rossum）开发的。1991 年，Van Rossum 发布了第 1 版 Python。目前，虽然已经有很多志愿者参与到 Python 的维护与发展之中，但是 Van Rossum 在该领域仍然十分活跃。不同于其他编程语言，Python 只经历了为数不多的版本更新。

Python 中既有字符串、列表和字典等元素，也有其他更高级的元素，例如元类、生成器和列表推导式。Python 的稳定性和健壮性，反映了所有程序员对 Python 的需求，即 Python 中既需要有一些基本的元素，更需要有其他高级语言中常见的高级元素。

本书推荐用户使用 Python 3.x 版，但是也可以从 Python 官方网站免费下载和安装其他版本的 Python。目前 Python 2.x 版依旧表现十分出色，而且也得到了广泛的使用，但是在未来新的版本中，还需要解决一些多年积累下来的问题，以使语言更加简洁。Python 2.x 版和 Python 3.x 版虽然有许多差异，但是两个版本中语言的基本结构没有改变。

Windows 操作系统下一般没有预装 Python，因此需要先到 Python 的官方网站下载 Python 的安装包。使用网页浏览器打开 Python 的官方网站，官方网站内容如图 2-1 所示。

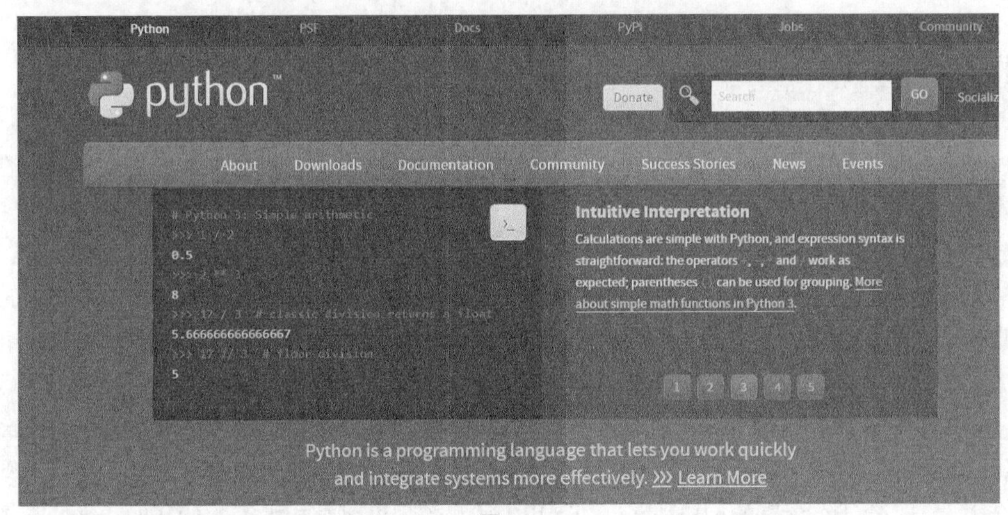

图 2-1

单击上方导航栏中的“Downloads（下载）”链接按钮，即可进入最新版本 Python 安装包下载页面，如图 2-2 所示。

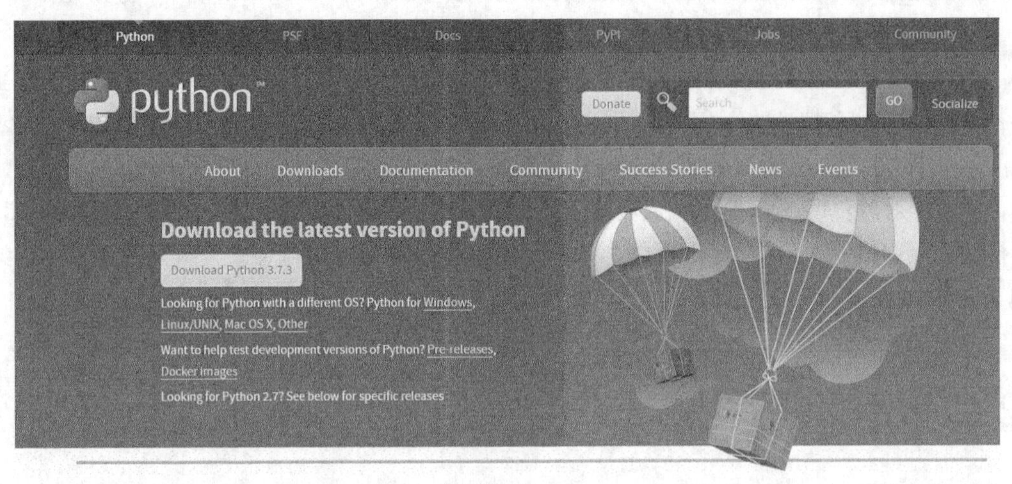

图 2-2

在下载页面中，可以看到当前最新的 Windows 系统下的 Python 版本的下载按钮，单击“Download Python 3.7.1”按钮，即可下载 Python 3.7 版本的 Python 安装包到本地计算机文件夹。但是，本书所用的所有代码均是基于 Python 3.5 版本的内容，因此需要在搜索页面查找到 Python 3.5 版本，并进行下载，如图 2-3 所示。如果使用其他操作系统，可选择相应的操作系统。

下载完毕后，在下载文件夹中找到安装包并双击运行，会进入类似图 2-4 所示的安装初始界面。

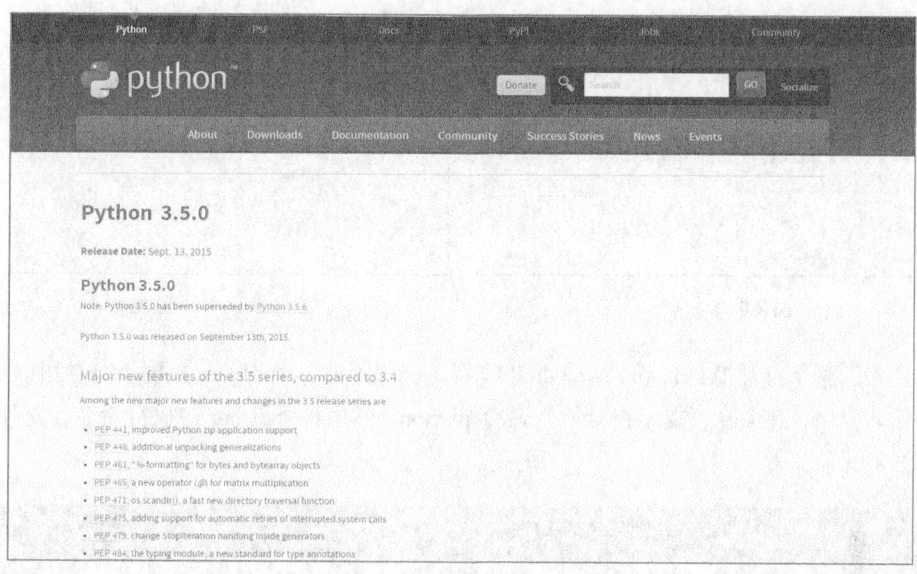

图 2-3

在图 2-4 所示的安装界面中，需要注意的是将最下面的“Add Python 3.5 to PATH”复选框选择上（默认没有选择），这样才能确保以后用命令行方式运行 Python 程序时更方便。所以在这个页面中，要在上面两个选择中选择下方的“Customize installation”选项进行个性化安装，进入图 2-5 所示的 Python 个性化安装界面。

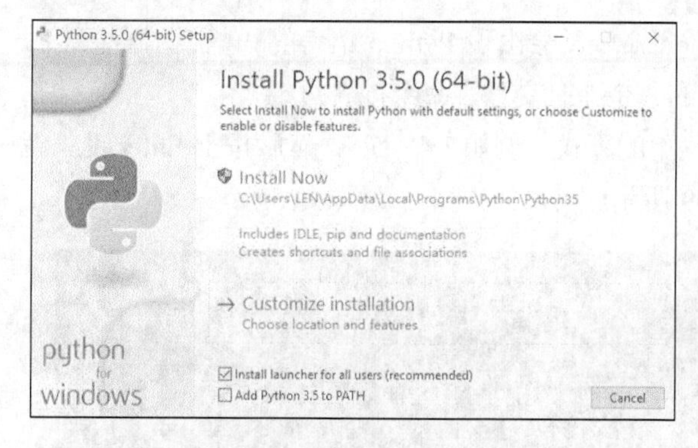

图 2-4

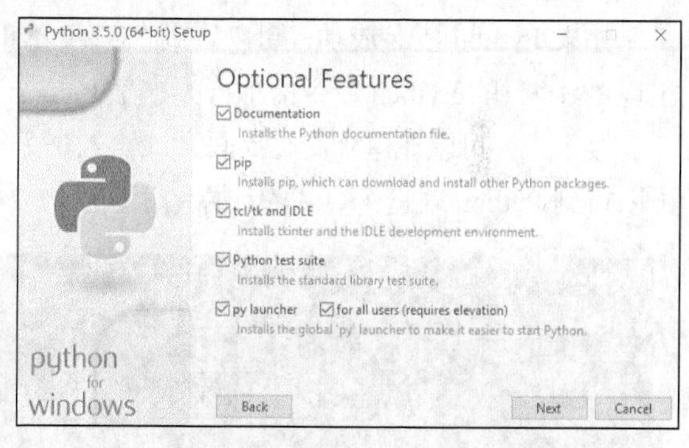

图 2-5

在此页面特别注意要将 pip 前的复选框选择上，这是 Python 第 3 方代码库的安装工具，之后安装 TensorFlow 和其他一些依赖包都需要用到它。其他选项也可以都选上，然后单击“Next”按钮进入下一个页面，如图 2-6 所示。

在图 2-6 的选项中，一定要选择“Add Python to environment variables”，并选择图 2-6 中示意选项。在这个页面的“Customize install location”下方选择安装路径，Python 默认是安装到每个 Windows 用户的个人文件夹下，这样 Python 的安装路径会比较复杂，建议将原来复杂的安装路径改为 D:\python3 这样的简单路径，便于以后查找文档。设置完成后，单击“Install”按钮，等待安装结束。

安装完成后会出现图 2-7 所示的界面，显示安装成功，此时单击“Close”按钮关闭安装程序即可。

安装完成后，验证安装情况。

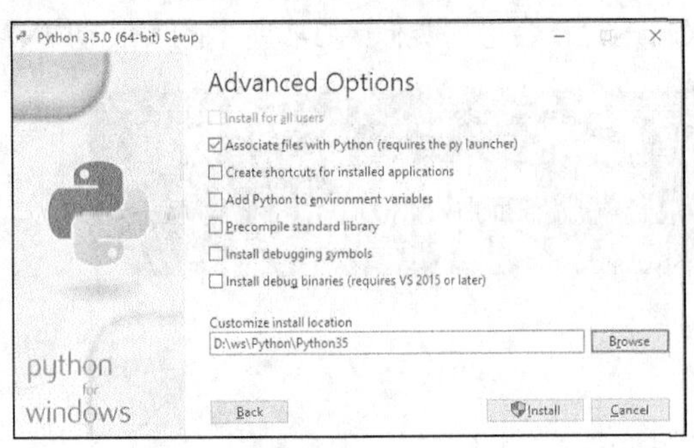

图 2-6

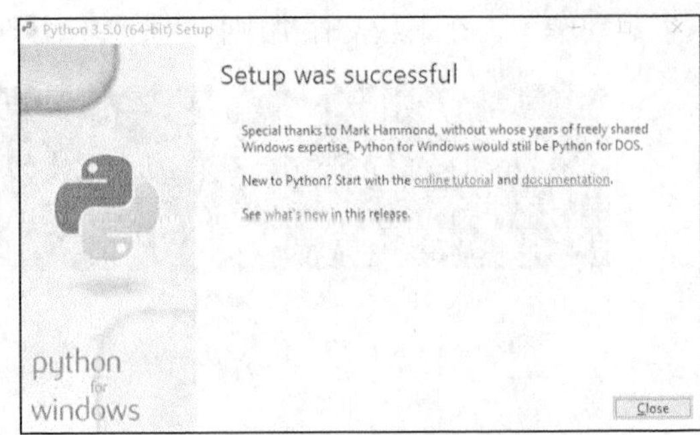

图 2-7

从“开始”菜单打开 Windows Powershell 或者选择“附件”中的“命令提示符”可以执行程序，进入命令输入窗口，在命令行提示符处输入命令 python，然后按下 Enter 键执行命令，交互式命令行界面如图 2-8 所示。

```
Python 3.5.6 |Anaconda, Inc.| (default, Aug 26 2018, 16:05:27) [MSC v.1900 64 bit (AMD64)] on win32
Type "help", "copyright", "credits" or "license" for more information.
>>> 
```

图 2-8

如果 Python 安装成功，可以看到在输入 python 命令后会出现 Python 语言的一些版本信息，并出现“>>>”的 Python 命令提示符，这是 Python 的一个即时交互式命令行界面。

接下来，可以在这个交互界面尝试输入一个简单的算式，例如 3.4 + 5.5，然后按下 Enter 键，就可以得到 Python 对这个算式的计算结果，如图 2-9 所示。

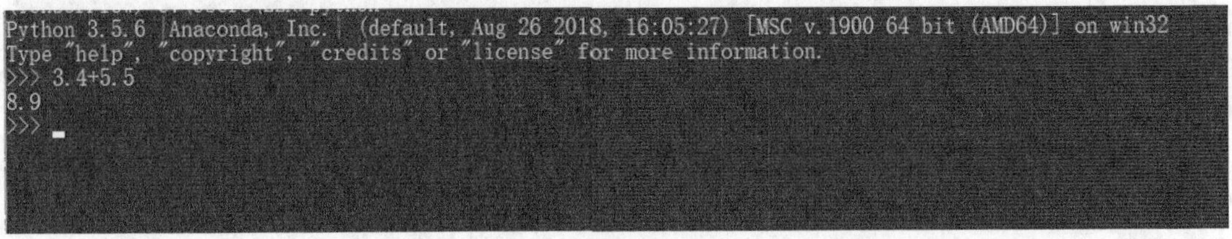

```
Python 3.5.6 |Anaconda, Inc.| (default, Aug 26 2018, 16:05:27) [MSC v.1900 64 bit (AMD64)] on win32
Type "help", "copyright", "credits" or "license" for more information.
>>> 3.4+5.5
8.9
>>> 
```

图 2-9

在 Python 交互式命令行下输入 quit()，即可退出并返回到 Windows 命令提示符界面。

在学习 Python 语法之前，最好先了解一下如何查阅 Python 文档。这些文档可以在 Python 官方网站中进行查阅。每一个版本的 Python 都有对应的文档，这些版本包括 2.6、2.7、3.1、3.2、3.5、3.6 等，可以下载这些文档，并保存成 PDF、HTML 和 TXT 等格式的文件。Python 文档的内容很多。以 PDF 格式的 Python Library Reference 为例，就有 1000 多页。这一数字对于 Python 初学者来说，有些吓人。虽然内容很多，但没有必要一页一页地查阅。一般情况下，只需要根据特定的目标有选择地查看相关的语法。下面介绍一些 Python 的基础知识，以便使用者了解 Python 的基本术语，这些术语可以提高文档检索和使用的效率。

在 Python 的官方网站上，还有许多 Python 的学习资源，包括 *Beginner's Guide to Python* 和一系列的 Python 入门教程。在这个网站里，使用者会发现大量的 Python 学习资源，这些丰富的资源是由一个庞大并且活跃的用户社区提供的。

2.3　数据类型与数据结构

Python 支持多种数据类型，包括字符串、数字、列表、元组、字典等。不同类型的数据可以存储不同类型的值，并进行不同类型的操作。其中，字符串是由一个或多个字符组成的，这些字符可以是字母、数字或者其他类型的字符；数字可分为整数和浮点数两种；列表、元组和字典是较为复杂的数据类型，它们都是由一组数据元素构成的。

除了支持多种数据类型之外，Python 也支持多种数据结构。数据结构是指相互之间存在某种关系的数据元素的集合，例如将元素按某种方式编号。Python 中最基本的数据结构是序列，序列中的每一个元素都有一个索引值。字符串、列表、元组都是序列。由于不同类型的序列具有相同的数据结构，所以可以对不同类型的序列执行同一种操作。在本章后续的内容里，将介绍使用序列的例子。

字符串、数字和数组是不可变的数据类型，即不能单独修改数据元素的值。列表和字典是可变的数据类型，可以对它们的数据元素进行修改。

2.4　数字

Python 中的数字可以分为整数和浮点数。整数就是没有小数部分的数，例如 1 和−34。浮点数就是有小数部分的数，例如 1.0 和−34.8307。尽管整数和浮点数都属于数字类型，但它们却有着不同的功能，所以区分整数和浮点数是很重要的。

关于整数和浮点数数学运算的规律如表 2-1 所示。

表 2-1

操作符	符合说明	整数		浮点数	
		示例	结果	示例	结果
*	乘法运算	9*2	18	9*2.0	18.0
/	除法运算	9/2	4.5	9/2.0	4.5
%	取模运算	9%2	1	9%2.0	1.0
+	加法运算	9+2	11	9+2.0	11.0
−	减法运算	9−2	7	9−2.0	7.0

2.5　变量及其命名规则

Python 脚本使用变量存储信息。每一个变量都有一个变量名。一个变量名代表一个变量值。例如，如果想用一个变量 x 表示数字 17，则需要在 Python 中输入如下代码。

```
>>> x = 17
```

这是一个赋值语句，它的功能是将数字 17 赋给变量 x。变量只有被赋值后，才能在表达式中使用。例如。

```
>>> x = 17
>>> x * 2
34
```

这个例子表明在使用变量前需要给这个变量进行赋值，所以将数字 17 赋给变量 x 的赋值语句 x = 17 要在“x*2”的前面。

提示： 建议在运算符的两侧都加一个空格，例如 x = 17，而不是 x=17。

这里需要适当提一下其他编程语言。在使用 VBA 或者 C++这些编程语言时，需要预先声明变量的类型（例如字符型、数字型等），再对变量进行赋值；而 Python 则不需要预先声明变量的类型，就可以直接对变量进行赋值。这种变量的使用方式相当直观、简洁和高效。如果不预先进行变量声明，那么 Python 如何确定这些变量的类型呢？其实，变量的类型在变量赋值的那一刻就已经被隐式声明了。例如 x = 17 表示 x 是一个整型变量，x = 17.629 表示 x 是一个浮点型变量，x = "GIS"表示 x 是一个字符串变量。这就是所谓的动态赋值。也可以给变量赋予不同类型的值来改变变量的类型。

下面是变量命名的一些规则。

- 变量名可以由字母、数字、下画线组成。
- 变量名不能以数字开头，所以 var1 是一个合法的变量名，但是 1var 就是一个非法的变量名。
- Python 的关键字不能用作变量名，如 print 和 import。在本章后续的部分，将会学习到更多的关键字。

除了以上命名规则之外，还有一些重要的命名原则。

- 使用描述性的变量名。在命名前，要先想想什么样的变量名方便记忆并且有助于代码的编写。例如，变量名 count 就比简单地命名为 c 更有意义。
- 遵循命名规范。大多数编程语言都有一定的命名规范。Python 也有一个官方的命名规范 Style Guide for Python Code。Python 中变量名最好不要太长，并且尽可能全部小写，字母之间可以用下画线隔开，以增强代码的可读性。最好避免首字母使用下画线，因为首字母为下画线的变量在 Python 中有特殊的含义。
- 变量名尽量简短。虽然长的变量名是符合 Python 语法规范的，但是为什么要使用像 number_of_cells_in_a_raster_dataset 这么长的变量呢？冗长的变量名会增加出错的概率，同时也会降低代码的可读性。

在 Python 中进行变量命名的时候，需要遵循上述命名规则和原则。

提示： 多个变量可以在同一行赋值，这样可以让脚本显得更加紧凑。

例如，

```
>>> x, y, z = 1, 2, 3
```

它等同于以下语句。

```
>>> x = 1
>>> y = 2
>>> z = 3
```

2.6 语句和表达式

Python 的语句和表达式可以用来处理各种变量。

一个表达式就代表一个值，例如 2 * 17 是一个表达式，它代表数字 34。简单的表达式是由运算符和操作数（例如 17）构成。复杂的表达式由几个简单的表达式构成。表达式中也可以有多个变量。

语句可以理解为操作指令，它指示电脑进行何种操作。这些指令包括给变量赋值、在屏幕上输出结果以及导入模块等。

表达式和语句之间的差异虽然很小，却不容忽视，如下例所示。

```
>>> 2 * 17
34
```

在本例中 2 * 17 是一个表达式，它表示数值 34，并自动输出到交互式编译器的窗口里。再看下面这个例子。

```
>>> x = 2 * 17
```

这里的 x = 2 * 17 是一个语句，通过这个语句，可以给变量 x 赋值，但是这个语句本身并不是一个值。这是由语句的性质决定的。它只能表示一种操作，而不能表示一个值。因此，在上面的例子中，Python 编译器不会自动输出结果，如果需要在命令行界面输出结果，可以使用 print 语句。

```
>>> x = 2 * 17
>>> print(x)
```

输出结果如下。

```

34
```

在任何编程语言中，赋值语句都是相当重要的。乍一看，赋值语句只是为数值提供一个临时的容器，但是它的真正作用在于利用变量表示数值后，用户只需要对变量进行处理，而不需要时刻了解具体的数值。所以在编写 Python 脚本时，不需要将每一个变量的值都表示出来。

2.7 字符串

另一个重要的数据类型是字符串。字符串是一串用引号括起来的文字。例如 print ("HelloWord") 中 Hello Word 就是一个字符串。可以通过给一个变量赋予一串字符来创建字符串变量。

在 Python 中，单引号（''）和双引号（" "）的作用是一样的。引号类似于书签，它能让计算机知道字符串从哪里开始并从哪里结束。用这两种方式表示字符串具有较大的灵活性。例如，在使用双引号表示字符串的时候，还可以在双引号内使用多个单引号，反之亦然。例如：

```
>>> print("I said: 'let's go!'")
```

如果在上面这个字符串中仅使用单引号，就会显得很混乱，而且还会导致语法错误。

可以利用字符串操作符进行一些简单的字符串操作。例如，通过加号将不同字符串连接起来。

```
>>> x = "T"
>>> y = "O"
>>> z = "M"
>>> print (x + y + z)
```

输出结果如下。

```
TOM
```

在连接字符串的时候，可能需要在字符串之间添加空格，这时可以使用双引号加空格（" "）的形式进行添加。如下例所示。

```
>>> x = "I"
>>> y = "love"
>>> z = "Python"
```

```
>>> print (x + " " + y + " " + z)
```

输出结果如下。

```
I love Python
```

利用三引号（'''），表示多行的字符串，可以在三引号中自由地使用单引号和双引号，如下例所示。

```
>>> str = '''this is string
... this is python string
... this is string'''
>>> print(str)
```

输出结果如下。

```
this is string
this is python string
this is string
```

字符串也可以包含数字，但是在连接数字和字符的时候，首先要将数字转换为字符串。如下例所示。

```
>>> temp = 32
>>> print("The temperature is " + temp + "degrees.")
```

结果会报错，因为不可以将数字变量和字符串变量直接相加。可以使用 str 函数将数字变量转换为字符串变量，然后再相加。正确的代码如下。

```
>>> temp = 32
>>> print ("The temperature is " + str(temp) + " degrees")
```

输出结果如下。

```
The temperature is 32 degrees
```

在上面的例子中，str 是一个函数，我们将在后面介绍它。将一个变量的值从一种类型转变为另一种类型叫类型转换。在上面的例子中，使用加号（+）将字符串进行连接的。在本章后续的部分，还将学习其他字符串连接的方法。

2.8 容器

2.8.1 列表

列表也是一个重要的数据类型。列表是由方括号（[]）来定义的。列表中的每一个元素通过逗号（,）隔开。这些元素可以是数字、字符串或者其他的数据类型。

1. 创建列表

可以通过手工输入的方式创建列表，创建列表也是列表初始化的过程。下面是新建一个数字列表的例子。

```
>>> mylist = [1, 2, 4, 8, 16, 32, 64]
```

列表中的每一个元素都是用逗号隔开的，每一个逗号后面都有一个空格。这个空格不是必需的，但是这个空格可以增强代码的可读性。列表中的元素不只可以是数字，还可以是字符串。

```
>>> mywords = ["jpg", "bmp", "tif", "img"]
```

可以使用 print 语句输出列表的内容。

```
>>> print (mywords)
['jpg', 'bmp', 'tif', 'img']
```

输出的结果中，每一个元素都保持了它们在列表中的原始顺序。列表就是一组有序的元素集合。

2. 处理列表

列表是一种用途广泛的数据类型。Python 中对列表有很多种处理方法。看下面这个列表。

```
>>> cities = ["Beijing", "Shanghai", "Guangzhou", "Hangzhou", "Haikou"]
```

与字符串一样，列表也是有索引的，索引值从 0 开始。这些索引值既可以用于获取列表中的某一个元素，也可以用于将列表分成几个更小的列表。从上面的列表中获取第 2 个元素的代码如下。

```
>>> cities[1]
'Shanghai'
```

也可以用负数从列表的最后一个元素开始索引。最后一个元素的索引值是-1。通过这种方法，即使不知道最后一个元素的索引值，也能获得最后一个元素。

```
>>> cities[-1]
'Haikou'
```

从列表中获取倒数第 2 个元素的代码如下。

```
>>> cities[-2]
'Hangzhou'
```

列表可以通过切片操作符（:）分成几个更小的列表。切片操作符前后各有一个索引值。它们分别表示新列表在原列表中起始和末尾的位置。例如，下面的代码创建了一个新的列表，新列表包含原列表中索引值从 2 到 4（不包括 4）的元素。

```
>>> cities[2:4]
['Guangzhou', 'Hangzhou']
```

注释：如果仅使用 1 个索引值（例如 cities[1]）将返回列表中的一个字符串值，但是切片操作返回的是一个新的列表。

起始索引和末尾索引都是可选的，如果只保留起始索引或者末尾索引，那么切片操作会从列表起始处开始，或者直到列表末尾处结束。例如，下面这段代码创建了一个新的列表，这个列表包含了原列表中索引值从 2 到最大值的元素。

```
>>> cities[2:]
['Guangzhou', 'Hangzhou', 'Haikou']
```

下面这段代码可以获得原列表中索引值从 0 到 2（不包括 2）的元素。

```
>>> cities[:2]
['Beijing', 'Shanghai']
```

另一个重要的列表操作是使用 in 操作符判断某个元素是否包含在列表中。如果包含就返回 True，如果不包含就返回 False，如下例所示。

```
>>> cities = ["Beijing", "Shanghai", "Guangzhou", "Hangzhou", "Haikou"]
>>> "Shanghai" in cities
True
>>> "Zhejiang" in cities
False
```

del 语句可以删除列表中的元素。下面的代码就是通过索引值删除列表中指定的元素的。

```
>>> cities = ["Beijing", "Shanghai", "Guangzhou", "Hangzhou", "Haikou"]
>>> del cities[2]
>>> cities
['Beijing', 'Shanghai', 'Hangzhou', 'Haikou']
```

除了上述列表操作外，还可以使用列表的方法来处理列表，如 count、extend、index、insert、pop、remove、reverse 和 sort 等。下面将这些方法做一些简单的介绍。

（1）len 函数可以查询列表中元素的个数，如下例所示。

```
>>> cities = ["Beijing", "Shanghai", "Guangzhou", "Hangzhou", "Haikou"]
>>> print (len(cities))
5
```

（2）sort 方法可以对列表内的元素进行排序，默认的排序方式是按照字母和数字的顺序。此外，也可以通过设置 sort 函数的参数 reverse 来实现列表的倒序排列，如下例所示。

```
>>> cities.sort()
>>> print(cities)
['Beijing', 'Guangzhou', 'Haikou', 'Hangzhou', 'Shanghai']
>>> cities.sort(reverse = True)
>>> print(cities)
['Shanghai', 'Hangzhou', 'Haikou', 'Guangzhou', 'Beijing']
```

（3）append 方法可以在列表的末尾处添加元素，如下例所示。

```
>>> cities = ["Beijing", "Shanghai", "Guangzhou", "Hangzhou", "Haikou"]
>>> cities.append("Chengdu")
>>> cities
['Beijing', 'Guangzhou', 'Haikou', 'Hangzhou', 'Shanghai', 'Chengdu']
```

（4）count 方法可以返回某个元素在列表中出现的次数，如下例所示。

```
>>> yesno = ["True", "True", "False", "True", "False"]
>>> yesno.count("True")
3
```

（5）extend 方法可以将多个值一次性添加到列表中，如下例所示。

```
>>> list1 = [1, 2, 3, 4]
>>> list2 = [11, 12, 13, 14]
>>> list1.extend(list2)
>>> list1
[1, 2, 3, 4, 11, 12, 13, 14]
```

（6）index 方法可以用于查询列表中某个元素第 1 次出现时的索引值，如下例所示。

```
>>> mylist = ["The", "quick", "fox", "jump", "over", "the", "lazy", "dog"]
>>> mylist.index("the")
5
```

（7）insert 方法可以在列表中指定的位置插入一个元素，如下例所示。

```
>>> cities = ["Beijing", "Guangzhou", "Hangzhou", "Haikou"]
>>> cities.insert(1, "Shanghai")
>>> cities
['Beijing', 'Shanghai', 'Guangzhou', 'Hangzhou', 'Haikou']
```

（8）pop 方法可以删除并返回指定位置的元素，如下例所示。

```
>>> cities = ["Beijing", "Shanghai", "Guangzhou", "Hangzhou", "Haikou"]
>>> cities.pop(3)
'Hangzhou'
>>> cities
['Beijing', 'Shanghai', 'Guangzhou', 'Haikou']
```

（9）remove 方法可以删除在列表中第 1 次出现的指定的元素，如下例所示。

```
>>> numbers = [1, 0, 1, 0, 1, 0, 1, 0, 1, 0]
>>> numbers.remove(0)
>>> numbers
[1, 1, 0, 1, 0, 1, 0, 1, 0]
```

列表还有一些其他处理方法，用户在需要时可以通过学习资料进行查找使用。

2.8.2　元组

元组（tuple）与列表类似，是元素的有序序列。元组和列表的主要区别在于元组不可以直接修改，即元组没有 append、extend 和 insert 方法。元组中的元素也不可以直接删除或修改。除此之外，列表中的其他函数和方法对元组同样适用。元组中的元素可以索引。元组可以切片、连接和重复。

元组的定义可以通过由逗号分隔和括号包围的一个序列来完成。然而，元组经常还可以不使用括号来定义，如下例所示。

```
>>> t = ('a', 'b', 'c')
>>> print(t)
('a', 'b', 'c')
>>> t = 'a', 'b', 'c'
>>> print(t)
('a', 'b', 'c')
```

语句 t =（'a', 'b', 'c'）和 t = 'a', 'b', 'c'均创建了元组 t，并赋予相同的值。但是，print 函数总是会显示由括号包围的元组。

2.8.3　字典

考虑下面这个程序，它将某些英语单词翻译成西班牙语。

```
>>> def translate(color):
...     if color == "red":
...         return "rojo"
...     elif color == "blue":
...         return "aloz"
...     elif color == "green":
...         return "verdi"
...     elif color =="white":
...         return "blanco"
```

这个函数是一个迷你的英语—西班牙语词典。我们将类似于这样的函数称为映射。它将英语单词映射成西班牙语单词。在映射的术语中，单词 red、blue、green 和 white 称为键（key），单词 rojo、aloz、verdi 和 blanco 称为值（value）。这 5 个函数可以扩展到上千个单词，并将每一个键对应到一个值上。

Python 提供一种更加高效和灵活的映射手段，称为字典（dictionary）。如果将字典定义成如下形式，就可以获得和上述函数相同的功能。

```
>>> translate = {"red":"rojo", "blue":"aloz", "green":"verdi", "white":"blanco"}
```

随后，translate["red"]的值为"rojo"，translate["blue"]的值为"aloz"，以此类推。这个字典包含 4 个元素（item）。

字典由键和对应的值组成。字典也被称作关联数组或哈希表。通常，一个 Python 字典的定义方式为：使用花括号（{}）包裹住逗号分隔的“key:value”对。键必须是不可变对象（例如字符串、数值或元组），但是值可以是任意的数据类型。键是唯一的，但是值不必唯一。

字典是除列表之外 Python 中最灵活的内置数据结构类型。列表是有序的对象集合，字典是无序的对象集合。两者之间的区别在于：字典当中的元素是通过键来存取的，而不是通过偏移存取。

key1 对应的值可以通过表达式 dictionaryName[key1]获取。下面是一些使用字典的示例小程序。

```
>>> bob = {"firstName":"Robert", "lastName":"Smith", "age":19}
```

```
>>> print(bob["firstName"], bob["lastName"], "is", bob["age"], "years old.")
Robert Smith is 19 years old.
phoneNum = {"Sam":2345678, "Ted":5436666, "Joe":4443456}
>>> name = input("Enter a person's name:")
Enter a person's name:Ted
>>> print(name + "'s phone number is", phoneNum[name])
Ted's phone number is 5436666
>>> band = {6:"six", "instrument":"Trombone", 7:"seventy"}
>>> print(band[7].capitalize() + '-' + band[6], band["instrument"] + "s")
Seventy-six Trombones
```

其中，capitalize()的作用是将首字母改为大写。

类似列表，字典也有许多操作和方法，表 2-2 展示了可以应用到字典上的函数和方法。

表 2-2

操　作	描　述
len(d)	字典中元素（key:value 对）的个数
x in d	如果 x 是字典的一个键，返回 True；否则，返回 False
x:y in d	如果 x:y 是字典的一个元素，则返回 True；否则，返回 False
x:y not in d	如果 x:y 不是字典的一个元素，则返回 True；否则，返回 False
d[key1] = value1	如果 key1 已经是字典的一个键，则将 key1 对应的值更改为 value1；否则，将元素 key1:value1 添加到字典中
d[key1]	返回 key1 对应的值。如果 key1 不是 d 的键，则抛出异常
d.get(key1,default)	如果 key1 不是字典的键，则返回 default 的值；否则，返回 key1 对应的值
list(d.keys())	返回字典的键组成的列表
list(d.values())	返回字典的值组成的列表
list(d.items())	返回（key:value）形式的二元组组成的列表，其中 d[key] = value
list(d)	返回字典的键组成的列表
tuple(d)	返回字典的键组成的元组
set(d)	返回字典的键组成的集合
c= {}	创建一个空的字典
c = dict(d)	创建字典 d 的一个复制
del d[key1]	移除键为 key1 的元素，如果没有找到 key1，则抛出异常
d.clear()	移除字典中所有的元素（key:value 对）
for k in d:	遍历字典所有的键
d.update(c)	将字典 c 所有的元素合并入字典 d。如果两个元素拥有相同的键，则用 c 中的值替换 d 中的值
max(d)	d.keys()中的最大值，要求所有的键的数据类型相同
min(d)	d.keys()中的最小值，要求所有的键的数据类型相同

字典的用法非常灵活，建议用户在使用的过程中查阅 Python 学习资料。

2.8.4 复制

由于 Python 使用了对象引用，因此在使用赋值操作符（=）时，并没有进行复制操作。如果右边的操作数是字面值，比如字符串或数字，那么左边的操作数被设置为一个对象引用，该对象引用将指向存放字面值的内存对象。如果右边的操作数是一个对象引用，那么左边的操作数将设置为一个对象引用，并与右边的操作数指向相同的对象，这种机制称为“对象克隆”。“对象克隆”的好处之一是可以非常高效地进行赋值操作。

在对很大的组合类型变量进行赋值时，比如长列表，“对象克隆”带来的高效是非常明显的，下面给出了一个实例。

```
>>> songs = ["Because", "Boys", "Carol"]
>>> beatles = songs
>>> beatles, songs
(['Because', 'Boys', 'Carol'], ['Because', 'Boys', 'Carol'])
```

这里，创建了一个新的对象引用 beatles，两个对象引用指向的是同一个列——没有进行列表数据本身的复制。

由于列表是可变的，因此我们可以对其进行改变，如下例所示。

```
>>> beatles[2] = "Cayenne"
>>> beatles, songs
(['Because', 'Boys', 'Cayenne'], ['Because', 'Boys', 'Cayenne'])
```

我们使用变量 beatles 进行了改变，但 beatles 是一个对象引用，并与 songs 指向同一个列表。因此，通过哪一个对象引用进行的改变对另一个对象引用都是可见的，这也是我们最需要的行为，因为对很大的组合对象进行复制可能会消耗很多时间和空间资源。这种机制意味着我们可以将列表或其他可变的组合数据类型作为参数传递给函数，并在函数中对该组合类型数据进行修改，在函数调用完成后，可以对修改后的组合类型数据进行存取。

然而，在有些情况下，我们又确实需要组合类型数据（或其他可变对象）的一个单独的副本。对序列，在提取数据片时，比如 songs[:2]，数据片总是取自某个数据项的一个单独的副本，因此，如果需要整个序列的副本，而不仅仅是一个对象引用，则可以通过下面的方式实现。

```
>>> songs = ["Because", "Boys", "Carol"]
>>> beatles = songs[:]
>>> beatles[2] = "Cayenne"
>>> beatles, songs
(['Because', 'Boys', 'Cayenne'], ['Because', 'Boys', 'Carol'])
```

对字典与集合而言，这种复制操作可以使用 dict.copy()与 set. copy()来实现。此外，copy 模块提供了 copy.copy()函数，该函数返回给指定对象的一个副本。对内置组合数据类型进行复制的另一种方法是使用类型名作为函数，将待复制的组合类型数据作为参数，下面给出一些实例。

```
copy_of_dict_d = dict(d)
copy_of_list_L = list(L)
copy_of_set_s = set(s)
```

需要注意的是，这些复制技术都是浅复制，也就是说，复制的只是对象引用，而非对象本身。对固定数据类型，比如数字与字符串，这与复制的效果是相同的（尽管复制更加高效），但是对于可变的数据类型，比如嵌套的组合类型，这意味着相关对象同时被原来的组合与复制得来的组合引用。下面的代码段展示了这一特点。

```
>>> x = [53, 68, ["A", "B", "C"]]
>>> y = x[:]  #shallow copy
>>> x, y
([53, 68, ['A', 'B', 'C']], [53, 68, ['A', 'B', 'C']])
>>> y[1] = 40
>>> x[2][0] = "Q"
>>> x, y
([53, 68, ['Q', 'B', 'C']], [53, 40, ['Q', 'B', 'C']])
```

在对列表进行浅复制时，对嵌套列表["A", "B", "C"]的引用将被复制。这意味着，x 与 y 都将其第 3 项作为指向这一列表的对象引用，因此，对嵌套列表的任何改变，对 x 与 y 都是可见的。如果我们确实需要一个独立的副本或任意的嵌套组合，可以进行深复制。

```
>>> import copy
>>> x = [53, 68, ["A", "B", "C"]]
>>> y = copy.deepcopy(x)
>>> y[1] = 40
>>> x[2][0] = 'Q'
>>> x, y
([53, 68, ['Q', 'B', 'C']], [53, 40, ['A', 'B', 'C']])
```

这里，列表 x 与 y，及其所包含的列表项，都是完全独立的。

2.9 函数

函数是一个用于执行某项特定任务的代码块。Python 函数就像一个小程序，它能实现某种操作。在 Python 中有一系列的核心函数，它们被称为内置函数，可以在任意语句中直接使用。下面是一个名为 pow 的 power 函数的例子。

```
>>> pow(2, 3)
8
```

这个函数表示 2 的 3 次方，也就是 8，使用函数也称为函数调用。当调用一个函数时，需要提供参数（在本例中就是 2 和 3），函数将返回一个值。因为它返回的是一个值，所以函数调用也是一种表达式。

当确定所需要使用的函数时，需要先查看这个函数的说明和语法。可以通过语句_doc_查看指定函数的详细信息。

```
>>> print(help(pow))
```

查看函数说明不一定非要用 print 语句，但是使用 print 语句会使输出的内容更具有可读性。看一下 pow 函数的说明。

```
pow(x, y, z=None, /)
    Equivalent to x**y (with two arguments) or x**y % z (with three arguments)

    Some types, such as ints, are able to use a more efficient algorithm when
    invoked using the three argument form.
```

注意，pow 函数有 3 个参数，每个参数之间用逗号隔开。前两个参数（x 和 y）是必需的，第 3 个参数是用方括号括起来的 pow(x,y[,2])，表明该参数是可选的。在函数说明中出现的操作符（**）是指求幂运算。

2.9.1 常用内置函数及高阶函数

除前面所述例子里面的内置函数，Python 还有一些常见的内置函数。

想知道有哪些内置函数，可以翻阅 Python 手册，当然，也可以直接在 Python 中使用语句 dir('_builtins_')来查看。

```
>>> dir('_builtins_')
```

注释：在 builtins 前后各有两个下画线。

这句代码将会输出一个包含很多函数的列表。

```
['__add__', '__class__', '__contains__', '__delattr__', '__dir__', '__doc__',
'__eq__', '__format__', '__ge__', '__getattribute__', '__getitem__', '__getnewargs__',
'__gt__', '__hash__', '__init__', '__init_subclass__', '__iter__', '__le__', '__len__',
'__lt__', '__mod__', '__mul__', '__ne__', '__new__', '__reduce__', '__reduce_ex__',
'__repr__', '__rmod__', '__rmul__', '__setattr__', '__sizeof__', '__str__',
'__subclasshook__', 'capitalize', 'casefold', 'center', 'count', 'encode', 'endswith',
'expandtabs', 'find', 'format', 'format_map', 'index', 'isalnum', 'isalpha', 'isascii',
'isdecimal', 'isdigit', 'isidentifier', 'islower', 'isnumeric', 'isprintable', 'isspace',
'istitle', 'isupper', 'join', 'ljust', 'lower', 'lstrip', 'maketrans', 'partition', 'replace',
'rfind', 'rindex', 'rjust', 'rpartition', 'rsplit', 'rstrip', 'split', 'splitlines',
'startswith', 'strip', 'swapcase', 'title', 'translate', 'upper', 'zfill']
```

由于函数众多，很难在这里一一进行介绍，下面将会介绍其中一部分常用内置函数。

1. 数学运算相关

Python中常用的数学运算类函数及作用如表2-3所示。

表2-3

函　数	作　用
abs(x)	求绝对值。参数可以是整型，也可以是复数；若参数是复数，则返回复数的模
complex([real[, imag]])	创建一个复数
divmod(a, b)	分别取商和余数。注意：整型、浮点型都可以
float([x])	将一个字符串或数转换为浮点数。如果无参数将返回0.0
int([x[, base]])	将一个字符转换为int类型，base表示进制
long([x[, base]])	将一个字符转换为long类型
pow(x, y[, z])	返回x的y次幂
range([start], stop[, step])	产生一个序列，默认从0开始
round(x[, n])	四舍五入
sum(iterable[, start])	对集合求和
oct(x)	将一个数字转化为8进制
hex(x)	将整数x转换为16进制字符串
chr(i)	返回整数i对应的ASCII字符
bin(x)	将整数x转换为二进制字符串
bool([x])	将x转换为布尔类型

2. 集合类操作

Python中常用的集合类函数及作用如表2-4所示。

表2-4

函　数	作　用
basestring()	str和unicode的超类 不能直接调用，可以用作isinstance判断
format(value [, format_spec])	格式化输出字符串
unichr(i)	返回给定int类型的unicode
enumerate(sequence [, start = 0])	返回一个可枚举的对象，该对象的next()方法将返回一个tuple
max(iterable[, args...][key])	返回集合中的最大值

续表

函　数	作　用
min(iterable[, args...][key])	返回集合中的最小值
dict([arg])	创建数据字典
list([iterable])	将一个集合类转换为另外一个集合类
set()	set 对象实例化
frozenset([iterable])	产生一个不可变的 set
str([object])	转换为 string 类型
sorted(iterable[, cmp[, key[, reverse]]])	队集合排序
tuple([iterable])	生成一个 tuple 类型
xrange([start], stop[, step])	xrange()函数与 range()类似，但 xrnage()并不创建列表，而是返回一个 xrange 对象，它的行为与列表相似，但是只在需要时才计算列表值，当列表很大时，这个特性能为我们节省内存

3. 逻辑判断

Python 中常用的逻辑判断类函数及作用如表 2-5 所示。

表 2-5

函　数	作　用
all(iterable)	集合中的元素都为真的时候为真； 特别的，若为空串返回为 True
any(iterable)	集合中的元素有一个为真的时候为真； 特别的，若为空串返回为 False
cmp(x, y)	如果 x < y，返回负数；x == y，返回 0；x > y，返回正数

4. I/O 操作

Python 中常用的 I/O 操作类函数及作用如表 2-6 所示。

表 2-6

函　数	作　用
file(filename [, mode [, bufsize]])	用于创建一个 file 对象，有一个别名叫 open()。参数是以字符串的形式传递的。其中，filename 为文件名，mode 为文件打开模式，bufsize 为 0 表示不缓冲，为 1 表示进行行缓冲，大于 1 为缓冲区大小
input([prompt])	获取用户输入
open(name[, mode[, buffering]])	打开文件，与 file 函数作用相似
print	打印函数值
raw_input([prompt])	设置输入，输入都是作为字符串处理。推荐使用 raw_input，因为该函数将不会捕获用户的错误输入

5. 其他

其他的一些常用的 Python 函数如表 2-7 所示。

表 2-7

函　数	作　用
callable(object)	检查对象 object 是否可调用。 （1）类是可以被调用的； （2）实例是不可以被调用的，除非类中声明了__call__方法

续表

函　数	作　用
dir([object])	不带参数时，返回当前范围内的变量、方法和定义的类型列表；带参数时，返回参数的属性、方法列表。如果参数包含方法__dir__()，该方法将被调用。如果参数不包含__dir__()，该方法将最大限度地收集参数信息
filter(function or None, sequence)	返回序列 sequence 中使 function 函数值为 True 的值的列表，如果第 1 个参数为 None，返回 sequence 中 True 的值的列表。如果 sequence 是元组或数组，则返回元组或数组，否则以列表形式返回
id(object)	返回对象的唯一标识
isinstance(object, classinfo)	判断 object 是否是 class 的实例
len(s)	返回集合长度
map(function, sequence[, initializer])	接收一个函数 function 和一个 sequence 列表，并通过把函数 function 依次作用在 sequence 的每个元素上，得到一个新的 sequence 返回
reduce(function, iterable[, initializer])	接收一个函数 function 和一个 sequence 列表，对 sequence 中的元素依据函数 function 依次做合并操作，从第 1 个开始是前两个参数，然后是前两个的结果与第 3 个合并进行处理，以此类推
type(object)	返回该 object 的类型
vars([object])	返回对象的变量，若无参数与 dict()方法类似
zip([iterable, ...])	并行遍历
help(function)	返回函数 function 的帮助信息

6. 高阶函数

具备下面两个特点的函数称为高阶函数。

- 允许将函数作为参数传入另一个函数；
- 允许返回一个函数。

先看一个例子。

```
>>> sum = lambda x,y:x+y
>>> sub = lambda x,y:x-y
>>> calc_dict = {"+":sum, "-":sub}
>>> def calc(x):
...     return calc_dict[x]
...
>>> print(calc('-')(5,6))
-1
>>> print(calc('+')(5,6))
11
```

其中，calc 函数作为参数被传入了函数 print。

下面重点介绍一些常用的内置高阶函数。

（1）map()函数

参数：接收一个函数 function 和一个 sequence 列表，并通过函数 function 依次作用在 sequence 的每个元素上。

返回值：得到新的 sequence 返回。利用 map()函数，可以把一个 sequence 转换为另一个 sequence，只需要传入转换函数 function。Sequence 中可以包含的元素是任意类型的，事实上它可以处理包含任意类型的 list，只要传入的函数能够处理这种数据类型。如下例所示。

```
>>> def f(x):
```

```
...     return x*x
...
>>> print(list(map(f, [1, 2, 3, 4, 5, 6, 7, 8, 9])))
[1, 4, 9, 16, 25, 36, 49, 64, 81]
```

此例中对列表[1,2,3,4,5,6,7,8,9]中每个元素进行了 x*x 的处理。

注：在 Python 3 中，map()生成的是迭代器不是 list，你可以在 map 前加上 list，即 list(map())。

（2）reduce()函数

参数：一个函数 function，一个 sequence；还可以接收第 3 个可选参数，作为计算的初始值。

返回值：reduce()传入的函数 function 必须接收两个参数，reduce()对 sequence 的每个元素反复调用函数 function，并返回最终结果值。如下例所示。

```
>>> from functools import reduce
>>> def add(x, y):
...     return x + y
...
>>> print(reduce(add, [1, 3, 5, 7, 9], 10))
35
```

此例中实现了(((((10+1)+3)+5)+7)+9)=35 的计算。

注：reduce 函数在 Python 3 的内建函数中移除了，放入了 functools 模块，因此使用时需要加上 from functools import reduce 引用。

（3）filter()函数

参数：一个函数 function 和一个 sequence，这个函数 function 的作用是对每个元素进行判断，返回 True 或 False。

返回值：根据判断 function 的结果自动过滤掉不符合条件的元素，返回由符合条件元素组成的新 sequence。如下例所示。

```
>>> def is_odd(x):
...     return x % 2 == 1
...
>>> print(list(filter(is_odd, [1, 4, 6, 7, 9, 12, 17])))
[1, 7, 9, 17]
```

此例从一个列表[1, 4, 6, 7, 9, 12, 17]中删除偶数，保留奇数。

注：和 map 函数一样，在 Python 3 中，filter()生成的是迭代器不是 list，你可以在 filter 前加上 list，即 list(filter ())。

2.9.2 用户自定义函数

Python 中除了内置函数外，也可以创建新的函数。

创建自定义函数可以减少代码量并提高效率。自定义函数被组织在模块中，而这些模块则构成了站点包。通过创建自定义函数，可以将代码分成不同的单元，并复用其中经常用到的函数。一旦自定义函数创建成功后，用户就可以在需要的时候调用它。通过这种方式，可以提高编码效率，因为不用再重复编写执行同样功能的代码。

有两种类型的函数：一种设计成返回值，一种仅执行代码而不返回值。它们接收输入，处理输入，并产生输出。Python 函数通过 def 语句进行定义，def 语句的语法如下。

```
Def functionName(part1, part2, …):
   indent block of statements
```

```
    return expression
```

其中 partl、part2 是变量（称为参数），表达式计算任何类型的字面值（注意：def 是 define 的缩写）。函数头必须以冒号（:）结束，并且函数头下面代码块中的每条语句都要缩进相同数量的空格（通常为 4 个空格）。缩进划定了函数体的范围。通常函数体内有多条 return 语句。在这种情况下，一旦第 1 个 return 语句得到了执行，函数将立即终止。Return 语句可以出现在函数体中的任何位置。

函数有 3 种方式将实际参数传递给形式参数：按照位置传递参数、按照关键字传递参数和按照默认值传递参数。当实际参数是按照位置进行传递时，调用语句中的实际参数与函数头中的形式参数按照顺序一一对应。也就是说，第 1 个实际参数传递给第 1 个形式参数，第 2 个实际参数传递给第 2 个形式参数，依次类推。

注意：当实际参数是一个表达式时，先要计算表达式，然后将它的值传递给形式参数。

在函数定义中，形式参数和 return 语句都是可选的。其中，没有 return 语句的函数为无返回值函数。

函数命名应该能够描述函数所扮演的角色，而且必须符合变量命名的规则。

2.10 常用库

Python 标准库通常被描述为“自带的电池”，自然地提供了广泛的功能，涵盖了大概 200 个左右的包与模块。

事实上，近年来大量可用于 Python 的高质量模块被开发出来，如果将所有这些模块都包含在标准库中可能会使得 Python 发布包大小提高至少一个数量级。因此，标准库中的那些模块在更多的意义上是对 Python 历史及其核心开发人员兴趣的一种折射，而并不是表示要系统化地去创建一个“均衡的”标准库。并且，有些模块已经被证实放置在标准库中极难维护——最著名的就是 Berkeley DB 模块，因此已被清理出标准库，并进行单独维护。这意味着，Python 有很多可用的、优秀的第 3 方模块，尽管这些模块有很高的质量，并且很有用，但仍不在标准库中。

本节介绍一些 Python 的常用标准库。

2.10.1 时间库

1. 时间库简介

在我们平常的代码中，经常需要和时间打交道。在 Python 中，与时间处理相关的模块有 time、datetime 以及 calendar。学会计算时间，对程序的调优非常重要，可以在程序中使用时间戳来具体判断程序中哪一块耗时最多，从而找到程序调优的重心处。Python 的时间库可以通过标准库中的 time 模块实现。Time 模块提供了一些用于管理日期和时间的 C 库函数。由于它绑定到底层 C 实现，一些细节（如纪元开始时间和支持的最大日期值）会特定于具体的平台。在开始前，先说明以下几点。

（1）在 Python 中，通常有这几种方式表示时间：时间戳、格式化的时间字符串、元组。由于 Python 的 time 模块主要是调用 C 库实现的，所以在不同的平台可能会有所不同。

（2）时间戳（timestamp）的方式：时间戳表示是从 1970 年 1 月 1 日 00:00:00 开始到现在按秒计算的偏移量。查看 type(time.time())的返回值类型，可以看出它是浮点数类型。返回时间戳的函数主要有 time()、clock()等。

（3）UTC（世界协调时），就是格林尼治天文时间，也是世界标准时间。在中国为 UTC+8，DST 夏令时。

（4）元组方式：struct_time 元组共有 9 个元素，表 2-8 列出了 struct_time 元组的属性。返回 struct_time 的函数主要有 gmtime()、localtime()和 strptime()。

```
>>> import time
>>> ls = time.localtime()
>>> ls
time.struct_time(tm_year=2018, tm_mon=11, tm_mday=3, tm_hour=17, tm_min=13, tm_sec=58, tm_wday=5, tm_yday=307, tm_isdst=0)
```

表 2-8

序　号	属　性	解　释
0	tm_year	年
1	tm_mon	月（1～12）
2	tm_mday	日（1～31）
3	tm_hour	时（0～23）
4	tm_min	分（0～59）
5	tm_sec	秒（0～59）
6	tm_wday	星期几（0～6，0 表示星期日）
7	tm_yday	一年中的第几天（1～366）
8	tm_isdst	是否是夏令时（默认为-1）

可以直接使用元组索引获取对应项的值，如下例所示。

```
>>> ls[0]
2018
>>> ls[1]
11
```

或者是使用成员符号调用，如下例所示。

```
>>> ls.tm_year
2018
```

2. Time 模块中常用的函数

使用该模块中的函数时，必须先引入该模块（import time）。

（1）time.time()

time.time()函数返回当前时间的时间戳，它会把从纪元开始以来的秒数作为一个浮点值返回，如下例所示。

```
>>> import time
>>> print ('the time is', time.time())
the time is 1541236568.9465246
```

尽管这个值总是一个浮点数，但具体的精度依赖于具体的平台。

浮点数表示对于存储或比较日期很有用，但是可读性有些差强人意。

（2）time.localtime([secs])

time.localtime()函数将一个时间戳转换为当前时区的 struct_time，即时间数组格式的时间。

参数 secs：转换为 time.struct_time 类型对象的秒数，如果 secs 参数未提供，则以当前时间为准

（即会默认调用 time.time()）。

```
>>> time.localtime()
time.struct_time(tm_year=2018, tm_mon=11, tm_mday=3, tm_hour=17, tm_min=16, tm_sec=59, tm_wday=5, tm_yday=307, tm_isdst=0)
>>> time.localtime(1541236568.9465246)
time.struct_time(tm_year=2018, tm_mon=11, tm_mday=3, tm_hour=17, tm_min=16, tm_sec=8, tm_wday=5, tm_yday=307, tm_isdst=0)
```

（3）time.gmtime([secs])

time.gmtime()函数将一个时间戳转换为 UTC 时区（0 时区）的 struct_time，可选的参数 secs 表示从 1970-1-1 00:00:00 以来的秒数。其默认值为 time.time()，函数返回 time.struct_time 类型的对象。

参数 secs：转换为 time.struct_time 类型对象的秒数。如果 secs 参数未提供，则以当前时间为准。

```
>>> time.gmtime()
time.struct_time(tm_year=2018, tm_mon=11, tm_mday=3, tm_hour=9, tm_min=19, tm_sec=10, tm_wday=5, tm_yday=307, tm_isdst=0)
>>> time.gmtime(1541236568.9465246)
time.struct_time(tm_year=2018, tm_mon=11, tm_mday=3, tm_hour=9, tm_min=16, tm_sec=8, tm_wday=5, tm_yday=307, tm_isdst=0)
```

（4）time.mktime(t)

time.mktime()函数执行与 gmtime()、localtime()相反的操作，它接收 struct_time 对象作为参数，将一个 struct_time 转化为时间戳，返回用秒数表示时间的浮点数。如果输入的值不是一个合法的时间，将触发 OverflowError 或 ValueError。

参数 t：结构化的时间或者完整的 9 位元组元素。

```
>>> time.mktime(time.localtime())
1541236831.0
```

（5）time.sleep(secs)

time.sleep(secs)函数返回线程推迟指定的时间运行，即线程睡眠指定时间，单位为秒。调用 time.sleep()会从当前线程交出控制，要求它等待系统将其再次唤醒。如果程序只有一个线程，就会阻塞应用，什么也不做。

```
>>> time.sleep(10)
```

此代码让程序线程睡眠 10s。

（6）time.clock()

time.clock()函数以浮点数计算的秒数返回当前的 CPU 时间。Time.clock()返回的值应当用于性能测试、基准测试等，因为它们反映了程序的实际时间，用来衡量不同程序的耗时，比 time.time()更有用。

```
>>> for i in range(6, 1, -1):
…     print ('%0.2f %0.2f' %(time.time(), time.clock()))
…     print ('Sleeping', i)
…     time.sleep(i)
…
__main__:2: DeprecationWarning: time.clock has been deprecated in Python 3.3 and will be removed from Python 3.8: use time.perf_counter or time.process_time instead
1541237004.20 6341.84
Sleeping 6
1541237010.48 6347.85
Sleeping 5
1541237015.49 6352.85
```

```
Sleeping 4
1541237019.49 6356.85
Sleeping 3
1541237022.49 6359.85
Sleeping 2
```

在这个例子中，循环几乎不做什么工作，每次迭代后都会睡眠。即使应用睡眠，time()值也会增加，但是 clock()值不会增加。

注意：time.clock()在 Python 3.7 版本下使用时会出现“__main__:2: DeprecationWarning: time.clock has been deprecated in Python 3.3 and will be removed from Python 3.8: use time.perf_counter or time.process_time instead”的提示，在 Python 3.8 版本后被移除，使用这些版本的用户可以用 time.perf_counter or time.process_time 来代替 time.clock.

（7）time.asctime([t])

time.asctime()函数把一个表示时间的元组或者 struct_time 表示为‘Sun Aug 23 14:31:59 2015’这种形式。如果没有给参数，会将 time.localtime()作为参数传入。

参数 t：9 个元素的元组或者通过函数 gmtime()或 localtime()返回的时间值。

```
>>> time.asctime(time.gmtime())
'Sat Nov  3 09:29:11 2018'
```

（8）time.ctime([secs])

time.ctime()函数把一个时间戳（按秒计算的浮点数）转化为 time.asctime()的形式。如果为指定参数，将会默认使用 time.time()作为参数。它的作用相当于 time.asctime(time.localtime(secs))。

参数 sec：要转换为字符串时间的秒数。

```
>>> time.ctime(time.time())
'Sat Nov  3 17:29:42 2018'
>>> time.ctime()
'Sat Nov  3 17:29:49 2018'
```

（9）time.strftime(format [, t])

time.strftime()函数返回字符串表示的当地时间。把一个代表时间的元组或者 struct_time（如由 time.localtime()和 time.gmtime()返回）转化为格式化的时间字符串，格式由参数 format 决定。如果未指定，将传入 time.localtime()。如果元组中任何一个元素越界，就会抛出 ValueError 的异常。函数返回的是一个可读表示的本地时间的字符串。

参数如下。

- format：格式化字符串。
- t：可选的参数是一个 struct_time 对象。

```
>>> formattime = time.localtime()
>>> formattime
time.struct_time(tm_year=2018, tm_mon=11, tm_mday=3, tm_hour=17, tm_min=30, tm_sec=51,
tm_wday=5, tm_yday=307, tm_isdst=0)
>>> time.strftime("%Y-%m-%d %H:%M:%S", formattime)
'2018-11-03 17:30:51'
```

以下是时间字符串支持的格式符号（区分大小写）。

%a：本地星期名称的简写（如星期四为 Thu）。

%A：本地星期名称的全称（如星期四为 Thursday）。

%b：本地月份名称的简写（如八月份为 agu）。

%B：本地月份名称的全称（如八月份为 august）。

%c：本地相应的日期和时间的字符串表示（如：15/08/27 10:20:06）。

%d：一个月中的第几天（01～31）。

%f：微秒（范围 0.999999）。

%H：一天中的第几个小时（24 小时制，00～23）。

%I：第几个小时（12 小时制，0～11）。

%j：一年中的第几天（001～366）。

%m：月份（01～12）。

%M：分钟数（00～59）。

%p：本地 am 或者 pm 的相应符。

%S：秒（00～61）。

%U：一年中的星期数。（00～53，星期天是一个星期的开始。）第 1 个星期天之前的所有天数都放在第 0 周。

%w：一个星期中的第几天（0～6，0 是星期天）。

%W：和%U 基本相同，不同的是%W 以星期一为一个星期的开始。

%x：本地相应日期字符串（如 15/08/01）。

%X：本地相应时间字符串（如 08:08:10）。

%y：去掉世纪的年份（00～99）两个数字表示的年份。

%Y：完整的年份（4 个数字表示年份）。

%z：与 UTC 时间的间隔（如果是本地时间，返回空字符串）。

%Z：时区的名字（如果是本地时间，返回空字符串）。

%%：'%' 字符。

```
Time.strptime(string[,format])
```

time.strptime()函数将格式字符串转化成 struct_time。该函数是 time.strptime()函数的逆操作。所以函数返回的是 struct_time 对象。

参数如下。

- string：时间字符串。
- format：格式化字符串。

```
>>> stime = "2018-11-03 17:30:51"
>>> formattime = time.strptime(stime, "%Y-%m-%d %H:%M:%S")
>>> print(formattime)
time.struct_time(tm_year=2018, tm_mon=11, tm_mday=3, tm_hour=17, tm_min=30, tm_sec=51,
tm_wday=5, tm_yday=307, tm_isdst=-1)
```

注意在使用 strptime()函数将一个指定格式的时间字符串转化成元组时，参数 format 的格式必须和 string 的格式保持一致，如果 string 中日期使用“-”分隔，format 中也必须使用“-”分隔，时间中使用冒号“:”分隔，后面也必须使用冒号分隔，否则会报格式不匹配的错误。

2.10.2 科学计算库（NumPy）

NumPy（Numerical Python 的缩写）是一个开源的 Python 科学计算库。使用 NumPy，就可以很自然地使用数组和矩阵。NumPy 包含很多实用的数学函数，涵盖了线性代数运算、傅里叶变换和随机数生成等功能。如果你的系统中已经装有 LAPACK，NumPy 的线性代数模块会调用它，否则 NumPy 将使用自己实现的库函数。LAPACK 是一个著名的数值计算库，最初是用 Fortran 编写的，Matlab 同样也需要调用它。从某种意义上讲，NumPy 可以取代 Matlab 和 Mathematics 的部分功能，并且允许用户进行快速的交互式原型设计。

NumPy 通过 ndarray 提供对多维数组对象的支持，ndarray 具有矢量运算能力，且快速，节省空间。NumPy 支持大量高级的维度数组与矩阵运算，此外也针对数组运算提供大量的数学函数库。

1. 创建 ndarray 数组

ndarray：*N* 维数组对象（矩阵），所有元素必须是相同类型。

Ndarray 属性：ndim 属性，表示维度个数；shape 属性，表示各维度大小；dtype 属性，表示数据类型。

创建 ndarray 数组的函数如表 2-9 所示。

表 2-9

函　数	说　明
array	将输入数据（列表、元组、数组或其他序列类型）转换为 ndarray。要么推断出 dtype，要么显式指定 dtype。默认直接复制输入数据
asarray	将输入转换为 ndarray。如果输入本身就是一个 ndarray 就不进行复制
arange	类似于内置的 range。但返回的是一个 ndarray 而不是列表
ones、ones_like	根据指定的形状和 dtype 创建一个全 1 数组。Ones_like 以另一个数组为参数，并根据其形状和 dtype 创建一个全 1 数组
zeros、zeros_like	类似 ones 和 ones_like，只不过产生的是全 0 数组而已
enpty、empty_like	创建新数组，只分配内存空间但不填充任何值
eye、identity	创建一个正方的 N×N 单位矩阵（对角线为 1，其余为 0）

代码如下所示。

```
Import numpy

print
'使用列表生成 1 维数组'
data = [1, 2, 3, 4, 5, 6]
x = numpy.array(data)
print(x)  #打印数组
print(x.dtype)  #打印数组元素的类型

print('使用列表生成 2 维数组')
data = [[1, 2], [3, 4], [5, 6]]
x = numpy.array(data)
print(x)  #打印数组
print(x.ndim)  #打印数组的维度
print(x.shape)  #打印数组各个维度的长度。Shape 是一个元组

print('使用 zero/ones/empty 创建数组：根据 shape 来创建')
x = numpy.zeros(6)  #创建 1 维长度为 6 的，元素都是 0 的 1 维数组
```

```
print(x)
x = numpy.zeros((2, 3))  #创建1维长度为2，2维长度为3的2维0数组
print(x)
x = numpy.ones((2, 3))  #创建1维长度为2，2维长度为3的2维1数组
print(x)
x = numpy.empty((3, 3))  #创建1维长度为2，2维长度为3,未初始化的2维数组
print(x)

print('使用arrange生成连续元素')
print(numpy.arange(6))  #[0,1,2,3,4,5,] 开区间
print(numpy.arange(0, 6, 2))  #[0, 2, 4]
```

2. 指定 ndarray 数组元素的类型

NumPy 库支持的数据类型如表 2-10 所示。

表 2-10

类　型	类型代码	说　明
int8、uint8	i1、u1	有符号和无符号的 8 位（1 个字节）整型
int16、uint16	i2、u2	有符号和无符号的 16 位（2 个字节）整型
int32、uint32	i4、u4	有符号和无符号的 32 位（4 个字节）整型
int 64、uint 64	i8、u8	有符号和无符号的 64 位（8 个字节）整型
float16	f2	半精度浮点数
float32	f4 或 f	标准的单精度浮点数，与 C 的 float 兼容
float64	f8 或 d	标准的双精度浮点数，与 C 的 double 和 Python 的 float 对象兼容
float128	f16 或 g	扩展精度浮点数
complex64、complex128、complex256	c8、c16、c32	分别用两个 32 位、64 位或 128 位浮点数表示的复数
bool	?	存储 True 和 False 值的布尔类型
object	O	Python 对象类型
string_	S	固定长度的字符串类型（每个字符 1 个字节）。例如，要创建一个长度为 10 的字符串，应使用 S10
unicode_	U	固定长度的 unicode 类型（字节数由平台决定）。跟字符串的定义方式一样（如 U10）

代码如下所示。

```
Print('生成指定元素类型的数组：设置dtype属性')
x = numpy.array([1, 2.6, 3], dtype=numpy.int64)
print(x)  #元素类型为int64
print(x.dtype)
x = numpy.array([1, 2, 3], dtype=numpy.float64)
print(x)  #元素类型为float64
print(x.dtype)

print('使用astype复制数组，并转换类型')
x = numpy.array([1, 2.6, 3], dtype=numpy.float64)
y = x.astype(numpy.int32)
print(y)  #[1 2 3]
```

```
print(x)  #[ 1.   2.6  3. ]
z = y.astype(numpy.float64)
print(z)  #[ 1.  2.  3.]

print('将字符串元素转换为数值元素')
x = numpy.array(['1', '2', '3'], dtype=numpy.string_)
y = x.astype(numpy.int32)
print(x)  #['1' '2' '3']
print(y)  #[1 2 3] #若转换失败会抛出异常

print('使用其他数组的数据类型作为参数')
x = numpy.array([1., 2.6, 3.], dtype=numpy.float32);
y = numpy.arange(3, dtype=numpy.int32);
print(y)  #[0 1 2]
print(y.astype(x.dtype))  #[ 0.  1.  2.]
```

3. Ndarray 的矢量化计算

矢量运算：矢量化指的是用数组表达式代替循环来操作数组里的每个元素。代码如下所示。

```
Print ('ndarray 数组与标量/数组的运算')
x = numpy.array([1,2,3])
print (x*2) #[2 4 6]
print (x>2) #[False False True]
y = numpy.array([3,4,5])
print (x+y) #[4 6 8]
print (x>y) #[False False False]
```

4. Ndarray 数组的基本索引和切片

1 维数组的索引：与 Python 的列表索引功能相似。

多维数组的索引。

- arr[r1:r2, c1:c2]。
- arr[1,1]等价于 arr[1][1]。
- [:]代表某个维度的数据。

代码如下所示。

```
Print('ndarray 的基本索引')
x = numpy.array([[1, 2], [3, 4], [5, 6]])
print(x[0])  #[1,2]
print(x[0][1])  #2,普通 python 数组的索引
print(x[0, 1])  #同 x[0][1], ndarray 数组的索引
x = numpy.array([[[1, 2], [3, 4]], [[5, 6], [7, 8]]])
print(x[0])  #[[1 2],[3 4]]
y = x[0].copy()  #生成一个副本
z = x[0]  #未生成一个副本
print(y)  #[[1 2],[3 4]]
print(y[0, 0])  #1
y[0, 0] = 0
z[0, 0] = -1
print(y)  #[[0 2],[3 4]]
print(x[0])  #[[-1 2],[3 4]]
print(z)  #[[-1 2],[3 4]]
```

```
print('ndarray的切片')
x = numpy.array([1, 2, 3, 4, 5])
print(x[1:3])  #[2,3]右边开区间
print(x[:3])  #[1,2,3]左边默认为 0
print(x[1:])  #[2,3,4,5]右边默认为元素个数
print(x[0:4:2])  #[1,3]下标递增 2
x = numpy.array([[1, 2], [3, 4], [5, 6]])
print(x[:2])  #[[1 2],[3 4]]
print(x[:2, :1])  #[[1],[3]]
x[:2, :1] = 0  #用标量赋值
print(x)  #[[0,2],[0,4],[5,6]]
x[:2, :1] = [[8], [6]]  #用数组赋值
print(x)  #[[8,2],[6,4],[5,6]]
```

5. Ndarray 数组的转置和轴对换

数组的转置和轴对换只会返回源数据的一个视图，不会对源数据进行修改。代码如下所示。

```
Print 'ndarray数组的转置和轴对换'
k = numpy.arange(9) #[0,1,….8]
m = k.reshape((3,3)) #改变数组的 shape，复制成 2 维的数组，每个维度长度为 3
print k #[0 1 2 3 4 5 6 7 8]
print m #[[0 1 2] [3 4 5] [6 7 8]]
#转置(矩阵)数组：T 属性：mT[x][y] = m[y][x]
print m.T #[[0 3 6] [1 4 7] [2 5 8]]
#计算矩阵的内积 xTx
print numpy.dot(m,m.T) #numpy.dot 点乘
#高维数组的轴对象
k = numpy.arange(8).reshape(2,2,2)
print k #[[[0 1],[2 3]],[[4 5],[6 7]]]
print k[1][0][0]
#轴变换 transpose 参数：由轴编号组成的元组
m = k.transpose((1,0,2)) #m[y][x][z] = k[x][y][z]
print m #[[[0 1],[4 5]],[[2 3],[6 7]]]
print m[0][1][0]
#轴交换 swapaxes (axes：轴)，参数：一对轴编号
m = k.swapaxes(0,1) #将第 1 个轴和第 2 个轴交换 m[y][x][z] = k[x][y][z]
print m #[[[0 1],[4 5]],[[2 3],[6 7]]]
print m[0][1][0]
#使用轴交换进行数组矩阵转置
m = numpy.arange(9).reshape((3,3))
print m #[[0 1 2] [3 4 5] [6 7 8]]
print m.swapaxes(1,0) #[[0 3 6] [1 4 7] [2 5 8]]
```

6. Ndarray 通用函数

ndarray 通用函数 ufunc 是 universal function 的缩写，它是一种能对数组中每个元素进行操作的函数。NumPy 内置的许多 ufunc 函数都是用 C 语言实现的，计算速度非常快。Ufunc 包括对数组元素的一元运算和二元运算，表 2-11 和表 2-12 分别对这些函数进行了说明。

表 2-11

函数名	说明
abs、fabs	计算整数、浮点数或复数的绝对值。对于非复数值，可以使用更快的 fabs
sqrt	计算各元素的平方根，相当于 $\sqrt{x}$
square	计算各元素的平方，相当于 x^2
exp	计算各元素的指数，相当于 e^x
log、log10、log2、log1p	分别为自然对数（底数为 e）、底数为 10 的 log、底数为 2 的 log、log(1+x)
sign	计算各元素的正负号：1（正数）、0（零）、–1（负数）
ceil	计算各元素的 ceiling 值，即大于等于该值的最大整数
floor	计算各元素的 floor 值，即小于等于该值的最大整数
rint	将各元素值四舍五入到最接近的整数，保留 dtype
modf	将数组的小数部分和整数部分以两个独立数组的形式返回
isnan	返回一个表示"哪些值是 NaN（不是数字）"的布尔型数组
isfinite、isinf	分别返回一个表示"哪些元素是有穷的（非 inf，非 NaN）"或"哪些元素是无穷的"的布尔型数组
cos、cosh、sin、sinh、tan、tanh	普通型和双曲型三角函数
arccos、arccosh、arcsin、arcsinh、arctan、arctanh	反三角函数
logical not	计算各元素 not x 的真值，相当于-arr

表 2-12

函数名	说明
add	将数组中对应的元素相加
subtract	从第 1 个数组中减去第 2 个数组中的元素
multiply	数组元素相乘
divide、floor_divide	除法、向下取整除法（丢弃余数）
power	对第 1 个数组中的元素 A，根据第 2 个数组中的相应元素 B，计算 A^B
maximum、fmax	元素级的最大值计算，fmax 将忽略 NaN
minimum、fmin	元素级的最小值计算，fmin 将忽略 NaN
mod	元素级的求模计算（除法的余数）
copysign	将第 2 个数组中的值的符号复制给第 1 个数组中的值
greater、greater_equal、less、less_equal equal、not_equal	执行元素级的比较运算，最终产生布尔型数组，相当于运算符>、>=、<=、==、!=
logical_and、logical_or、logical_xor	执行元素级的真值逻辑运算，相当于中缀运算符&、|、^

一元 ufunc 代码如下所示。

```
Print (一元ufunc示例')
x = numpy.arange(6)
print (x) #[0 1 2 3 4 5]
print (numpy.square(x)) #[ 0  1  4  9 16 25]
x = numpy.array([1.5,1.6,1.7,1.8])
y,z = numpy.modf(x)
print (y) #[ 0.5  0.6  0.7  0.8]
print (z) #[ 1.  1.  1.  1.]
```

二元 ufunc 代码如下所示。

```
Print ('二元ufunc示例')
x = numpy.array([[1,4],[6,7]])
y = numpy.array([[2,3],[5,8]])
print (numpy.maximum(x,y)) #[[2,4],[6,8]]
print (numpy.minimum(x,y)) #[[1,3],[5,7]]
```

7. Ndarray 常用的统计方法

NumPy 库中还包括一些常用的统计方法，可以通过这些基本统计方法对整个数组/某个轴的数据进行统计计算。表 2-13 对这些统计方法进行了说明。

表 2-13

方　法	说　明
sum	对数组中全部或某轴向的元素求和。零长度数组的 sum 为 0
mean	算术平均数。零长度数组的 mean 为 NaN
std、var	分别为标准差和方差，自由度可调（默认为 n）
min、max	最大值和最小值
argmin、argmax	分别为最大元素和最小元素的索引
cumsum	所有元素的累计和
cunprod	所有元素的累计积

代码如下所示。

```
Print ('numpy的基本统计方法')
x = numpy.array([[1,2],[3,3],[1,2]]) #同1维度上的数组长度须一致
print (x.mean()) #2
print (x.mean(axis=1)) #对每一行的元素求平均
print (x.mean(axis=0)) #对每一列的元素求平均
print (x.sum()) #同理12
print (x.sum(axis=1)) #[3 6 3]
print (x.max()) #3
print (x.max(axis=1)) #[2 3 2]
print (x.cumsum()) #[ 1  3  6  9 10 12]
print (x.cumprod()) #[ 1  2  6 18 18 36]
```

8. NumPy 中的线性代数

线性代数（如矩阵乘法、行列式等）是数学运算中的一个重要工具，在图像信号处理、音频信号处理中起到非常重要的作用。NumPy 与 Matlab 不同的是，通过“*”得到的是 2 维数组的元素级的积，而不是一个矩阵点积。

Numpy.linalg 中有一组标准的矩阵分解运算以及如求逆和行列式的操作。表 2-14 列出了 numpy.linalg 中的常用函数。

表 2-14

函　数	说　明
diag	以 1 维数组的形式返回方阵的对角线元素
dot	矩阵乘法
trace	计算对角线元素的和

续表

函　数	说　明
det	计算矩阵行列式
eig	计算方阵的本征值和本征向量
inv	计算方阵的逆
pinv	计算矩阵的 Moore-Penrose 伪逆
qr	计算矩阵的 qr 分解
svd	计算奇异值分解
solve	解线性方程组 Ax=b，其中 A 为一个方阵
lstsq	计算 Ax=b 的最小二乘解

代码如下所示。

```
print ('线性代数')
import numpy.linalg as nla
print ('矩阵点乘')
x = numpy.array([[1,2],[3,4]])
y = numpy.array([[1,3],[2,4]])
print (x.dot(y)) #[[ 5 11][11 25]]
print (numpy.dot(x,y)) ##[[ 5 11][11 25]]
print ('矩阵求逆')
x = numpy.array([[1,1],[1,2]])
y = nla.inv(x) #矩阵求逆（若矩阵的逆存在）
print (x.dot(y)) #单位矩阵[[ 1.  0.][ 0.  1.]]
print (nla.det(x)) #求行列式
```

这里仅列出了 NumPy 库中一些常用的函数和方法，NumPy 的其他函数和方法可通过 Python 官方网站进行查阅和使用。

2.10.3　可视化绘图库（Matplotlib）

Matplotlib 是一个非常有用的 Python 绘图库。它和 NumPy 结合得很好，但本身是一个单独的开源项目。

1. Matplotlib 库的安装

在使用 Matplotlib 库之前需要下载安装，在终端输入如下命令进行库的安装。

```
>pip install matplotlib
```

安装成功后在 Python 编译环境下输入如下代码。

```
import matplotlib as mpl
```

如果运行后未出错，就可以正常使用可视化绘图库 Matplotlib 了。

Matplotlib 库是 Python 中常用的图形框架，本小节先介绍 Matplotlib 库的基础功能与一些简单的操作方法。

2. 利用 Matplotlib 简单绘图

首先导入 Matplotlib 库，为了后续能更方便地操作，这里对 Matplotlib 中的 pyplot 模块进行了单独的导入，并且用简称来作为命名。

```
import matplotlib as mpl
import matplotlib.pyplot as plt
```

利用 Matplotlib 可以很方便地完成图表的绘制，首先需要运用 figure 函数来创建一个绘图区域，然后运用 plot 函数来生成想要的图表，例如绘制三角函数曲线图，要先使用默认的绘图属性绘图。

代码如下所示。

```
import numpy as np
import matplotlib.pyplot as plt
x = np.linspace(-np.pi, np.pi, 256, endpoint = True)
C, S = np.cos(x), np.sin(x)
plt.plot(x, C)  #绘制正弦曲线
plt.plot(x, S)  #绘制余弦曲线
```

运行代码后将绘制出图 2-10 所示的图形。

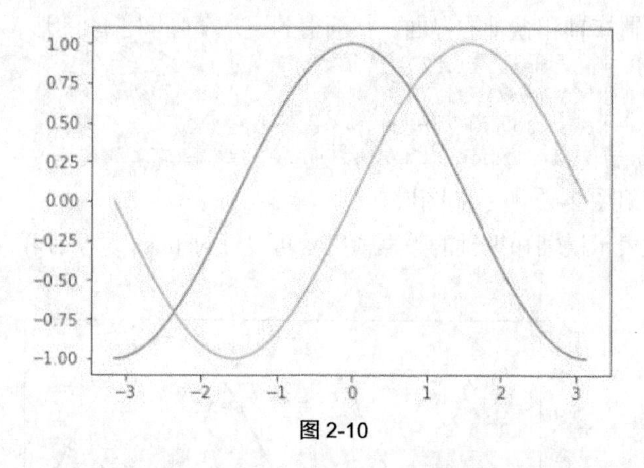

图 2-10

Matplotlib 的默认配置都允许用户自定义。可以调整大多数的默认配置：图片大小和分辨率（dpi）、线宽、颜色、风格、坐标轴、坐标轴以及网格的属性、文字与字体属性等。

3. 设置线条样式

接下来可以对线条的颜色、宽度进行设置。

代码实例如下。

```
plt.plot(x, C, color = 'red', linewidth = 2.5, linestyle = '-')
plt.plot(x, S, color = 'blue', linewidth = 2.5,linestyle = '-')
```

运行代码后将绘制出图 2-11 所示的图形。

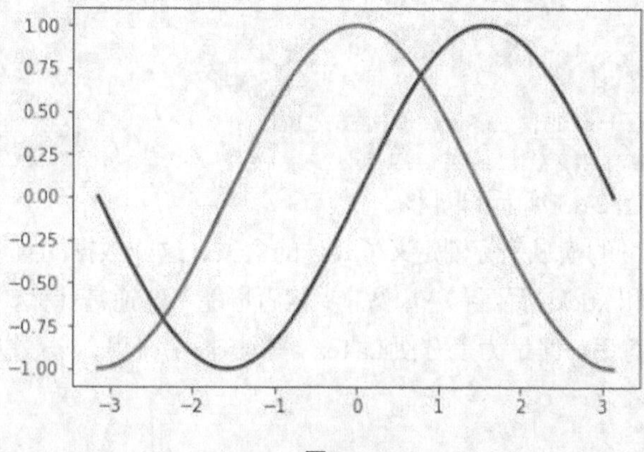

图 2-11

上面介绍了简单的绘图，用的基本上都是 plot，因此有必要对 plot 函数进行简单的介绍。熟悉 Matlab 的人对 plot 不会陌生，在 Matplotlib 中的使用方式大致和在 Matlab 中是一致的，使用 plot，可以对点的标记的样式以及线条的样式进行设置。

函数的声明如下。

```
matplotlib.pyplot.plot(*args, **kwargs)
```

其中 args 参数的长度是不定的，因此可以设置很多的属性，kwargs 主要是应用于设置线条的属性。对于标注和线条的样式，可以通过简单的字符来表示，如“-”为实线，“--”为虚线。更多字符请参考官方网站说明。对于 Line2D 的具体细节，也就是线条的属性等，可以进一步查阅网络上的相关内容。

4. 设置横轴、纵轴的界限以及标注

很多时候，需要设置横轴和纵轴的界面，从而得到更加清晰明了的图形，代码如下所示。

```
plt.xlim(x.min()*1.1, x.max()*1.1)
plt.ylim(C.min()*1.1, C.max()*1.1)
plt.plot(x,C,color='red',linewidth=2.5,linestyle='-')
plt.plot(x,S,color='blue',linewidth=2.5,linestyle='-')
```

运行代码后将绘制出图 2-12 所示的图形。

此外，为了更好地表示横轴和纵轴的数据含义，可以通过 ticks 对横轴和纵轴的含义进行设置和定制，代码如下所示。

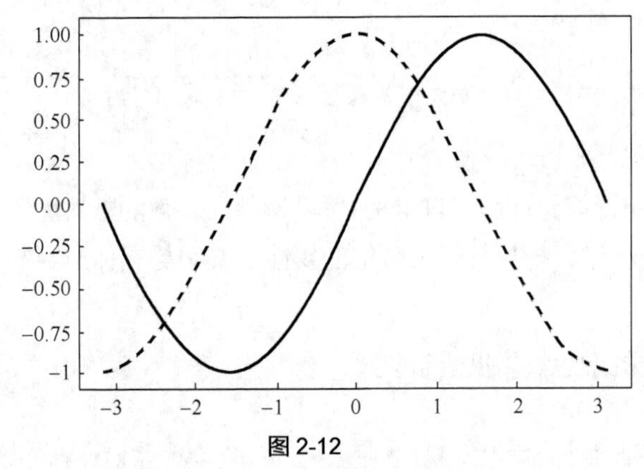

图 2-12

```
    plt.xlim(x.min() * 1.1, x.max() * 1.1)
    plt.xticks([-np.pi, -np.pi / 2, 0, np.pi / 2, np.pi], [r'$-\pi$', r'$-\pi/2$', r'$0$',
r'$+\pi/2$', r'$+\pi$'])

    plt.ylim(C.min() * 1.1, C.max() * 1.1)
    plt.yticks([-1, 0, +1], [r'$-1$', r'$0$', r'$+1$'])
    plt.plot(x, C, color='red', linewidth=2.5, linestyle='-')
    plt.plot(x, S, color='blue', linewidth=2.5, linestyle='-')
```

运行代码后将绘制出图 2-13 所示的图形。

通过此段代码，对绘图的横纵坐标轴定义了具体的含义，这样数据的意义更加清晰明了。

在代码中看到 yticks 和 xticks 后面有一串数字，读者可能不知道是什么，熟悉 LaTex 的人会很熟悉，其实就是很简单的字符串，但是为了方便 LaTex 解析这段字符串，一般以 r 开始，中间的字符串用字符串“$”包起来。

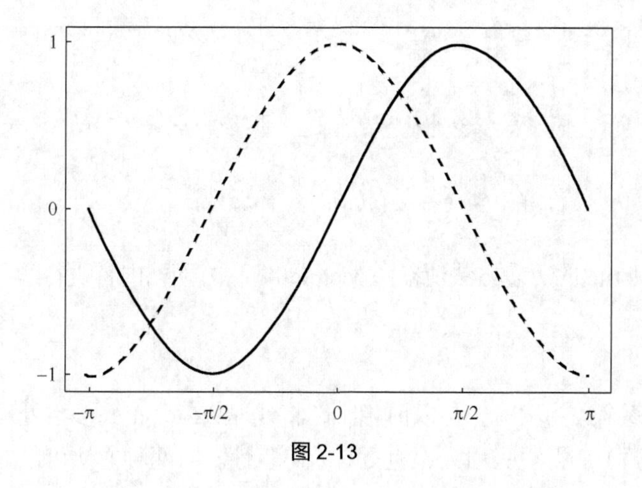

图 2-13

5. Spines

Spines 应该可以理解为坐标轴的位置。但是也不全是，因为它分为上下左右 4 个位置，就如图 2-13 的 4 个边界，那么左边界和下边界就是我们通常认为的横坐标和纵坐标。我们可以将上边界和右边界隐藏，同时将左边界和下边界移动至中心的位置查看效果，如图 2-14 所示。

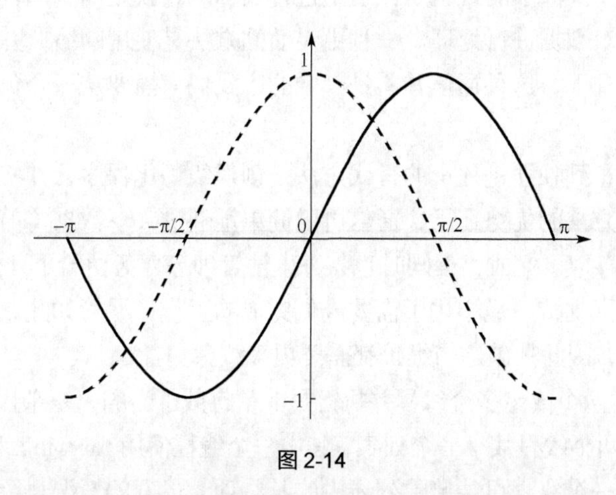

图 2-14

这和通常画数学曲线的方式一样，实现此绘图的完整代码如下。

```
import numpy as np
import matplotlib.pyplot as plt

ax = plt.subplot(111)

ax.spines['right'].set_color('none')
ax.spines['top'].set_color('none')
ax.xaxis.set_ticks_position('bottom')
ax.spines['bottom'].set_position(('data', 0))
ax.yaxis.set_ticks_position('left')
ax.spines['left'].set_position(('data', 0))

x = np.linspace(-np.pi, np.pi, 256, endpoint=True)
C, S = np.cos(x), np.sin(x)

plt.plot(x, C, color='red', linewidth=2.5, linestyle='-', label=r'$cos(t)$')
```

```
    plt.plot(x, S, color='blue', linewidth=2.5, linestyle='-', label=r'$sin(t)$')

    plt.xlim(x.min() * 1.1, x.max() * 1.1)
    plt.xticks([-np.pi, -np.pi / 2, 0, np.pi / 2, np.pi], [r'$-\pi$', r'$-\pi/2$', r'$0$',
r'$+\pi/2$', r'$+\pi$'])
    plt.ylim(C.min() * 1.1, C.max() * 1.1)
    plt.yticks([-1, 0, +1], [r'$-1$', r'$0$', r'$+1$'])
    plt.show()
```

对于绘图库 Matplotlib 的更多方法请参阅 Matplotlib 官方网站内容进行学习和了解。

2.10.4 锁与线程

随着多核处理器逐渐成为主流，与以前相比，将处理载荷分布到多台处理器上（以便充分利用所有可用的处理器资源）变得更吸引人，也更具有可行性。有两种方法可以对工作载荷进行分布，一种是使用多进程，另一种是使用多线程。

使用多个进程，即运行多个单独的程序。其优势在于每个进程都是独立运行的，这使得对并发性进行处理的所有任务都由底层的操作系统完成；不足之处在于程序与各单独进程之间的通信与数据共享可能不是很方便。在 UNIX 系统上，这可以使用 exec 与 fork 来完成，但对于跨平台程序，就必须使用其他解决方案。最简单的，也是在这里进行展示的，就是由调用程序为其运行的进程提供数据，并由进程来分别对数据进行处理。一种更灵活的方法是使用网络，并可以极大地简化这种双向通信。当然，很多情况下，这种通信并不是必要的，我们只需要从一个负责协调的程序来运行一个或多个其他程序。

一种将工作载荷分布到独立进程上的替代方法是创建线程化程序，并将工作载荷分布到独立的线程上进行处理。这种方法的优势在于，通信可以简单地通过共享数据（前提是要确保共享数据一次只能由一个线程进行存取）完成，但同时也将并发性管理等任务留给了开发人员。Python 提供了对创建线程化程序的良好支持，最小化了需要人们完成的工作。尽管如此，多线程程序从本质上就比单线程程序更加复杂，因此其创建与维护都需要更多注意。

在 Python 中，建立两个或更多个线程并执行是非常直截了当的，复杂性出现在需要多个线程共享数据的时候。假定有两个线程共享一个列表，其中一个线程使用 for x in L 对列表进行迭代，之后，在中间的某个位置，另一个线程可能删除列表中的某些项。最好的情况也会导致崩溃，最差的情况则产生错误的结果。

常见的解决方案是使用某种锁机制。比如，某个线程可能先请求一个锁，之后再开始对列表进行迭代，此时任何其他线程都会被该锁阻止。当然，实际上并不会像这里叙述的这么直接和简单，锁及其锁定数据之间的关系只是存在于我们的想象中。如果某个线程请求一个锁，第 2 个线程也尝试请求同样的锁，那么第 2 个线程将被阻塞，直至第 1 个线程释放该锁。通过将共享数据的存取权限限定在锁的作用范围之内，可以保证共享数据在同一时刻只能由一个线程进行存取，即便这种保护不是直接的。

锁机制存在的一个问题就是存在“死锁”的风险。假定 thread #1 请求锁 A，以便可以存取共享数据 a，之后在锁 A 的作用范围之内尝试请求锁 B，以便存取共享数据 b，但 thread #1 不能请求锁 B，因为此时 thread #2 已经请求了锁 B 以便存取共享数据 b，并且此时 thread #2 也在请求锁 A，以便可以存取共享数据 a。因此就出现这样的情况：thread #1 占据了锁 A，并尝试请求锁 B，而 thread #2

占据了锁 B，并尝试请求锁 A。导致的结果是，两个线程都被阻塞，因此程序死锁了。图 2-15 展示了这种情况。

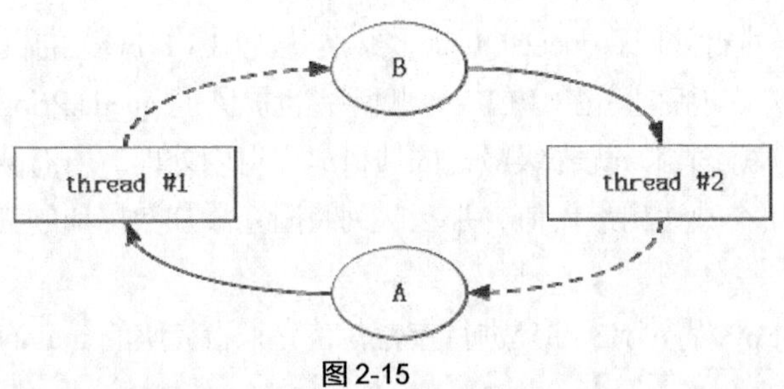

图 2-15

尽管图形化展示死锁的情况很容易，但实践中检测死锁是困难的，因为死锁并不总是那么明显。有些线程库可以提供关于潜在死锁的帮助信息，但是仍然需要开发人员小心注意，防止出现死锁的情况。

一种简单但可以有效防止死锁的方法是制定一种策略，其中规定锁被请求的顺序，比如，在策略中规定，锁 A 必须总是先于锁 B 被请求，这样，在请求锁 B 时，策略就会要求先请求锁 A。这可以保证上面描述的死锁情况不会发生，因为两个线程都会尝试请求锁 A，首先请求到锁 A 的线程才有资格去请求锁 B，除非违背了这种策略。

使用锁机制的另一个问题是，如果有多个线程等待请求锁，那么都会被阻塞并无法做任何有用的工作。为将这种风险规避到较小的程度，我们可以对编码风格进行适当的改变，将在某个锁上下文内要完成的工作最小化。

每个 Python 程序至少都有一个线程，即主线程。要创建多线程，必须导入 threading 模块，并用其创建所需数量的额外线程。要创建线程，有两种方法：一种是调用 thread- ing.Thread()，并向其传递一个可调用的对象；另一种方法是创建 threading.Thread 类的子类。子类化是最灵活的方法，并且也是很直接的。子类可以重新实现_init_()方法（在这种情况下，必须调用基类的实现），并且必须重新实现 run()方法，进程的工作就是在这个方法中完成的。要注意的是，我们的代码绝不要调用 run()方法，线程是通过调用 start()方法启动的，该方法内部会在适当的时候调用 run()方法。没有其他的 threading.Thread 方法可以被重新实现，尽管允许添加额外的方法。

2.10.5 多线程编程

在这一小节中，我们将查看 grepword-t.py 程序的代码，该程序所做的工作与 grepword-p.py 相同，区别在于 grepword-t.py 是将工作载荷分布在多个线程，而不是多个进程。图 2-16 纲要性地展示了该程序。

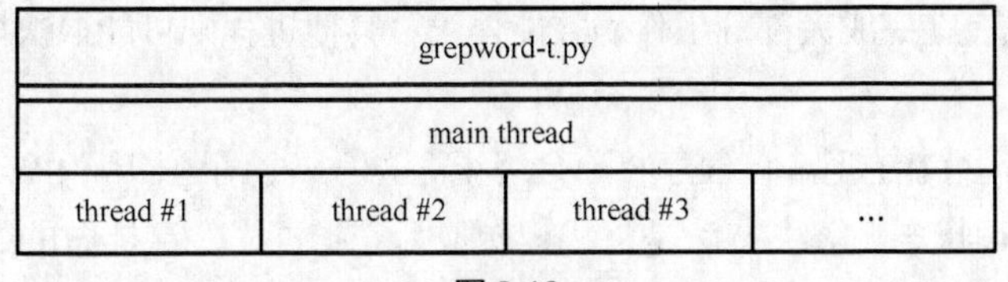

图 2-16

程序不使用任何锁是可能的，因为唯一共享的数据是文件列表，对此可使用 queue.Queue 类，queue.Queue 类比较特殊的地方在于，锁机制是在其内部进行实现和处理的。因此，无论何时访问该类以便添加或移除数据项时，都可以依赖队列本身来对存取操作进行序列化。在线程上下文中，对数据进行序列化存取意味着在同一时刻只有一个线程对数据进行存取。使用 queue.Queue 的另一个好处是，不需要自己将任务进行共享，只需要简单地将工作的项目添加到队列中，线程会在其自身就绪后从队列中提取任务进行处理。queue.Queue 类以先进先出（FIFO）的机制进行工作。queue 模块提供了 queue.LifoQueue，实现后进先出（LIFO）顺序；也提供了 queue.PriorityQueue，可以接受如二元组（优先级、数据项）等内容，优先级最低的项目最先得以处理。所有队列创建时都可以指定最大容量，如果队列中项目个数达到最大值，那么队列将阻塞添加数据项的尝试，直至其中有数据项被移除。

我们将 grepword-t.py 程序分 3 部分进行查看，首先来看完整的 main()函数，代码如下所示。

```
def main():
opts, word, args = parse_ options()
filelist = get_files(args, opts.recurse)
work_queue = queue.Queue()
for i in range(opts.count):
   number = "{0}: ".format(i+1) if opts.debug else""
worker = Worker(work_queue, word, number)
worker.daemon = True
worker.start()
for filename in filelist:
work_queue.put(filename)
work_queue.join()
```

这一函数中，获取用户的命令行选项及文件列表与以前的是相同的。在具备了必要的信息后，先创建一个 queue.Queue，然后进行循环，循环的次数与要创建的线程数相同，默认为 7。对每个线程，准备一个 number 字符串用于调试（如果不需要调试，就为空字符串），之后创建一个 Worker（threading.Thread 子类）实例，现在先不设置 daemon 特性。接下来启动线程，尽管此时没有什么工作需要做（因为工作队列现在还是空的），因此，线程将立即被阻塞，并尝试获取相关工作。

在所有线程都创建完毕等待分配工作之后，我们就对所有文件进行迭代，将每个文件都添加到工作队列中。只要第 1 个文件添加到队列之中后，就会有某个线程获取该文件，并开始对其进行处理，直到所有线程都获取了文件。只要某个线程结束了对文件的处理，接下来就可以获取其他文件，直至所有文件被处理完毕。

注意，这不同于 grepword-p.py 程序，这里必须为每个子进程分配文件列表的分片，子进程的启动与列表分配是按序进行的。对这种类似的情况，使用线程具有更加高效的潜力。比如，在文件中有几个文件非常大，而余下的文件非常小，由于每个线程一次接受一份任务，因此每个大文件都将由不同的线程单独处理，从而很好地对工作载荷进行了分配。但使用多进程方法时，如在 grepword-p.py 程序中所看到的，所有大文件都将赋予第 1 个进程，而将其他小文件赋予其他进程，因此，第 1 个进程只有在完成大部分工作后才能停止，其他进程则可能很快地完成了处理任务，并不再做任何工作。

在尚有线程处于运行状态时，该程序将不会终止。这是一个问题，因为 Worker 线程完成工作后，从技术上讲仍处于运行状态。解决方法是将线程转换为守护进程，这样做的效果在于，只要没有非守护进程的线程处于运行状态，程序就可以终止。主线程不是守护进程，因此，主线程结束后，程序将终止每个守护进程线程，之后终止自身。当然，这会导致相反的问题——线程被唤醒并处于运行状态时，必须保证主线程不终止，直至所有工作完成，这可以通过调用 queue.Queue.join()方法来实现——该方法将阻塞，直至队列为空。

下面给出Worker类的起始处的代码如下所示。

```
class Worker(threading.Thread):
    def_init_(self, work_queue, word, number]:
    super()._init_()
    self.work_queue = work_queue
    self.word = word
    self.number = number

    def run(self):
        while True:
            try:

    filename = self.work_queue.get()
    self.process(filename)
    finally:
    self.work_queue.task_done()
```

init()方法必须调用基类的_init_()方法，工作队列与所有线程共享的queue.Queue相同。

我们将 run()方法设置为一个无限循环。对守护进程线程而言，这是一种常见的做法，在这里之所以有用，是因为预先并不知道线程必须处理多少个文件。每次迭代时，都要调用queue.Queue.get()获取下一个要处理的文件，如果队列为空，那么调用将被阻塞，并不需要由锁进行保护，因为queue.Queue会自动处理锁机制。获取了某个文件后，就对其进行处理，之后需要告知队列已经处理完特定任务，为保证queue.Queue.join()正确工作，调用queue.Queue.task_done()是必要的。

03 第3章 TensorFlow基础

3.1 TensorFlow 的架构

TensorFlow 是基于数据流图的，用于大规模分布式数值计算的开源框架。节点表示某种抽象的计算，边表示节点之间相互联系的张量。

本节将阐述 TensorFlow 的系统架构，帮助读者加深理解 TensorFlow 的工作原理。

1. 系统架构概述

TensorFlow 的系统架构如图 3-1 所示，以 C API 为界，将整个系统分为“前端”和“后端”两个子系统。

- 前端系统（Front End）：提供编程模型，负责构造计算图。
- 后端系统（Exec System）：提供运行时环境，负责执行计算图。

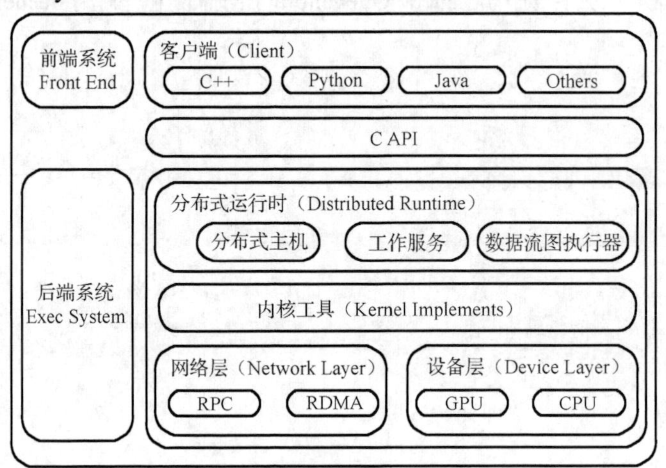

图 3-1

在 TensorFlow 系统架构中，读者需重点关注 TensorFlow 系统中以下 4 个基本组件，它们是系统分布式运行机制的核心。

（1）客户端（Client）

客户端是前端系统的主要组成部分，它是一个支持多语言的编程环境。它提供基于计算图的编程模型，方便用户构造各种复杂的计算图，实现各种形式的模型设计。

客户端将会话（Session）作为桥梁，连接 TensorFlow 后端的“运行时”，并启动计算图的执行过程。

（2）分布式主机（Distributed Master）

在分布式的运行时环境中，分布式主机根据 Session.run 的 Fetching 参数，从计算图中反向遍历，找到所依赖的“最小子图”。

然后，分布式主机负责将该“子图”再次分裂为多个“子图片段”，以便在不同的进程和设备上运行这些“子图片段”。

最后，分布式主机将这些“子图片段”派发给工作服务（Worker Service）。随后，工作服务启动“子图片段”的执行过程。

（3）工作服务（Worker Service）

对于每个任务，TensorFlow 都将启动一个工作服务。工作服务将按照计算图中节点之间的依赖关系，根据当前可用的硬件环境（GPU/CPU），调用相应操作（Operation，之后均简称为 Op）的 Kernel 实现 Op 的运算（一种典型的多态实现技术）。

另外，工作服务还要负责将 Op 运算的结果发送到其他的工作服务；或者接受来自其他工作服务发送给它的 Op 运算的结果。

（4）内核工具（Kernel Implements）

内核工具是 Op 在某种硬件设备的特定实现，它负责执行 Op 的运算。

2. 组件交互

图 3-2 所示的是 TensorFlow 计算图的运行机制，假设存在两个任务。

- /job:worker/task:0：负责模型的训练或推理。
- /job:ps/task:0：负责模型参数的存储和更新，又称为 Parameter Server（简称 PS）。

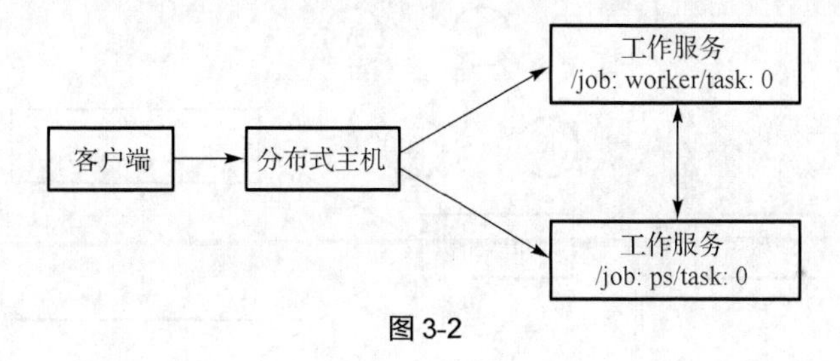

图 3-2

接下来，我们将进一步抽丝剥茧，逐渐挖掘出 TensorFlow 计算图的运行机制。

（1）客户端

客户端基于 TensorFlow 的编程接口构造计算图。目前，TensorFlow 主流支持 Python 和 C++的编程接口，并对其他编程语言接口的支持也日益完善。

此时，TensorFlow 并未执行任何计算。直至建立 Session，并以 Session 为桥梁，建立客户端与后端运行时的通道，将 Protobuf 格式的 GraphDef 发送至分布式主机。

也就是说，当客户端对 Op 结果进行求值时，将触发分布式主机的计算图的执行过程。

图 3-3 所示的是一个简单计算图，客户端构建了一个简单计算图。它首先将 w 与 x 进行矩阵相乘，再与截距 b 按位相加，最后更新至 s。

（2）分布式主机

分布式主机将会缓存“子图片段”，以便后续执行过程重复使用这些“子图片段”，避免重复计算。

图 3-4 所示的是分布式主机开始执行计算子图过程。在执行之前，分布式主机会实施一系列优化技术，例如“公共表达式消除”“常量折叠”等。随后，分布式主机负责任务集的协同，执行优化后的计算子图。

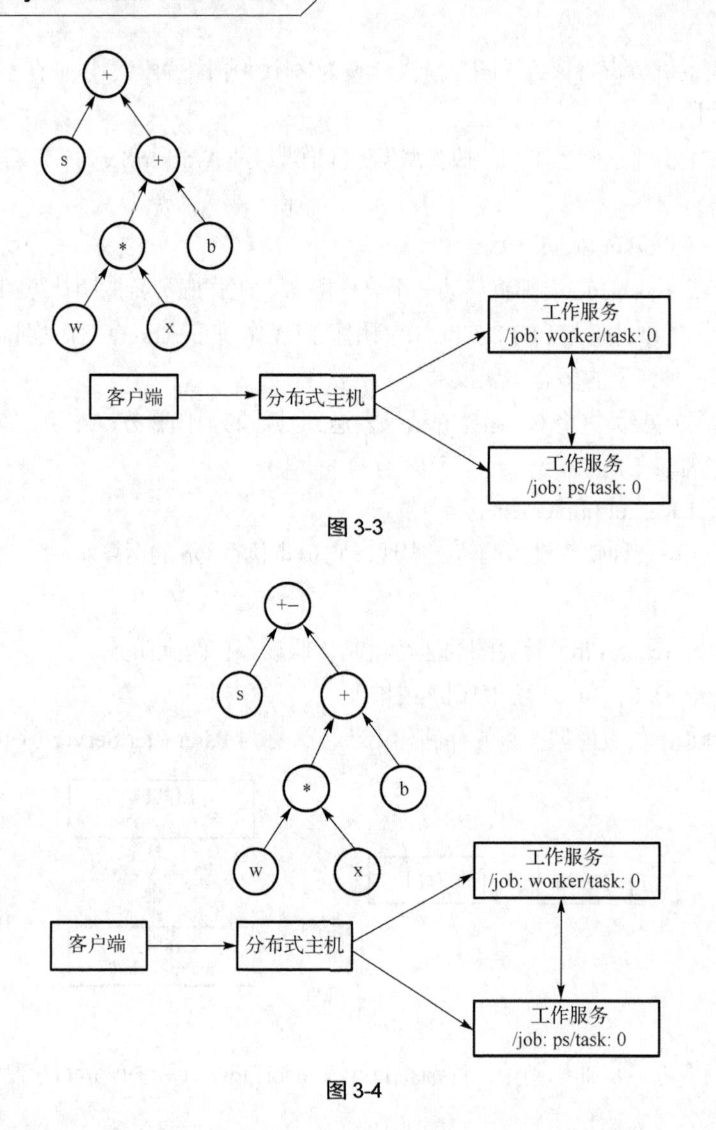

图 3-3

图 3-4

（3）子图片段

图 3-5 所示的是一种“子图片段”划分算法。分布式主机将模型参数相关的 Op 进行分组，并放置在 PS 任务上。其他 Op 则划分为另外一组，放置在工作服务任务上执行。

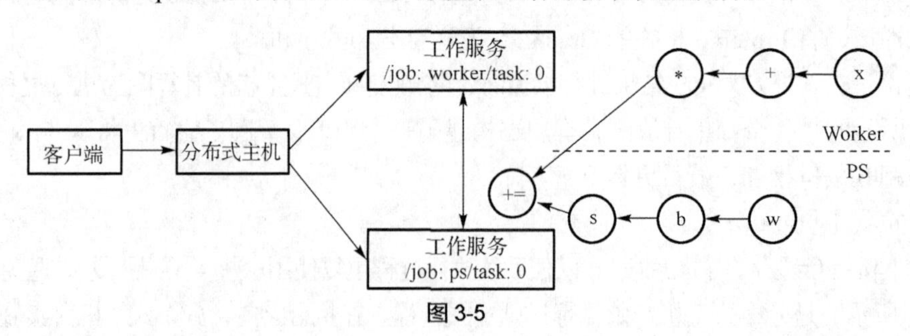

图 3-5

（4）send/recv 节点

如图 3-6 所示，利用 send 和 recv 节点实现数据的传递，如果计算图的边被任务节点分割，分布式主机将负责把该边进行分裂，在两个分布式任务之间插入 send 和 recv 节点，实现数据的传递，如

图 3-7 所示。随后，分布式主机将“子图片段”派发到相应的任务中执行，在工作服务中成为“本地子图”，负责执行该子图上的 Op。

（5）工作服务

对于每个任务，都将存在相应的工作服务，它主要负责以下 3 个方面的职责。

- 处理来自分布式主机的请求。
- 调度 Op 的内核工具实现，执行本地子图。
- 协同任务之间的数据通信。

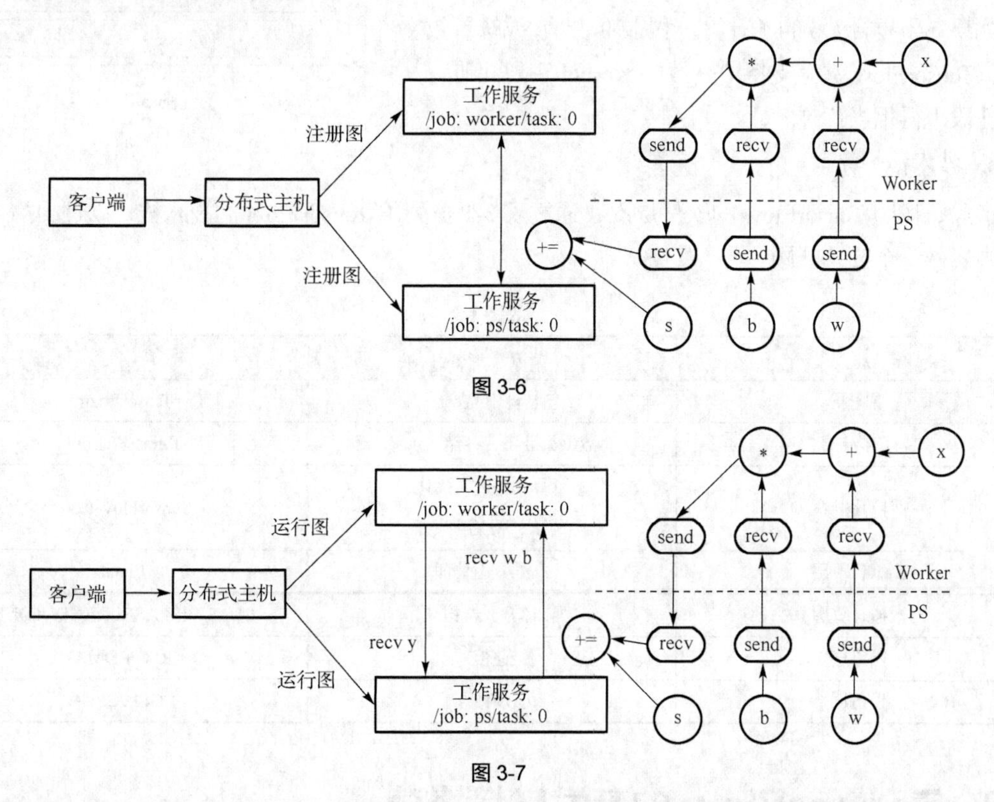

图 3-6

图 3-7

工作服务派发 Op 到本地设备，执行内核工具的特定实现。它将尽最大可能地利用多 CPU/GPU 的处理能力，并发地执行内核工具实现。

另外，TensorFlow 根据设备类型，对设备间的 send/recv 节点进行特化实现。

- 使用 cudaMemcpyAsync 的 API 实现本地 CPU 与 GPU 设备的数据传输。
- 对于本地的 GPU 之间则使用端到端的 DMA，避免了跨 host CPU 需经历的昂贵的复制过程。

对于任务之间的数据传递，TensorFlow 支持多协议，主要包括：gRPC over TCP 和 RDMA over Converged Ethernet。

（6）内核工具

TensorFlow 运行时包含 200 多个标准的操作 Op，包括数值计算、多维数组操作、控制流、状态管理等。每一个 Op 根据设备类型都会存在一个优化了的内核工具来实现。在运行时，根据本地设备的类型，为 Op 选择特定的内核工具来实现，完成该 Op 的计算。TensorFlow 的内核，如图 3-8 所示。

其中，大多数内核工具基于 Eigen::Tensor 实现。Eigen::Tensor 是一个使用 C++语言模板的技术，为多核 CPU/GPU 生成高效的并发代码。但是，TensorFlow 也可以灵活地直接使用 CUDA Deep Neural Network（cuDNN）实现更高效的内核工具。

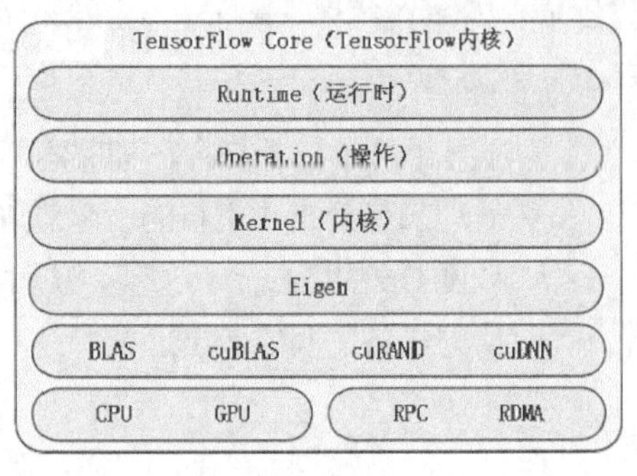

图 3-8

此外，TensorFlow 实现了矢量化技术，使得其在移动设备上可以满足高吞吐量，以数据为中心的应用需求，实现更高效的推理。

如果对于复合 Op 的子计算过程很难表示，或执行效率低下，TensorFlow 甚至支持更高效的 Kernel 实现注册，其扩展性表现得相当优越。

3. 技术栈

最后，按照 TensorFlow 的软件层次，通过表 3-1 罗列了 TensorFlow 的技术栈，以便更清晰地对上述内容做一个简单回顾。

表 3-1

层	功　能	组　件
视图层	计算图可视化	TensorBoard
工作流层	数据集准备、存储、加载	Keras/TF Slim
计算图层	计算图构造与优化 前向计算/后向传播	TensorFlow Core
高维计算层	高维数组处理	Eigen
数值计算层	矩阵计算，卷积计算	BLAS/cuBLAS/cuRAND/cuDNN
网络层	通信	RPC/RDMA
设备层	硬件	GPU/CPU

3.2 TensorFlow 的开发环境搭建

在开始使用 TensorFlow 之前，需要先将其安装到计算机中。TensorFlow 官方网站提供了一份在 Linux 和 Mac OS X 系统中安装 TensorFlow 的完整步骤指南。由于 Windows 系统在全球计算机的覆盖度较大，谷歌公司也提供了 Windows 系统的安装方法，本书重点介绍在当前主流 Windows 系统（本书安装平台为 Windows 10 操作系统）中安装 TensorFlow 的步骤指南。

不论在 Windows、Linux 还是 Mac OS X 系统中安装 TensorFlow，谷歌公司都支持 CPU 和 GPU 两种版本的安装，其中 CPU 版本适合初学者或显卡不支持 GPU 加速的用户安装使用，GPU 版本对机器性能要求较高（主要是显卡性能），但可以让用户得到更好的运行体验。鉴于教学使用，建议安装 CPU 版本。

本节对安装中将会出现的不同选项及如何选择给出了一些建议，并提供了一些能够与 TensorFlow 很好集成的其他第 3 方软件的信息。如果用户对 Pip/Conda、虚拟环境，或从源码安装程序已经非常熟悉，则可放心地参考以下官方指南。

1. 选择安装环境

许多软件都会使用一些库和独立维护的软件包。对于开发者而言，这是一件好事，因为这种做法有利于代码复用，而且他们可专注于创建新的功能，无须重复造轮。然而，这种做法也会付出一定的代价。如果某个程序的正常运行必须依赖于另一个库，则用户或这款软件必须确保任何运行该程序代码的机器都已安装了依赖库。乍看上去，这几乎不算一个问题，只需随这款软件一起安装所需的依赖库就行了。不幸的是，这种方法会带来一些意想不到的后果，而且常常如此。

设想如下场景：你找到一款出色的软件——软件 A，下载后开始安装。在执行其安装脚本时，软件 A 需要另外一款依赖软件。如果你的计算机中缺少这个依赖软件，则需进行安装。我们称之为软件依赖项（software dependency）。假设该依赖项的当前版本号为 1.0。软件 A 先安装 1.0 版的依赖项，然后对自身进行安装，一切都进行得很顺利。再假设将来的某个时候，你偶然发现了另一款希望安装的软件——软件 B。软件 B 需要使用 2.0 版的依赖项，相对于 1.0 版，这个版本做出了重大改进，且不具备向下兼容性。鉴于这个依赖项的发行方式，无法做到 1.0 和 2.0 两个版本同时运行，因为这将导致使用它时产生二义性（这两个版本都会作为依赖项被导入，应使用哪个版本？）。最终，软件 B 将用 2.0 版的依赖项覆盖 1.0 版，并完成自身的安装。经历一番艰辛后，你才发现软件 A 与 2.0 版依赖项不兼容，因此完全被破坏，情况顿时变得很糟。如何才能在同一台机器上既可运行软件 A，也可运行软件 B？这个问题非常重要，因为 TensorFlow 也依赖于若干开源软件。利用 Python（用于将 TensorFlow 打包的编程语言），可采取多种方式避免上述依赖冲突问题。

（1）代码库内部的软件包依赖

无须依赖于系统级的软件包或库，开发者可将所需版本的依赖库放在自己的代码中，并在局部引用。按照这种方式，软件所需的所有代码都是可直接操控的，不会受到外部变动的影响。然而，这种方式并非无懈可击。首先，它增加了安装该软件所需的磁盘空间，这意味着安装时间更长，使用成本更高。其次，用户可能已经以全局方式安装了依赖库，这意味着局部版本完全是多余的，会占用不必要的空间。最后，依赖库在将来可能会推出修复若干严重安全漏洞的关键的、保持向下兼容性的更新。这时，对代码库中依赖库的更新将无法借助软件包管理器，而只能由软件开发者手工完成。不幸的是，最终用户对此无从插手，因为何时直接包含依赖库完全是由开发者决定的。有一些依赖库由于没有被包含进 TensorFlow，因此必须单独安装。

（2）使用依赖环境

一些软件包管理器中包含可创建虚拟环境的相关软件。在一个环境中可完全独立地维护特定版本的软件而不受其他环境的影响。借助 Python，有多种选择。对于 Python 的标准发行版，Virtualenv 是直接可用的。如果使用的是 Anaconda，它会包含一个内置的虚拟环境系统及其软件包管理器——Conda。稍后，将会介绍如何使用这两种工具安装 TensorFlow。

（3）使用容器

容器（如 Docker）是将软件与完整的文件系统打包的轻量级方案。因此，任何可运行一个容器的机器（包括虚拟机在内）都能够与任何运行该容器的其他机器对其中所包含的软件获得完全相同的运行效果。与简单地激活 Virtualenv 环境或 Conda 环境相比，虽然从 Docker 中启动 TensorFlow 需要略多一点的步骤，但当需要将代码在不同实例（无论是虚拟机还是物理的服务器）上进行部署时，它在不同运行环境中的一致性使其成为无价之宝。下文将介绍如何安装 Docker，并创建你自己的 TensorFlow 容器（以及如何使用官方的 TensorFlow 镜像）。

一般而言，如果准备在单机上安装和使用 TensorFlow，这里建议采用 Virtualenv 或 Conda 的虚拟环境。它们能够以较小的代价解决依赖冲突问题，且易于设置。一旦创建完毕，便几乎可以一劳永逸。如果准备将 TensorFlow 代码部署到一台或多台服务器中，则值得创建一个 Docker 容器镜像。虽然所需的步骤略多，但会大大降低在多服务器上部署的成本。因此不推荐既不使用虚拟环境，也不使用容器的 TensorFlow 安装方法。

2. Jupyter Notebook 与 Matplotlib

在数据科学工作流中频繁使用的两款出色的软件是 Jupyter Notebook 和 Matplotlib。它们与 NumPy 协同使用已有多年，TensorFlow 与 NumPy 的紧密集成使得用户可采用他们熟悉的工作模式。两者均为开源软件，且采用的许可协议均为 BSD。

利用 Jupyter Notebook（前身为 iPython Notebook），可交互式地编写包含代码、文本、输出、LaTeX 及其他可视化结果的文档。这使得它在依据探索分析创建报告时极为有用，因为可将创建可视化图表的代码直接在图表的旁边展示出来，也可利用 Markdown 单元以格式丰富的文本分享对某个特定方法的见解。此外，对于设计原型的想法，Jupyter Notebook 也极为出色，因为可以回顾和编辑部分代码，然后直接运行。与许多其他要求逐行执行代码的交互式 Python 环境不同，Jupyter Notebook 允许将代码写入逻辑块中，这使得调试脚本中的特定部分相对容易。在 TensorFlow 中，这个特性是极有价值的，因为典型的 TensorFlow 程序已经被划分为“计算图的定义”和“运行计算图”两部分。

Matplotlib 是一个绘图库，它允许用户使用 Python 创建动态的、自定义的可视化结果。它与 NumPy 无缝集成，其绘图结果可直接显示在 Jupyter Notebook 中。Matplotlib 也可将数值数据以图像的形式可视化，这个功能可用于验证图像识别任务的输出，并将神经网络的内部单元可视化。构建在 Matplotlib 之上的其他层，如 Seaborn，可用于增强其功能。

3. 在 Windows 系统下安装 TensorFlow

（1）安装虚拟环境 Anaconda

在安装 TensorFlow 之前，首先推荐安装 Anaconda。为什么在安装 TensorFlow 之前要先安装 Anaconda 呢？这主要是想为 TensorFlow 配置一个隔离的环境，目前 Python 的版本非常多，各种辅助计算与富含多种功能的库也很多，其中不同的库可能会依赖于不同版本的 Python，不同的 Python 库也有可能会互相影响（极个别情况），所以推荐为 TensorFlow 配置一个专属于自己的环境。

从 Anaconda 官方网站下载 Anaconda 后就可以开始安装了，本书实例中安装的是 Anaconda 5.1 for Windows、Python 3.5 版本。整体的安装过程并没有特别，值得注意的是请勿必记住自己安装 Anaconda 的位置。

（2）安装 CPU 版本的 TensorFlow

安装好 Anaconda 之后，就可以启动 Anaconda，在 Conda 虚拟环境下安装 TensorFlow 了。

首先在程序列表中找到 Anaconda 安装目录，并启动 Anaconda Navigator。Anaconda Navigator 启动的时间比较长，可能需要等一会，Anaconda 启动后如图 3-9 所示。

选择左侧菜单栏的“Environments”选项，打开后用 Create 新建一个虚拟环境，如图 3-10 所示。

在弹出的“Create new environment”对话框中输入 Name 为“TensorFlow”，并选择 Packages 为 Python 3.5，单击 Create（创建）按钮。创建完成后在中间的环境窗口中会出现名为“TensorFlow”的虚拟环境，如图 3-11 所示。

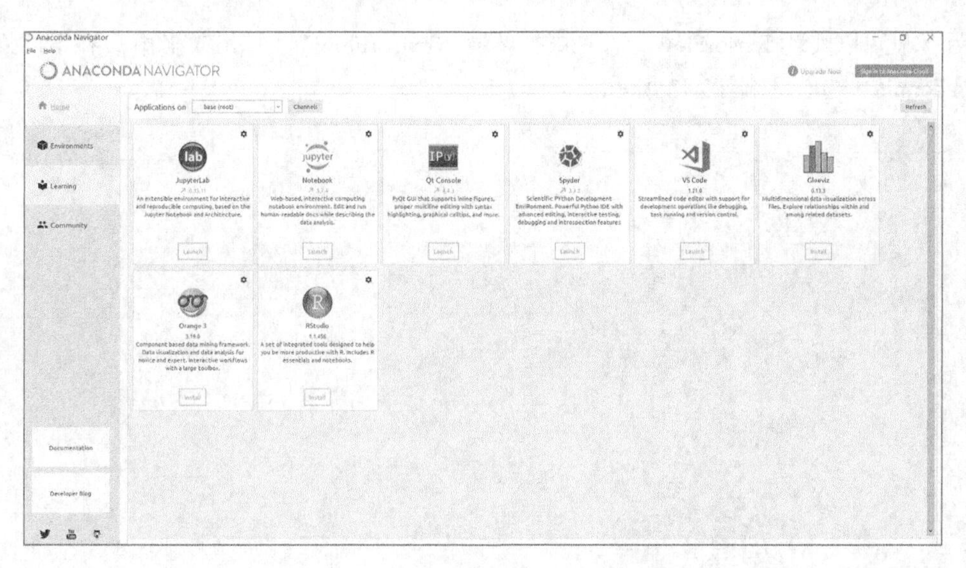

图 3-9

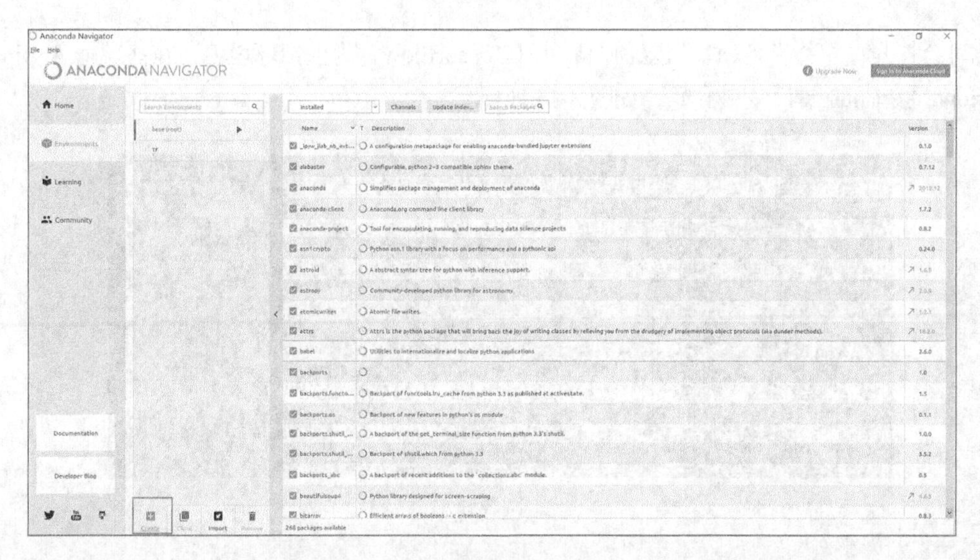

图 3-10

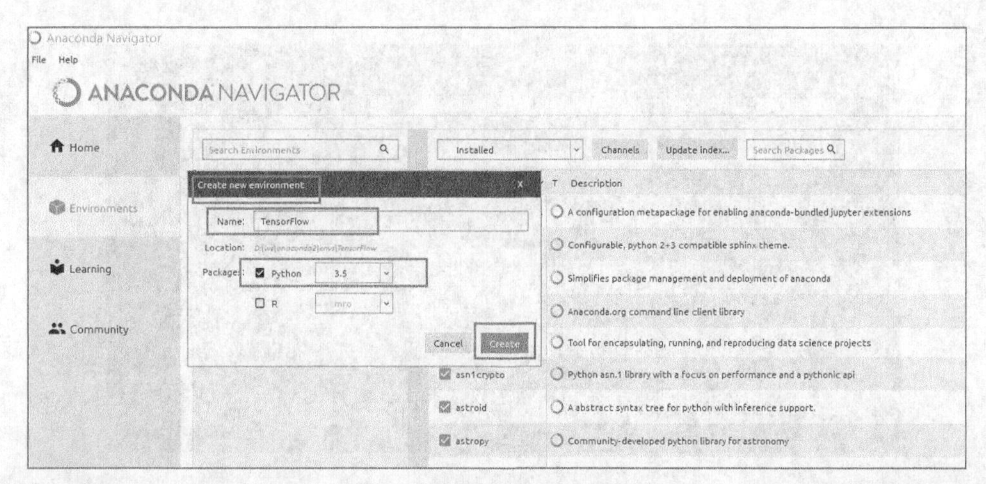

图 3-11

接下来就可以安装 TensorFlow 了。在虚拟环境“TensorFlow”上单击 ▶ 图标，在下拉菜单中选择 Open Terminal 选项，如图 3-12 所示。

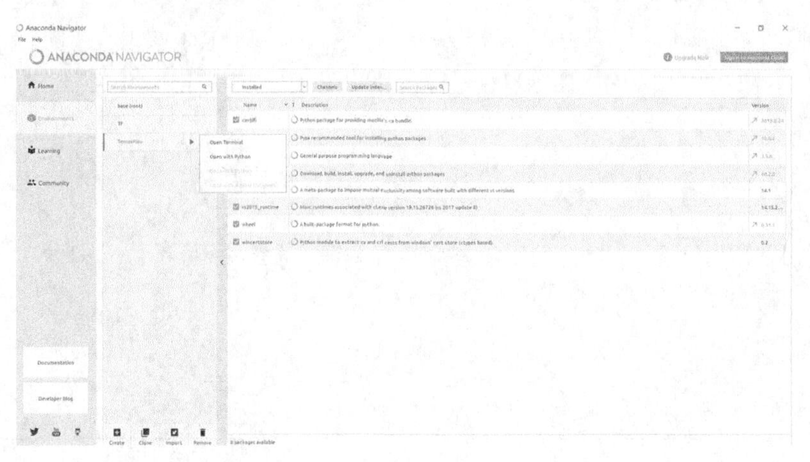

图 3-12

此时会打开一个终端窗口，目录前面显示（TensorFlow）为虚拟环境名，在终端输入 pip install tensorflow，按 Enter 键后安装开始，如图 3-13 所示。

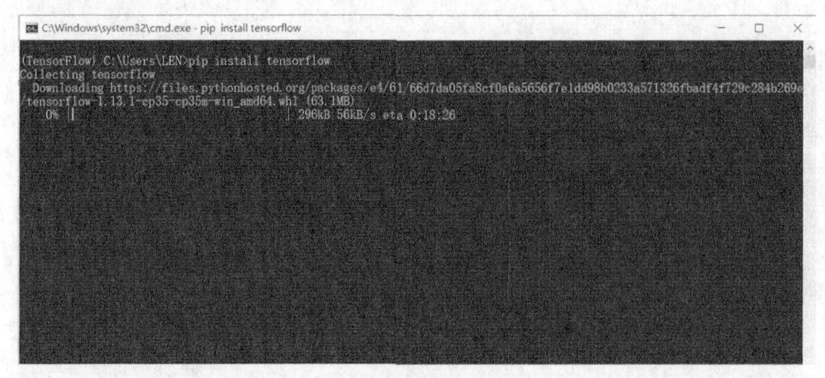

图 3-13

如果最终显示图 3-14 所示的信息，表示安装成功。

```
C:\Windows\system32\cmd.exe - pip install tensorflow
nsorflow) (40.2.0)
Collecting werkzeug>=0.11.15 (from tensorboard<1.14.0,>=1.13.0->tensorflow)
  Downloading https://files.pythonhosted.org/packages/9f/57/92a497e38161ce40606c27a86759c6b92dd34fcdb33f64171ec559257c02
/Werkzeug-0.15.4-py2.py3-none-any.whl (327kB)
    100% |████████████████████████████████| 327kB 3.8MB/s
Collecting markdown>=2.6.8 (from tensorboard<1.14.0,>=1.13.0->tensorflow)
  Downloading https://files.pythonhosted.org/packages/c0/4e/fd492e91abdc2d2fcb70ef453064d980688762079397f779758e055f6575
/Markdown-3.1.1-py2.py3-none-any.whl (87kB)
    100% |████████████████████████████████| 92kB 4.2MB/s
Collecting mock>=2.0.0 (from tensorflow-estimator<1.14.0rc0,>=1.13.0->tensorflow)
  Downloading https://files.pythonhosted.org/packages/05/d2/f94e68be6b17f46d2c353564da56e6fb89ef09faeeff3313a046cb810ca9
/mock-3.0.5-py2.py3-none-any.whl
Collecting h5py (from keras-applications>=1.0.6->tensorflow)
  Downloading https://files.pythonhosted.org/packages/62/ed/88e6bfb6ed363725480847b63d571283afb35031bc76d04d40d2c1960e78
/h5py-2.9.0-cp35-cp35m-win_amd64.whl (2.4MB)
    100% |████████████████████████████████| 2.4MB 1.3MB/s
Building wheels for collected packages: termcolor, absl-py, gast
  Running setup.py bdist_wheel for termcolor ... done
  Stored in directory: C:\Users\LEN\AppData\Local\pip\Cache\wheels\7c\06\54\bc84598ba1daf8f970247f550b175aaaee85f68b4b0c
5ab2c6
  Running setup.py bdist_wheel for absl-py ... done
  Stored in directory: C:\Users\LEN\AppData\Local\pip\Cache\wheels\ee\98\38\46cbcc5a93cfea5492d19c38562691ddb23b940176c1
4f7b48
  Running setup.py bdist_wheel for gast ... done
  Stored in directory: C:\Users\LEN\AppData\Local\pip\Cache\wheels\5c\2e\7e\a1d4d4fcebe6c381f378ce7743a3ced3699feb89bcfb
dadadd
Successfully built termcolor absl-py gast
Installing collected packages: six, protobuf, numpy, termcolor, astor, grpcio, werkzeug, absl-py, markdown, tensorboard,
 keras-preprocessing, mock, tensorflow-estimator, gast, h5py, keras-applications, tensorflow
```

图 3-14

在安装完 TensorFlow 后，我们还需要验证 TensorFlow 是否安装成功，在刚才打开的 Terminal 中输入 python，并输入以下代码。

```
import tensorflow as tf
hello = tf.constant('Hello, TensorFlow!')
sess = tf.Session()
print(sess.run(hello))
```

如果看到 “Hello, TensorFlow!”，则证明安装成功，如图 3-15 所示。如果是 no moudle，请检查是否安装错误。

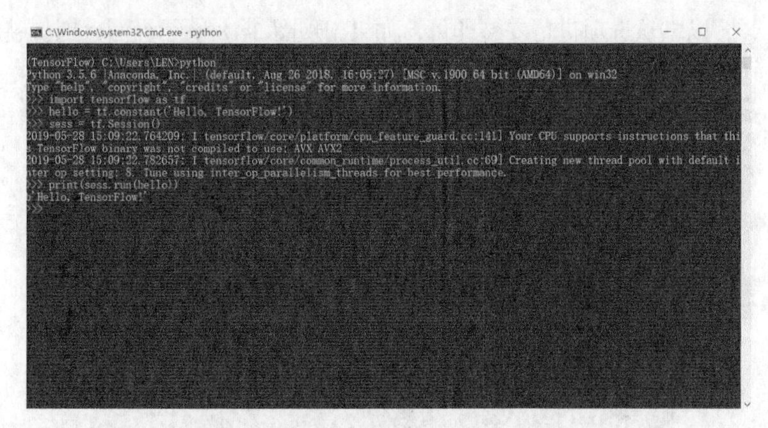

图 3-15

（3）安装 GPU 版本 TensorFlow

如果希望使用带有 GPU 支持的 TensorFlow，可以通过以下步骤进行安装。

① 安装 CUDA 软件

CUDA 是 NVIDIA 推出的运算平台，cuDNN 是专门针对 Deep Learning 框架设计的一套 GPU 计算加速方案。如果拥有一款支持 CUDA 的 NVIDIA GPU，则可安装带有 GPU 支持的 TensorFlow。支持 CUDA 的显卡清单可从相关网址获取。

接下来就可以安装 CUDA 了。首先需要下载 CUDA，可到 NVIDIA 官方网站进行相关下载。

选择机器的操作系统及版本，本书实例安装 CUDA 9.0 版本，系统平台是 64 位 Windows 10 操作系统，选择后打开图 3-16 所示的界面进行 CUDA 及 CUDA 补丁的下载。

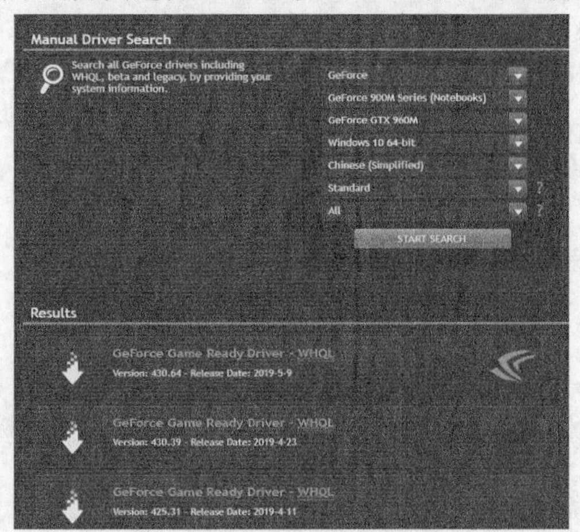

图 3-16

首先安装 Base Installer，如图 3-17 所示。

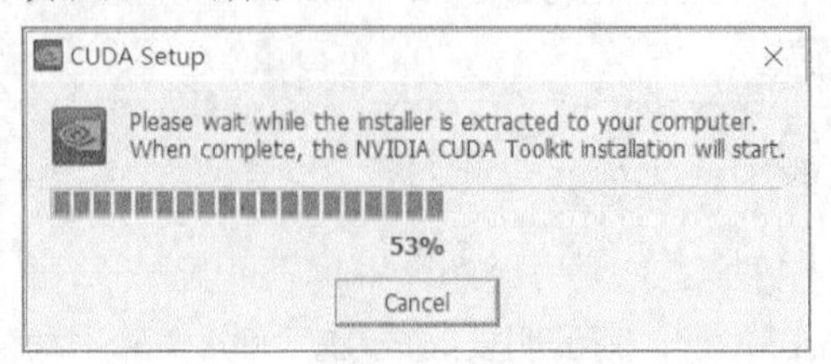

图 3-17

选择精简安装，以默认选项进行安装即可，如果出现图 3-18 所示界面，则安装成功。

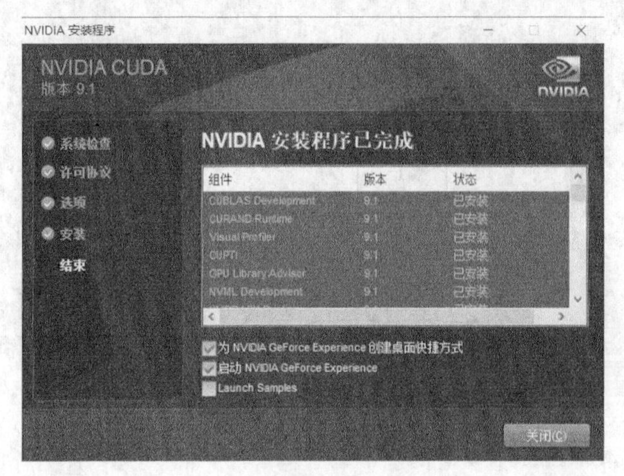

图 3-18

接下来下载并安装 CUDA 补丁，下载任一 CUDA 补丁包进行安装即可。

安装完成后，需要下载 cuDNN。可通过 NVIDIA 官方网站链接进行下载。

由于之前安装的是 CUDA 9.0，所以需要下载 cuDNN for CUDA 9.0，如图 3-19 所示。

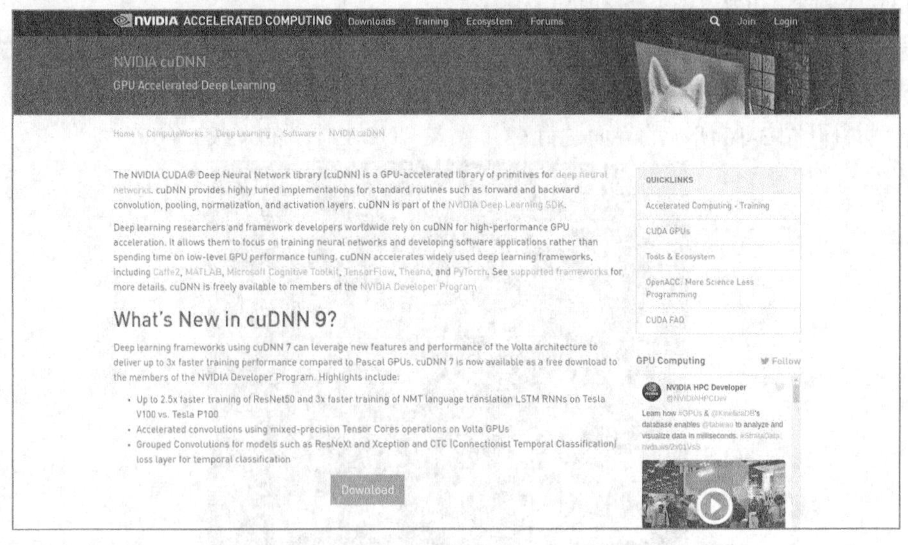

图 3-19

选择相应操作系统版本的 cuDNN 进行下载，如图 3-20 所示。

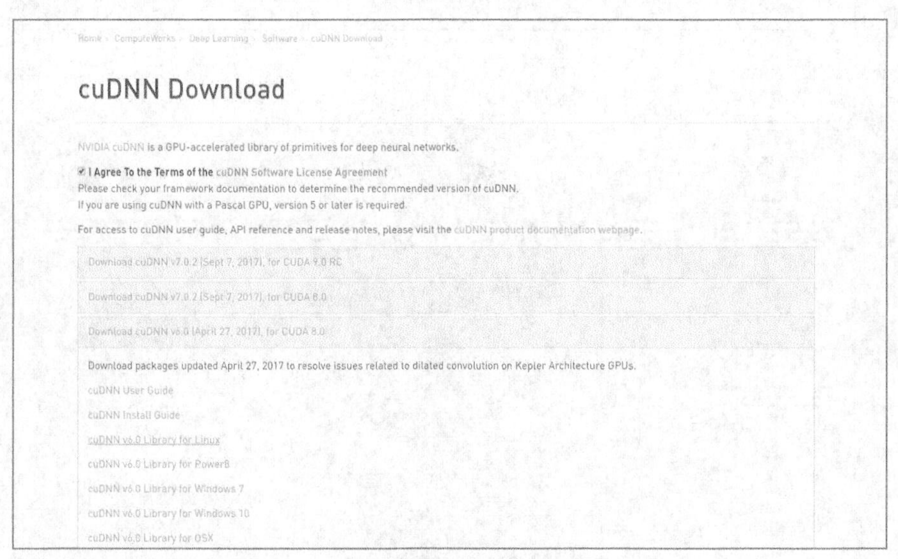

图 3-20

下载后获得一个 cuDNN 的压缩包，解压此压缩包，并将包内文件及文件夹复制到之前 CUDA 安装文件内，具体位置如图 3-21 所示。

图 3-21

注意：此操作需要提供管理员权限。

至此，CUDA 安装完毕，如果要查看安装的 CUDA 的版本信息，则需要在命令窗口（cmd）中输入如下命令。

```
nvcc  -V
```

② 安装 GPU 版本 TensorFlow

启动 Anaconda，在 Conda 虚拟环境下安装 GPU 版本 TensorFlow，如图 3-22 所示。

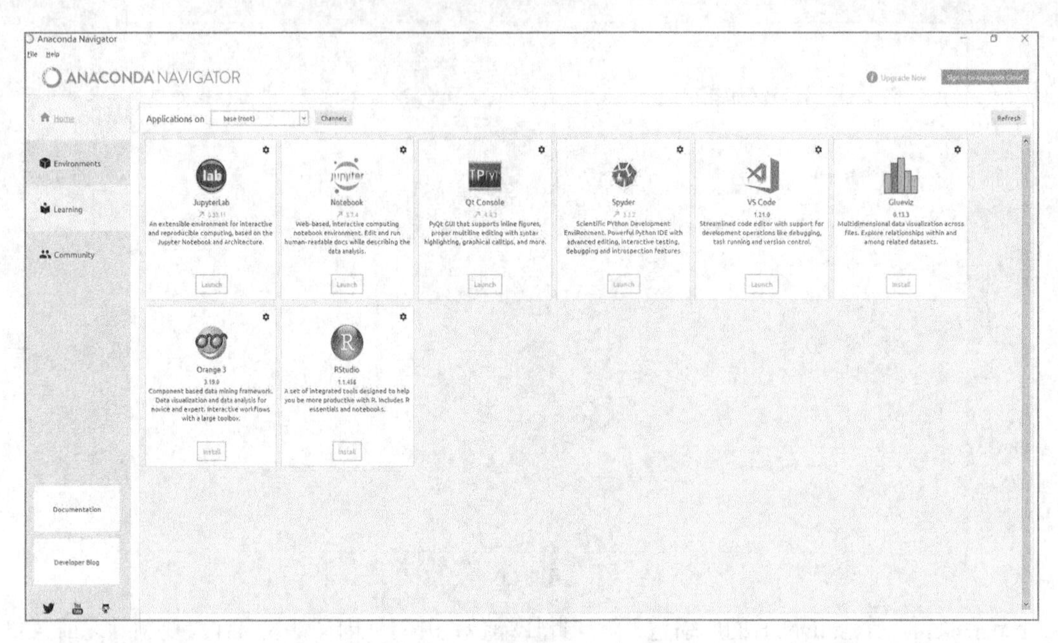

图 3-22

选择左侧菜单栏的“Environments”选项，打开后用 Create 新建一个虚拟环境，如图 3-23 所示。

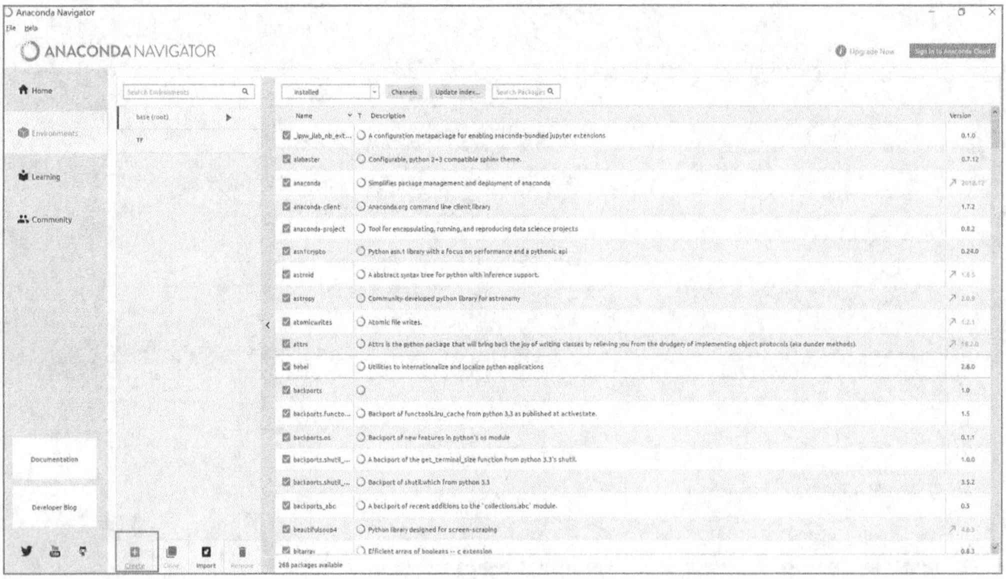

图 3-23

在弹出的“Create new environment”对话框中的 Name 文本框中输入 TensorFlowGPU，并选择 Packages 为 Python 3.5，单击“Create”（创建）按钮，如图 3-24 所示。创建完成后在中间的环境窗口中出现名为 TensorFlowGPU 的虚拟环境。

接下来就可以安装 TensorFlow 了。在虚拟环境 TensorFlowGPU 上单击 ▶ 图标，在下拉菜单中选择“Open Terminal”选项，打开一个终端窗口，此时目录前面显示（tensorflow_gpu）为虚拟环境名，在终端输入 pip install tensorflow-gpu，按 Enter 键后安装开始，如图 3-25 所示。

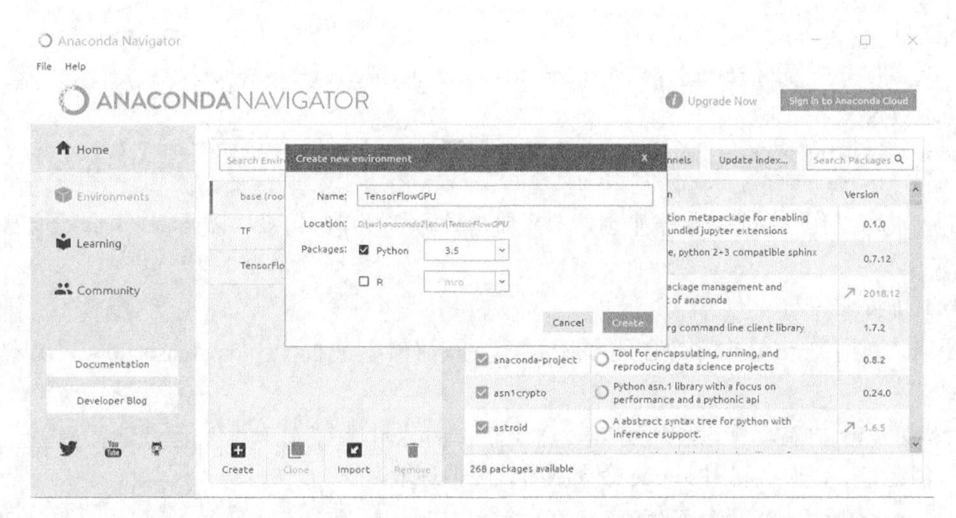

图 3-24

图 3-25

全部下载解压完成后，输入 python 进行确认。在 Python 编译环境下分别输入 import tensorflow as tf、sess=tf.Session()并按 Enter 键，会显示出本机的 GPU 信息内容，如图 3-26 所示。

图 3-26

至此，Windows 系统环境下 GPU 版本 TensorFlow 安装完毕。

4. 在 Linux 系统及 Mac OS X 下安装 TensorFlow

（1）创建 Virtualenv 环境

为保持依赖项的干净整洁，下面介绍如何利用 Virtualenv 创建虚拟的 Python 环境。首先需要确保 Virtualenv 与 pip（Python 的包管理器）均被安装。运行下列命令（根据不同的操作系统，选择相应的命令）。

① 64 位 Linux 系统

```
$ sudo apt-get install python-pip python-dev python-virtualenv
```

② Mac OS X

```
$ sudo easy_install pip
$ sudo pip install --upgrade virtualenv
```

至此，准备工作已完成，接下来创建一个包含该虚拟环境的目录，以及将来可能会创建的任意虚拟环境。

```
$ sudo mkdir ~/env
```

接下来，利用 Virtualenv 命令创建虚拟环境。在本例中，它位于~/env/tensorflow 目录（“~”指当前目录）下。

```
$ virtualenv --system-site-packages ~/env/tensorflow
```

一旦创建完毕，便可利用 source 命令激活该虚拟环境。

```
$ source ~/env/tensorflow/bin/activate
```

注意，命令提示窗口中现在多了一个“tensorflow”提示符。

```
(tensorflow)$
```

我们希望当使用 pip 安装任何软件时都确保该虚拟环境处于活动状态，从而使 Virtualenv 能够对各依赖库进行追踪。

虚拟环境使用完毕后，需用下列 deactivate 命令将其关闭。

```
(tensorflow)$ deactivate
```

由于将频繁使用虚拟环境，因此创建一个激活虚拟环境的快捷方式而非每次键入完整的 source 命令便很有价值。接下来的命令将向~/.bashrc 文件添加一个 bash 别名，使得启动虚拟环境时只需键入 tensorflow。

```
$ sudo printf '\nalias tensorflow="source ~/env/tensorflow/bin/activate"' >> ~/.bashrc
```

要测试该快捷方式是否生效，可重启 bash 终端，并键入 tensorflow。

```
$ tensorflow
```

与之前一样，提示符会发生变化。

```
(tensorflow)$
```

（2）TensorFlow 的简易安装

如果只是希望尽快上手实践一些入门的例子，而不关心是否有 GPU 支持，则可从 TensorFlow 官方预置的二进制安装程序中选择。请确保 Virtualenv 环境处于活动状态，并运行下列与你的操作系统和 Python 版本对应的命令。

① 64 位 Linux 系统

```
#Linux, Python 2.7
(tensorflow)$ pip install --upgrade https://
storage.googleapis.com/tensorflow/linux/cpu/tensorflow-0.9.0-
cp27-none-linux_x86_64.whl

#Linux 64-bit, Python 3.4
(tensorflow)$ pip3 install  --upgrade https://
Storage.googleapis.com/tensorflow/linux/cpu/tensorflow-0.9.0-
cp34-cp34m-linux_x86_64.whl

#Linux 64-bit, Python 3.5
```

```
(tensorflow)$ pip3 install  --upgrade https://
storage.googleapis.com/tensorflow/linux/cpu/tensorflow-0.9.0-
cp35-cp35m-linux_x86_64.whl
```

② Mac OS X

```
#Mac OS X, Python 2.7:
(tensorflow)$ pip install --upgrade https://
storage.googleapis.com/tensorflow/mac/tensorflow-0.9.0-py2-
none-any.whl

#Mac OS x, Python 3.4+
(tensorflow)$ pip3 install --upgrade https://
storage.googleapis.com/tensorflow/mac/tensorflow-0.9.0-py3-
none-any.whl
```

从技术角度上看，可以使用带有 GPU 支持的预置的 TensorFlow 二进制安装程序，但它需要特定版本的 NVIDIA 软件，且与未来版本不兼容。

在 Linux 上安装 GPU 版 TensorFlow，或在 Mac OS X 上从源码构建 TensorFlow，都可以依据 TensorFlow 官方网站的安装指南进行相应设置，由于篇幅问题，这里不再赘述。

至此，TensorFlow 安装完毕！鉴于版本兼容等问题，建议初学者采用 Windows 环境下的安装方式，对于不支持 GPU 的机器，建议安装 CPU 版本。

3.3　数据流图简介

本节介绍一些数据流图的基础知识，内容包括节点、边和节点依赖关系的定义。此外，为了解释一些关键原理，本章还提供了若干实例。

3.3.1　数据流图基础

借助 TensorFlow API 用代码描述的数据流图是每个 TensorFlow 程序的核心。毫不意外，数据流图这种特殊类型的有向图正是用于定义计算结构的。在 TensorFlow 中，数据流图本质上是一组链接在一起的函数，每个函数都会将其输出传递给 0 个、1 个或更多个位于这个级联链上的其他函数。按照这种方式，用户可利用一些很小的、为人们所充分理解的数学函数构造数据的复杂变换。下面来看一个比较简单的例子，如图 3-27 所示。

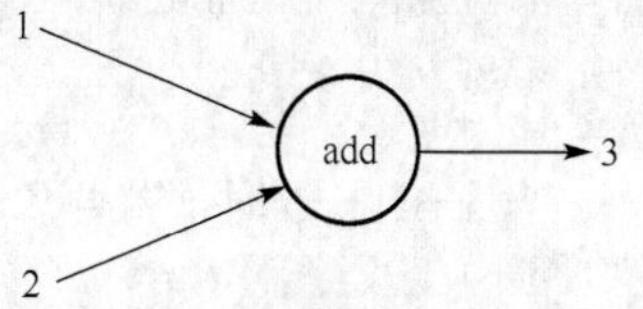

图 3-27

图 3-27 展示了可完成基本加法运算的数据流图。在该图中，加法运算是用圆圈表示的，它可接收两个输入（以指向该函数的箭头表示），并将 1+2 之和 3 输出（对应从该函数引出的箭头）。该函数的运算结果可传递给其他函数，也可直接返回给客户。

该数据流图可用如下简单公式表示。

$$f(1,2)=1+2=3$$

上面的例子解释了在构建数据流图时，两个基础构件——节点和边是如何使用的。下面回顾节点和边的基本性质。

• 节点（node）：在数据流图的语境中，节点通常以圆圈、椭圆和方框表示，代表了对数据所做的运算或某种操作。在上例中，add 对应于一个孤立节点。

• 边（edge）：对应于向 Operation 传入和从 Operation 传出的实际数值，通常以箭头表示。在 add 这个例子中，输入 1 和 2 均为指向运算节点的边，而输出 3 则为从运算节点引出的边。可从概念上将边视为不同 Operation 之间的连接，因为它们将信息从一个节点传输到另一个节点。

下面来看一个更有趣的例子，如图 3-28 所示。

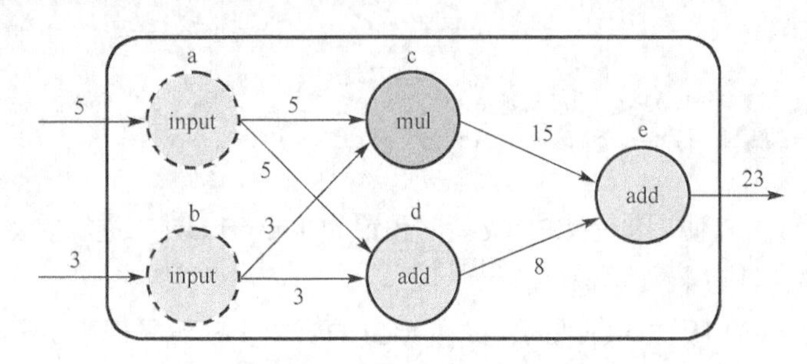

图 3-28

相比之前的例子，图 3-28 的实例中所示的数据流图略复杂。由于数据是从左侧流向右侧的（如箭头方向所示），因此可从最左端开始对这个数据流图进行分析。

（1）最开始时，可看到两个值 5 和 3 流入该数据流图。它们可能来自另一个数据流图，也可能读取自某个文件，或是由客户直接输入。

（2）这些初始值被分别传入两个明确的 input 节点（在图中分别以 a、b 标识）。这些 input 节点的作用仅仅是传递它们的输入值——节点 a 接收到输入值 5 后，将同样的数值输出给节点 c 和节点 d，节点 b 对其输入值 3 也完成同样的动作。

（3）节点 c 代表乘法运算。它分别从节点 a 和 b 接收输入值 5 和 3，并将运算结果 15 输出到节点 e。与此同时，节点 d 对相同的两个输入执行加法运算，并将计算结果 8 传递给节点 e。

（4）最后，该数据流图的终点——节点 e（也是另一个 add 节点）接收输入值 15 和 8，将两者相加，然后输出该数据流图的最终结果 23。

下面用一组公式表示该图的数据流图。

```
a=input1; b=input2
c=a*b; d=a+b
e=c+d
```

当 a=5，b=5 时，若要求解 e，只需依次代入上述公式。

```
a=5;b=3
e=a*b+(a+b)
e=5*3+(5+3)
```

经过上述步骤，便可以完成计算。这里有一些概念值得重点说明。

• 上述使用 input 节点的模式十分有用，因为这使得我们能够将单个输入值传递给大量后继节点。如果不这样做，客户（或传入这些初值的其他数据源）便不得不将输入显示传递给数据流图中的多个节点。按照这种模式，客户只需保证一次性传入恰当的输入值，而对这些输入重复使用的细节便被隐藏起来了。稍后，我们将对数据流图的抽象做更深入的探讨。

• 哪一个节点将首先执行运算？是乘法节点 c 还是加法节点 d？答案是：无从知晓。仅凭上述数据流图，无法推知 c 和 d 中的哪一个节点将率先执行。有的读者可能会按照从左到右、自上而下的顺序阅读该数据流图，从而做出节点 c 先运行的假设。但需要指出，在该数据流图中，将节点 d 绘制在 c 的上方也未尝不可。也可能有些读者认为这些节点会并发执行，但考虑到各种实现细节或硬件的限制，实际情况往往并非如此，实际上，最好的方式是将它们的执行视为相互独立。由于节点 c 并不依赖于来自节点 d 的任何信息，所以节点 c 在完成自身的运算时无须关心节点 d 的状态如何。反之亦然，节点 d 也不需要任何来自节点 c 的信息。在本章稍后，还将对节点的依赖关系进行更深入的介绍。

接下来，对数据流图稍作修改，如图 3-29 所示。

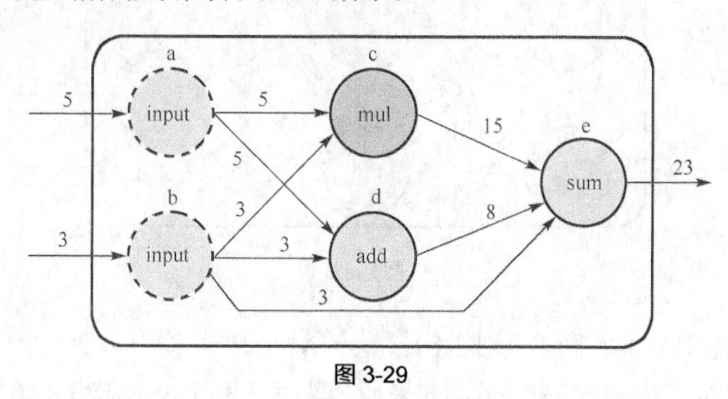

图 3-29

数据流图的主要变化有以下两点。

（1）来自节点 b 的 input 值 3 现在也传递给了节点 e。

（2）节点 e 中的函数 add 被替换为 sum，表明它可完成两个以上的数的加法运算。

读者可能已经注意到，图 3-30 在看起来被其他节点“隔离”的两个节点之间添加了一条边。一般而言，任何节点都可将其输出传递给数据流图中的任意后继节点，而无论这两者之间发生了多少计算，数据流图甚至可以拥有图 3-30 所示的结构，它仍然是完全合法的。

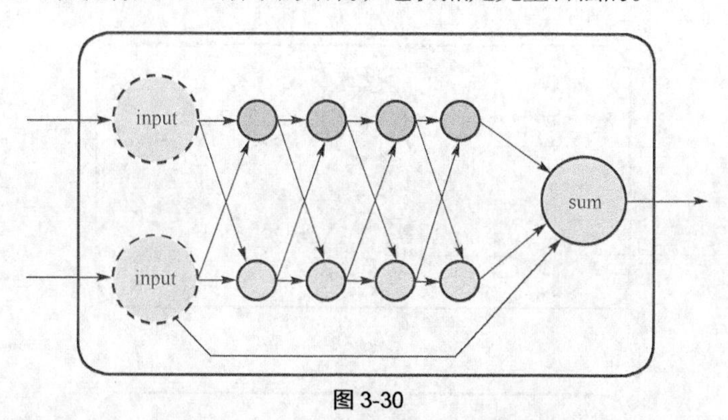

图 3-30

通过这两个数据流图，已经能够初步感受到对数据流图的输入进行抽象所带来的好处。我们能够对数据流图中内部运算的精确细节进行操控，但客户只需了解将何种信息传递给那两个输入节点。我们甚至可以进一步抽象，将上述数据流图表示为图 3-31 所示的黑箱。

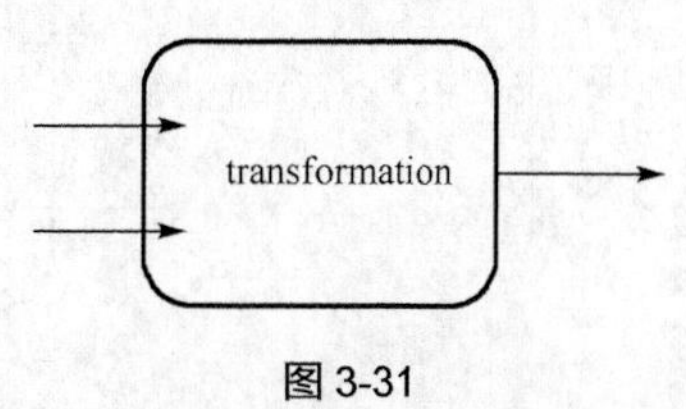

图 3-31

这样，便可将整个节点序列视为拥有一组输入和输出的离散构件。这种抽象方式使得对级联在一起的若干个运算组进行可视化更加容易，而无须关心每个部件的具体细节。

3.3.2 节点的依赖关系

在数据流图中，节点之间的某些类型的连接是不被允许的，最常见的一种是将造成循环依赖（circular dependency）的连接。为理解“循环依赖”这个概念，需要先理解何为“依赖关系”。观察图 3-32 所示的数据流图。

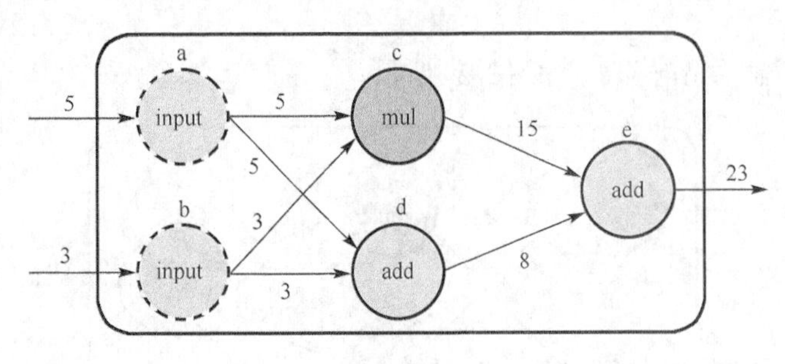

图 3-32

循环依赖这个概念其实非常简单：对于任意节点 A，如果其输出对于某个后继节点 B 的计算是必需的，则称节点 A 为节点 B 的依赖节点。如果某个节点 A 和节点 B 彼此不需要来自对方的任何信息，则称两者是独立的。为对此进行可视化，首先观察当乘法节点 c 出于某种原因无法完成计算时（如图 3-33 所示）会出现何种情况。

可以预见，由于节点 e 需要来自节点 c 的输出，因此其运算无法执行，只能无限等待节点 c 的数据到来。容易看出，节点 c 和节点 d 均为节点 e 的依赖节点，因为它们均将信息直接传递到最后的加法函数。然而，稍加思索就可看出节点 a 和节点 b 也是节点 e 的依赖节点。如果输入节点中有一个未能将其输入传递给数据流图中的下一个函数，如图 3-34 所示，情形会怎样？

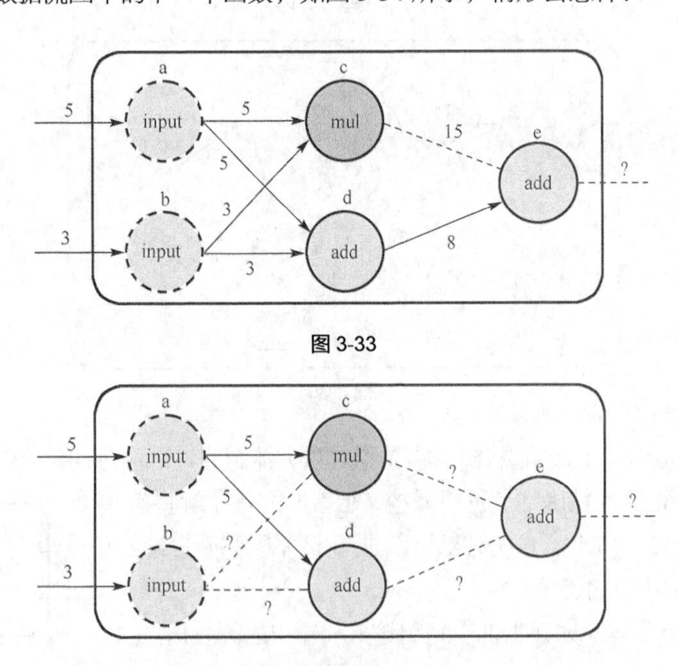

图 3-33

图 3-34

由图 3-35 可以看出，若将输入中的某一个移除，会导致数据流图中的大部分运算中断，从而表明依赖关系具有传递性。即，若 A 依赖于 B，而 B 依赖于 C，则 A 依赖于 C。在本例中，最终节点 e 依赖于节点 c 和节点 d，而节点 c 和节点 d 均依赖于输入节点 b。因此，最终节点 e 也依赖于输入节点 b。同理可知节点 e 也依赖于输入节点 a。此外，还可对节点 e 的不同依赖节点进行区分。

（1）节点 e 直接依赖于节点 c 和节点 d。即为使节点 e 的运算得到执行，必须有直接来自节点 c 和节点 d 的数据。

（2）节点 e 间接依赖于节点 a 和节点 b。这表示节点 a 和节点 b 的输出并未直接传递到节点 e，而是传递到某个（或某些）中间节点，而这些中间节点可能是节点 e 的直接依赖节点，也可能是间接依赖节点。这意味着一个节点可以是被许多层的中间节点相隔的另一个节点的间接依赖节点（且这些中间节点中的每一个也是后者的依赖节点）。

最后来观察将数据流图的输出传递给其自身的某个位于前端的节点时会出现何种情况，如图 3-35 所示。

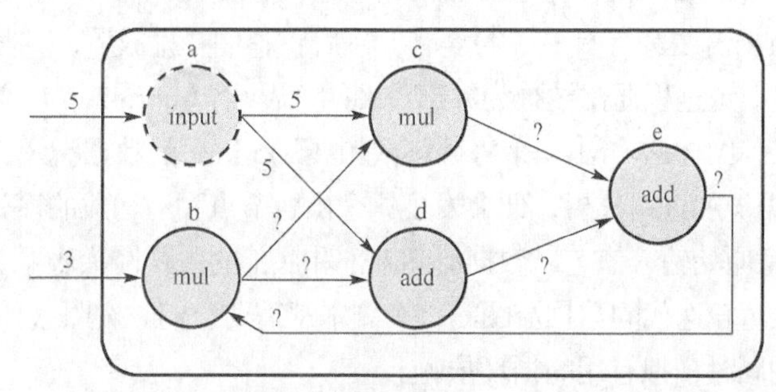

图 3-35

不幸的是，图 3-36 的数据流图看起来无法工作。我们试图将节点 e 的输出送回节点 b，并希望该数据流图的计算能够循环进行。这里的问题在于节点 e 现在变为节点 b 的直接依赖节点；而与此同时，节点 e 仍然依赖于节点 b（前文已说明过）。其结果是节点 b 和节点 e 都无法得到执行，因为它们都在等待对方计算的完成。

也许读者会想到将传递给节点 b 或节点 e 的值设置为某个初始状态值。毕竟，这个数据流图是受控制的。不妨假设节点 e 的输出的初始状态值为 1，使其先工作起来，如图 3-36 所示。

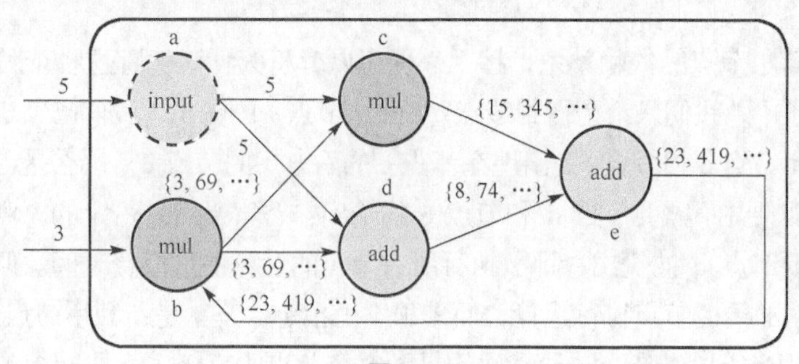

图 3-36

图 3-37 给出了经过几轮循环后数据流图中各节点的状态。新引入的依赖关系制造了一个无穷反馈环，且该数据流图中的大部分边都趋向于无穷大。然而，出于多种原因，对于像 TensorFlow 这样的软件，这种类型的无线循环是非常不利的。

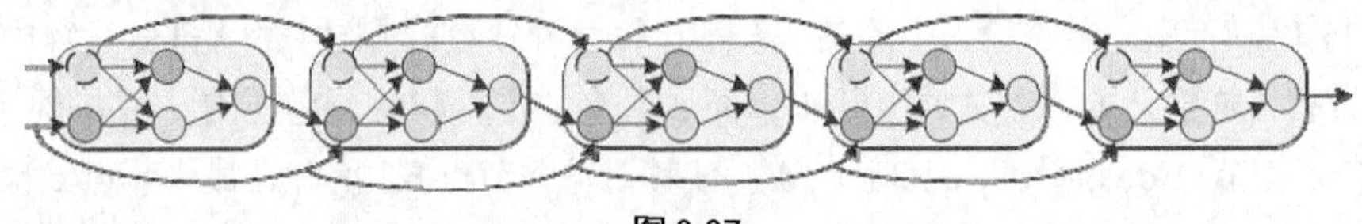

图 3-37

（1）由于数据流图中存在无限循环，因此程序无法以正常方式终止。

（2）依赖节点的数量变为无穷大，因为每轮迭代都依赖于之前的所有轮次的迭代。不幸的是，在统计依赖关系时，每个节点都不会只被统计一次，每当其输出发生变化时，它便会被再次记为依赖节点。这就使得追踪依赖信息变得不可能，而出于多种原因（详见本节的最后一部分），这种需求是至关重要的。

（3）也许经常会遇到这样的情况：被传递的值要么在正方向变得非常大（从而导致上溢），要么在负方向变得非常大（导致下溢），或者非常接近于 0（使得每轮迭代在加法上失去意义）。

基于上述考虑，在 TensorFlow 中，真正的循环依赖关系是无法表示的，这并非坏事。在实际使用中，完全可通过对数据流图进行有限次的复制，然后将它们并排放置，并将代表相邻迭代轮次的副本的输出与输入串接。该过程通常被称为数据流图的“展开”（unrolling）。为了以图形化的方式展示数据流图的展开效果，图 3-37 给出一个将循环依赖展开 5 次后的数据流图。

对图 3-38 中的数据流图进行分析，便会发现这个由各节点和边构成的序列等价于将之前的数据流图遍历 5 次。请注意原始输入值（以数据流图顶部和底部的跳跃箭头表示）是传递给数据流图的每个副本的，因为代表每轮迭代的数据流图的每个副本都需要它们。按照这种方式将数据流图展开，可在保持确定性计算的同时模拟有用的循环依赖。

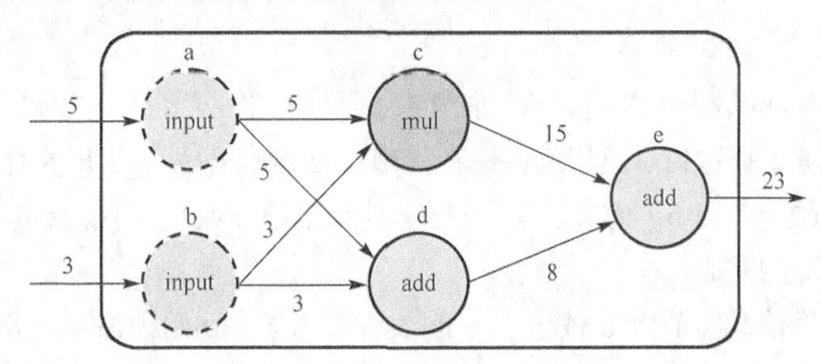

图 3-38

既然我们已理解了节点的依赖关系，接下来便可以分析为什么追踪这种依赖关系十分有用。不妨假设在之前的例子中，我们只希望得到节点 c（乘法节点）的输出。我们已经定义了完整的数据流图，其中包含独立于节点 c 和节点 e（出现在节点 c 的后方）的节点 d，那么是否必须执行整个数据流图的所有运算，即便并不需要节点 d 和节点 e 的输出？答案当然是否定的。观察该数据流图，不难发现，如果只需要节点 c 的输出，那么执行所有节点的运算便是浪费时间。但这里的问题在于，如何确保计算机只对必要的节点执行运算，而无须手工指定？答案是：利用节点之间的依赖关系。

这背后的概念相当简单，唯一需要确保的是为每个节点的直接（而非间接）依赖节点维护一个列表。可从一个空栈开始，它最终将保存所有希望运行的节点。从希望获得其输出的节点开始，显然它必须得到执行，因此令其入栈。接下来查看该输出节点的依赖节点列表，这意味着为计算输出，那些节点必须运行，因此将它们全部入栈。然后，对那些节点进行检查，看它们的直接依赖节点有哪些，然后将它们全部入栈。继续这种追溯模式，直到数据流图中的所有依赖节点均已入栈。按照这种方式，便可保证获得运行该数据流图所需的全部节点，且只包含所有必需节点。此外，利用上述栈结构，可对其中的节点进行排序，从而保证当遍历该栈时，其中所有节点都会按照一定的次序得到运行。唯一需要注意的是要追踪哪些节点已经完成了计算，并将它们的输出保存在内存中，以避免对同一节点反复计算。按照这种方式，便可确保计算量尽可能地精简，从而在规模较大的数据流图上节省以小时计的宝贵处理时间。

3.4　TensorFlow 中定义数据流图

在本书中，你将接触到多样化的且相当复杂的机器学习模型。然而，不同的模型在 TensorFlow 中的定义过程却遵循着相似的模式。当掌握了各种数学概念，并学会实现它们时，对 TensorFlow 核心工作模式的理解将有助于你脚踏实地地开展工作。幸运的是，这个工作流非常容易记忆，它只包含两个步骤。

（1）定义数据流图。

（2）运行数据流图（在数据上）。

这里有一个显而易见的道理，如果数据流图不存在，那么肯定无法运行它。头脑中有这种概念是很有必要的，因为当你编写代码时会发现 TensorFlow 功能是如此丰富。每次只需关注上述工作流的一部分，有助于更周密地组织自己的代码，并明确接下来的工作方向。

本节将讲述在 TensorFlow 中定义数据流图的基础知识，将上述两个步骤进行衔接，并展示如何创建在多次运行中状态不断发生变化并接收不同数据的数据流图。

3.4.1　构建一个 TensorFlow 数据流图

通过 3.3 节的介绍，我们已对图 3-38 所示的数据流图颇为熟悉。

用于表示该数据流图的 TensorFlow 代码如下。

```
import tensorflow as tf

a = tf.constant(5, name="imput_a")
b = tf.constant(3, name="input_b")
c = tf.multiply(a, b, name="mul_c")
d = tf.add(a, b, name="add_d")
e = tf.add(c, d, name="add_e")
```

下面来逐行解析这段代码。首先，导入语句代码如下。

```
import tensorflow as tf
```

这条语句的作用是导入 TensorFlow 库，并赋予它一个别名——tf。按照惯例，人们通常都是以这种形式导入 TensorFlow 的，因为在使用该库中的各种函数时，输入 tf 要比输入完整的 tensorflow 容易得多。

接下来研究前两行变量赋值语句，代码如下。

```
a = tf.constant(5, name = "imput_a")
b = tf.constant(3, name = "input_b")
```

这里定义了 input 节点 a 和节点 b。语句第 1 次引用了 TensorFlow Operation：tf.constant()。各 Op

可接收 0 个或多个张量对象作为输入，并输出 0 个或多个张量对象。要创建一个 Op，可调用与其关联的 Python 构造方法，在本例中，tf.constant()创建了一个“常量” Op，它接收单个张量值，然后将同样的值输出给与其直接连接的节点。为方便起见，该函数自动将标量值 6 和 3 转换为张量对象。此外，还为这个构造方式传入了一个可选的字符串参数 name，用于对所创建的节点进行标识。如果暂时还无法充分理解什么是 Op，什么是张量对象，请不必担心，本章稍后会对这些概念进行详细介绍。代码如下。

```
c = tf.multiply(a, b, name = "mul_c" )
d = tf.add(a, b, name = "add_d")
```

这两个语句定义了数据流图中的另外两个节点，而且它们都使用了之前定义的节点 a 和 b。节点 c 使用了 tf.mul tiply，该 Op 接收两个输入，然后将它们的乘积输出。类似地，节点 d 使用了 tf.add，该 Op 可将它的两个输入之和输出。对于这些 Op，我们均传入了 name 参数（今后还将有大量此类用法）。请注意，无须对数据流图中的边进行定义，因为在 TensorFlow 中创建节点时已包含了相应的 Op 完成计算所需要的全部输入，TensorFlow 会自动绘制必要的连接，代码如下。

```
e = tf.add(c, d, name = "add_e")
```

最后的这行代码定义了数据流图的终点 e，它使用 tf.add 的方式与节点 d 是一致的。区别只在于它的输入来自节点 c 和节点 d，这与数据流图中的描述完全一致。

通过上述代码，便完成了第 1 个小规模数据流图的完整定义。如果在一个 Python 脚本或 Shell 中执行上述代码，虽然可以运行，但实际上却不会有任何实质性的结果输出。请注意，这只是整个流程的数据流图定义部分，要想体验一个数据流图的运行效果，还需在上述代码之后添加两行语句，以将数据流图终点的结果输出，代码如下。

```
sess = tf.Session()
sess.run(e)
```

如果正在某个交互环境中运行这些代码，如在 Python Shell 或 Jupyter/iPython Notebook 中，则可以看到输出 23。

下面通过一个练习来实践上述内容。在这个练习中，将实现第 1 个 TensorFlow 数据流图，运行它的各个部件，并初步了解极为有用的工具——TensorBoard。完成该练习后，将能够非常自如地构建基本的 TensorFlow 数据流图。

首先确保已成功安装 TensorFlow，并启动 Python 依赖环境（如果使用的话），如 Anaconda 、Virtualenv、Docker 等。此外，如果是从源代码安装 TensorFlow，请确保控制台的当前工作路径不同于 TensorFlow 的源文件夹，否则在导入该库时，Python 将会无所适从。现在，启动一个交互式 Python Session（既可通过 Shell 命令 jupyter notebook 使用 Jupyter Notebook，也可通过命令 Python 启动简易的 Python Shell）。如果有其他更好的方式交互地编写 Python 代码，也可放心地使用。

可将代码写入一个 Python 文件，然后以非交互方式运行，但运行数据流图所产生的输出在默认情况下是不会显示出来的。为了使所定义的数据流图的运行结果可见，同时获得 Python 解释器对输入的句法的即时反馈（如果使用的是 Jupyter Notebook），并能够在线修正错误和修改代码，强烈建议在交互式环境中完成这些例子。

首先需要加载 TensorFlow 库。可按照下列方式编写导入语句。

```
import tensorflow as tf
```

导入过程需要持续几秒，待导入完成后，交互式环境便会等待下一行代码的到来。如果安装了有 GPU 支持的 TensorFlow，可能还会看到一些输出信息，提示 CUDA 库已被导入。如果得到一条类似 cannot import name pywrap_tensorflow 的错误提示，请确保交互环境不是从 TensorFlow 的源文件夹启动。

而如果出现类似 No module named tensorflow 的错误提示，请复查 TensorFlow 是否被正确安装，如果使用的是 Anaconda 或 Virtualenv，请确保启动交互式 Python 软件时，TensorFlow 环境处于活动状态。请注意，如果运行了多个终端，则将只有一个终端拥有活动状态的 TensorFlow 环境。

假设上述导入语句在执行时没有遇到任何问题，则可进入下一部分代码。

```
a = tf.constant(5, name = "imput_a")
b = tf.constant(3, name = "input_b")
```

这与在上面看到的代码完全相同，可随意更改这些常量的数值或 name 参数。在本书中为了保持前后一致，笔者会始终使用相同的数值。

```
c = tf.multiply(a, b, name = "mul_c" )
d = tf.add(a, b, name = "add_d")
```

这样，代码中便有了两个实际执行某个数学函数的 Op。如果对使用 tf.multiply 和 tf.add 感到厌倦，不妨将其替换为 tf.sub、tf.div 或 tf.mod，这些函数分别执行的是减法、除法和取模运算。

tf.div 或执行整数除法，或执行浮点数除法，具体取决于所提供的输入类型。如果希望确保使用浮点数除法，请使用 tf.turediv。

接下来定义数据流图的终点，代码如下。

```
e = tf.add(c, d, name = "add_e")
```

在调用上述 Op 时，没有显示任何输出，这是因为这些语句只是在后台将一些 Op 添加到数据流图中，并无任何计算发生。为运行该数据流图，需要创建一个 TensorFlow Session 对象，代码如下。

```
sess = tf.Session()
```

Session 对象在运行时负责对数据流图进行监督，并且是运行数据流图的主要接口。如果希望运行自己的代码，必须定义一个 Session 对象。上述代码将 Session 对象赋给了变量 sess，以便后期能够对其进行访问。

tf.Session 有一个与之十分相近的变体——tf.InteractiveSession。tf.InteractiveSession 是专为交互式 Python 软件设计的（例如那些可能正在使用的环境），而且它采取了一些方法使运行代码的过程更加简便。不利的方面是在 Python 文件中编写 TensorFlow 代码时用处不大，而且它会将一些初学者应当了解的 TensorFlow 信息进行抽象。此外，它不能省去很多的按键次数。本书将始终使用标准的 tf.Session 类。

```
sess.run(e)
```

至此，终于可以看到运行结果了。执行完上述语句后，应当能够看到所定义的数据流图的输出。对于本练习中的数据流图，输出结果为 23。如果使用了不同的输入函数和输入值，则最终结果也可能不同。然而，这并非我们能做的全部，还可尝试着将数据流图中的其他节点传入 sess.run()函数，代码如下。

```
sess.run(c)
```

通过这个调用，应该能够看到中间节点 c 的输出（在本例中为 15）。TensorFlow 不会对所创建的数据流图做任何假设，程序并不会关心节点 c 是否为希望得到的输出。实际上，可对数据流图中的任意 Op 使用 run()函数。当将某个 Op 传入 sess.run()时，本质上是在通知 TensorFlow“这里有一个节点，我希望得到它的输出，请执行所有必要的运算来求取这个节点的输出”。可反复尝试该函数的使用，将数据流图中其他节点的结果输出。

还可将运行数据流图所得到的结果保存下来。下面将节点 e 的输出保存到一个名为 output 的 Python 变量中。

```
output = sess.run(e)
```

既然我们已经拥有了一个活动状态的 Session 对象，且数据流图已定义完毕，下面来对它进行可视化，以确认其结构与之前所绘制的数据流图完全一致。为此可使用 TensorBoard，它是随 TensorFlow 一起安装的。为利用 TensorBoard，需要在代码中添加以下语句。

```
writer = tf.summary.FileWriter('d:\Tensorboard\my_graph', sess.graph)
```

下面分析这行代码的作用。我们创建了一个 TensorFlow 的 SummaryWriter 对象，并将它赋值给变量 writer。虽然在本练习中不准备用 SummaryWriter 对象完成其他操作，但今后会利用它保存来自数据流图的数据和概括统计量，因此我们习惯将它赋值给一个变量。为对 SummaryWriter 对象进行初始化，我们传入了两个参数。第 1 个参数是一个字符串输出目录，即数据流图的描述在磁盘中的存放路径。在本例中，所创建的文件将被存放在一个名为 my_graph 的文件夹中，而该文件夹位于 d:\Tensorboard\路径下。我们传递给 SummaryWriter 构造方法的第 2 个参数是 Session 对象的 graph 属性。作为在 TensorFlow 中定义的数据流图管理器，tf.Session 对象拥有一个 graph 属性，该属性引用了它们所要追踪的数据流图。通过将该属性传入 SummaryWriter 构造方法，所构造的 SummaryWriter 对象便会将对该数据流图的描述输出到 my_graph 路径下。SummaryWriter 对象初始化完成后便会立即写入这些数据，因此一旦执行完这行代码，便可启动 TensorBoard。

回到终端，确保当前工作路径为 my_graph 文件夹所在目录（本例中为 d:\Tensorboard\，在此目录下应该能看到列出的 my_graph 路径），并输入下列命令。

```
tensorboard --logdir=my_graph
```

从控制台中，应该能够看到一些日志信息被打印出来，然后是消息 TensorBoard 1.7.0 at http:// localhost:6006 (Press CTRL+C to quit)（具体地址请参考个人机器终端提示）。刚才所做的是启动一个使用来自 my_graph 目录下的数据的 TensorBoard 服务器。默认情况下，TensorBoard 服务器启动后会自动监听端口 6006——要访问 TensorBoard，可打开浏览器并在地址栏输入 http:// localhost:6006，单击页面顶部的 GRAPHS 链接，将看到类似图 3-39 所示的页面。

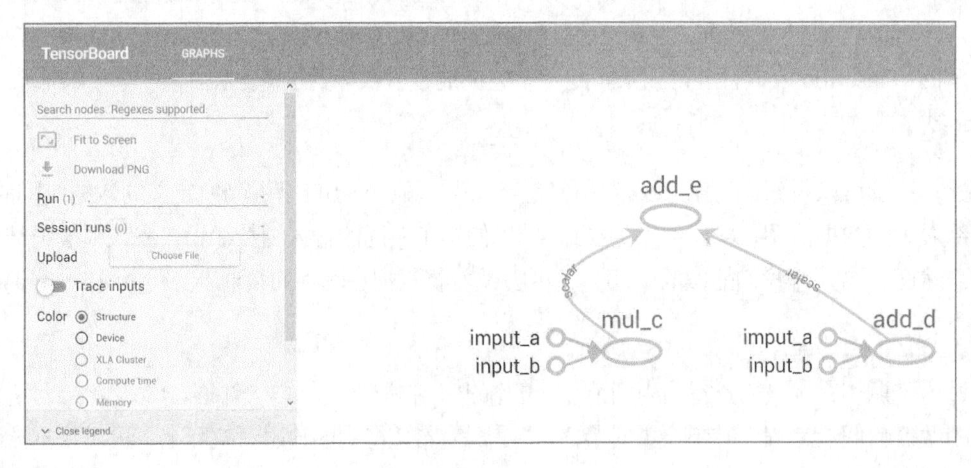

图 3-39

如果数据流图过小，则可通过在 TensorBoard 上向上滚动鼠标滚轮将其放大。可以看到，图 3-39 的每个节点都用传给每个 Op 的 name 参数进行了标识。如果单击这些节点，还会得到一些关于它们的信息，如它们依赖于哪些节点等。此时会发现输入节点 a 和 b 好像重复出现了，如果单击或将鼠标悬停在标签为 input_a 的任何一个节点，会发现两个节点同时高亮。这里的数据流图在外观上与之前所绘制的并不完全相同，但它们本质上是一样的，因为 input 节点不过是显示了两次而已。

现在已经正式地编写并运行了第 1 个 TensorFlow 数据流图，而且还在 TensorBoard 中对其进行了检查。要想更多地实践，可尝试在数据流图中添加更多节点，并试验一些之前介绍过的不同数学运算，然后添加少量 tf.constant 节点，运行所添加的不同节点，确保真正理解了数据在数据流图中的流动方式。

完成数据流图的构造之后，需要将 Session 对象和 SummaryWriter 对象关闭以释放资源并执行一些清理工作。

```
writer.close()
sess.close()
```

从技术角度讲，当程序运行结束后（若使用的是交互式环境，当关闭或重启 Python 内核时），Session 对象会自动关闭。尽管如此，笔者仍然建议显式关闭 Session 对象，以避免任何奇怪的边界用例出现。

下面给出本练习对应的完整 Python 代码。

```
import tensorflow as tf

a = tf.constant(5, name="input_a")
b = tf.constant(3, name="input_b")
c = tf.multiply(a, b, name="mul_c")
d = tf.add(a, b, name="add_d")
e = tf.add(c, d, name="add_e")
sess = tf.Session()
output = sess.run(e)
writer = tf.summary.FileWriter('d:\Tensorboard\my_graph', sess.graph)
writer.close()
sess.close()
```

3.4.2 张量思维

在学习数据流图的基础知识时，使用简单的标量值是很好的选择。在已经掌握了“数据流”的情况下，下面熟悉一下张量的概念。

如前所述，所谓张量，即 n 维矩阵的抽象。因此，1 维张量等价于向量，2 维张量等价于矩阵，对于更高维数的张量，可称“N 维张量”或“N 阶张量”。有了这一概念，便可对之前的示例数据流图进行修改，使其可使用张量，如图 3-40 所示。

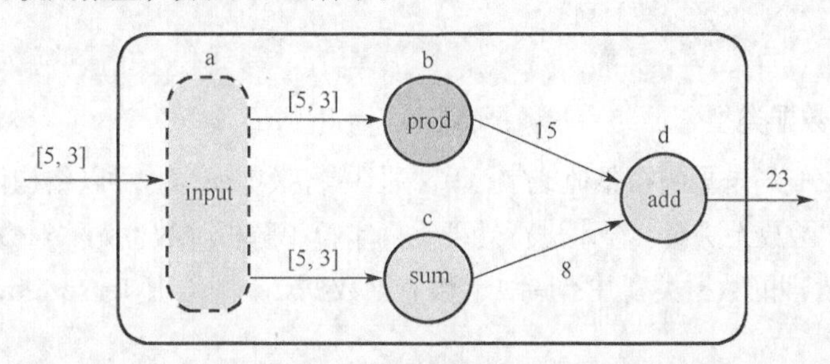

图 3-40

现在不再使用两个独立的输入节点，而是换成了一个可接收向量（或 1 阶张量）的节点。与之前的版本相比，这个新的流图有如下优点。

（1）客户只需将输入送给单个节点，简化了流图的使用。

（2）那些直接依赖于输入的节点现在只需追踪一个依赖节点，而非两个。

（3）这个版本的流图可接收任意长度的向量，从而使其灵活性大大增强。还可对这个流图施加一条严格的约束，如要求输入的长度必须为 2（或任何我们希望的长度）。

按下列方式修改之前的代码，便可在 TensorFlow 中实现这种变动。

```
import tensorflow as tf

a = tf.constant([5, 3], name="input_a")
b = tf.reduce_prod(a, name="prod_b")
c = tf.reduce_sum(a, name="sum_c")
d = tf.add(b, c, name="add_d")
```

除了调整变量名称外，主要改动还有以下两处。

（1）将原先分离的节点 a 和 b 替换为一个统一的输入节点（不止包含之前的节点 a）。传入一组数值后，它们会由 tf.constant 函数转化为一个 1 阶张量。

（2）之前只能接收标量值的乘法和加法 Op，现在可用 tf.reduce_prod()和 tf.reduce_sum()函数重新定义。当给定某个张量作为输入时，这些函数会接收其所有分量，然后分别将它们相乘或相加。

在 TensorFlow 中，所有在节点之间传递的数据都为张量对象。我们已经看到，TensorFlow Op 可接收标准 Python 数据类型，如整数或字符串，并将它们自动转化为张量。手工创建张量对象有多种方式（即无须从外部数据源读取），下面对其中一部分进行介绍。

注意：本书在讨论代码时，会不加区分地使用“张量”或“张量对象”。

1. Python 原生类型

TensorFlow 可接收 Python 数值、布尔值、字符串或由它们构成的列表。单个数值将被转化为 0 阶张量（或标量），数值列表将被转化为 1 阶张量（向量），由列表构成的列表将被转化为 2 阶张量（矩阵），以此类推。下面给出一些例子。

```
t_0 = 50                                   #视为 0 阶张量或标量
t_1 = [b"apple", b"peach", b"grape"]       #视为 1 阶张量或向量
t_2 = [[True, False, False],               #视为 2 阶张量或矩阵
      [False, False, True],
      [False, True, False]]
t_3 = [[[0, 0], [0, 1], [0, 2]],           #视为 3 阶张量
      [[1, 0], [1, 1], [1, 2]],
      [[2, 0], [2, 1], [2, 2]]]
……
```

2. TensorFlow 数据类型

到目前为止，我们尚未见到布尔值或字符串，但可将张量视为一种以结构化格式保存任意数据的方式。显然，数学函数无法对字符串进行处理，而字符串解析函数也无法对数值型数据进行处理，但 TensorFlow 所能处理的数据类型并不局限于数值型数据。下面给出 TensorFlow 中可用数据类型的完整清单，如表 3-2 所示。

表 3-2

数据类型（dtype）	描　述
tf.float32	32 位浮点数
tf.float64	64 位浮点数
tf.int8	8 位有符号整数
tf.int16	16 位有符号整数
tf.int32	32 位有符号整数
tf.int64	63 位有符号整数
tf.uint8	8 位无符号整数
tf.string	字符串（作为非 Unicode 编码的字节数组）
tf.bool	布尔型
tf.complex64	复数，实部和虚部分别为 32 位浮点数
tf.qint8	8 位有符号整数（用于量化 Op）
tf.qint32	32 位有符号整数（用于量化 Op）
tf.quint8	8 位无符号整数（用于量化 Op）

利用 Python 类型指定张量对象既容易又快捷，且对为一些想法提供原型非常有用。然而，很不幸，这种方式也会带来无法忽视的不利方面。TensorFlow 有数量极为庞大的数据类型可供使用，但基本的 Python 类型缺乏对有些数据类型的种类进行明确声明的能力。因此，TensorFlow 需要推断你期望的是何种数据类型。对于某些类型，如字符串，推断过程是非常简单的，但对于其他类型，则可能完全无法做出推断。例如，在 Python 中，所有整数都具有相同的类型，但 TensorFlow 却有 8 位、16 位、32 位和 64 位整数类型之分。当将数据传入 TensorFlow 时，虽有一些方法可将数据转化为恰当的类型，但某些数据类型仍然可能难以正确地声明，如复数类型。因此，更常见的做法是借助 NumPy 数组手工定义张量对象。

3. NumPy 数组

TensorFlow 与专为操作 *N* 维数组而设计的科学计算软件包 NumPy 是紧密集成在一起的。如果之前没有使用过 NumPy，这里强烈推荐你从大量可用的入门材料和文档中选择一些进行学习，因为它已成为数据科学的通用语言。TensorFlow 的数据类型是基于 NumPy 的数据类型的。实际上，语句 np.int32==tf.int32 的结果为 True。任何 NumPy 数组都可传递给 TensorFlow Op，而且其美妙之处在于可以用最小的代价轻易地指定所需的数据类型。

对于字符串数据类型，有一个“特别之处”需要注意。对于数值类型和布尔类型，TenosrFlow 和 NumPy dtype 属性是完全一致的。然而，在 NumPy 中并无与 tf.string 精确对应的类型，这是由 NumPy 处理字符串的方式决定的。也就是说，TensorFlow 可以从 NumPy 中完美地导入字符串数组，只是不要在 NumPy 中显式指定 dtype 属性。

有一个好处是，在运行数据流图之前或之后，都可以利用 NumPy 库的功能，因为从 Session.run 方法所返回的张量均为 NumPy 数组。下面模仿之前的例子，给出一段用于演示创建 NumPy 数组的示例代码。

```
import numpy as np  #不要忘记导入 Numpy

#元素类型为 32 位整数的 0 阶张量
t_0 = np.array(50, dtype=np, int32)
```

```
#元素为字节字符串类型的 1 阶张量
#注意：在 Numpy 中使用字符串时，不要显示指定 dtype 属性
t_1 = np.array([b"apple", b"peach", b"grape"])

#元素为布尔型的 1 阶张量
t_2 = np.array([[True, False, False],
                [False, False, True],
                [False, True, False]],
                dtype=np.boo

#元素为 64 位整数的 3 阶张量
t_3 = np.array([[[0, 0], [0, 1], [0, 2]],
               [[1, 0], [1, 1], [1, 2]],
               [[2, 0], [2, 1], [2, 2]]]
dtype = np.int64)
……
```

虽然 TensorFlow 是为理解 NumPy 原生数据类型而设计的，但反之不然。请不要尝试用 tf.int32 去初始化一个 NumPy 数组。从技术角度讲，NumPy 也能够自动检测数据类型，但强烈建议养成显式声明张量对象的数值属性的习惯，因为当处理的流图规模较大时，不用逐一排查到底是哪些对象导致了 TypeMis-matchError！当然，有一个例外，那就是当处理字符串时——创建字符串张量对象时，请勿指定 dtype 属性。手工指定张量对象时，使用 NumPy 是推荐的方式。

3.4.3 张量的形状

在整个 TensorFlow 库中，会经常看到一些引用了某个张量对象的 shape 属性的函数和 Op。这里的 Shape 是 TensorFlow 的专有术语，它同时刻画了张量的维（阶）数以及每 1 维的长度。张量的形状可以是包含有序整数集的列表（list）或元组（tuple）：列表中元素的数量与维数一致，且每个元素描述了相应维度上的长度。例如，列表[2，3]描述了一个 2 阶张量的形状，其第 1 个维度上的长度为 2，第 2 个维度上的长度为 3。注意，无论元组，还是列表，都可用于定义张量的形状。下面通过更多的例子来说明这一点。

```
#指定 0 阶张量（标量）的形状
#例如，任意整数 7、1、3、4 等
s_0_list = []
s_0_tuple = ()

#刻画了一个长度为 3 的向量的形状
#例如[1, 2, 3]
s_1 = [3]

#刻画了一个 3*2 矩阵的形状
#例如[[1, 2],
#   [3, 4,],
#   [5, 6]]
s_2 = (3, 2)
```

除了能够将张量的每 1 维指定为固定长度，也可将 None 作为某 1 维的值，使该张量具有可变长

度。此外，将形状指定为 None（而非使用包含 None 的列表或元组）将通知 TensorFlow 允许一个张量为任意形状，即张量可拥有任意维数，且每 1 维都可具有任意长度。

```
#具有任意长度的向量的形状
s_1_flex = [None]

#行数任意、列数为 3 的矩阵的形状
s_2_flex = (None, 3)

#第 1 维上长度为 2，第 2 维和第 3 维上长度任意的 3 阶张量
s_3_flex = [2, None, None]

#形状可为任意值的张量
s_any = None
如果需要在数据流图的中间获取某个张量的形状，可以使用 tf.shape Op。
它的输入为希望获取其形状的张量对象，输出为一个 int32 类型的向量
import tensorflow as tf

#创建某种类型的神秘张量

#获取上述张量的形状
shape = tf.shape(mystery_tensor, name="mystery_shape")
```

请记住，与其他 Op 一样，tf.shape 只能通过 Session 对象得到执行。

再次提醒：张量只是矩阵的一个超集。

3.4.4 TensorFlow 的 Op

TensorFlow Op，是一些对（或利用）张量对象执行运算的节点。计算完毕后，它们会返回 0 个或多个张量，可在以后为数据流图中的其他 Op 所使用。为创建 Op，需要在 Python 中调用其构造方法。调用时，需要传入计算所需的所有张量参数（称为输入）以及为正确创建 Op 的任何附加信息（称为属性）。Python 构造方法将返回一个指向所创建 Op 的输出（0 个或多个张量对象）的句柄。能够传递给其他 Op 或 Session.run 的输出如下。

```
import tensorflow as tf
import numpy as np

#初始化一些计算中需要使用的张量
a = np.array([2, 3], dtype=np.int32)
b = np.array([4, 5], dtype=np.int32)

#利用 tf.add()初始化一个“add”Op
#变量 c 为指向该 Op 输出的张量对象的句柄
c = tf.add(a, b)
```

无输入、无输出的运算意味着从技术角度讲，有些 Op 既无任何输入，也无任何输出。Op 的功能并不只限于数据运算，它还可用于如状态初始化这样的任务。本章将回顾一些这样的非数学 Op，但请记住，并非所有节点都需要与其他节点连接。

除了输入和属性外，每个 Op 构造方法都可接收一个字符串参数——name，作为其输入。在上面

的练习中已经了解到，通过提供 name 参数，可用描述性字符串来指代某个特定 Op。

```
c = tf.add(a, b, name="my_add_op")
```

在这个例子中，我们为加法 Op 赋予了名称——my_add_op，这样便可在使用如 TensorBoard 等工具时引用该 Op。

如果希望在一个数据流图中对不同 Op 复用相同的 name 参数，则无须为每个 name 参数手工添加前缀或后缀，只需利用 name_scope 以编程的方式将这些运算组织在一起便可。在本章最后的练习中，将简要介绍名称作用域（name scope）的基础知识。

TensorFlow 还对常见数学运算符进行了重载，以使乘法、加法、减法以及其他常见运算更加简洁。如果运算符有一个或多个参数（操作对象）为张量对象，则会有一个 TensorFlow Op 被调用，并被添加到数据流图中。例如，可按照下列方式实现两个张量的加法。

```
#假设 a 和 b 均为张量对象，且形状匹配
c = a + b
```

下面给出可用于张量的重载运算符的完整清单，详见表 3-3 和表 3-4，其中表 3-4 为二元运算符。

表 3-3

运算符	相关 TensorFlow 运算	描述
–x	tf.neg()	返回 x 中每个元素的相反数
~x	tf.logical_not()	返回 x 中每个元素的逻辑非。只适用于 dtype 为 tf.bool 的张量对象
abs(x)	tf.abs()	返回 x 中每个元素的绝对值

表 3-4

运算符	相关 TensorFlow 运算	描述
x+y	tf.add()	将 x 和 y 逐元素相加
x-y	tf.sub()	将 x 和 y 逐元素相减
x*y	tf.mul()	将 x 和 y 逐元素相乘
x/y(Python 2.x)	tf.div()	给定整数张量时，执行逐元素的整数除法；给定浮点型张量时，将执行浮点数（“真正的”）除法
x/y(Python 3.x)	tf.truediv()	逐元素的浮点数除法（包括分子分母为整数的情形）
x//y(Python 3.x)	tf.floordiv()	逐元素的向下取整除法，不返回余数
x%y	tf.mod()	逐元素取模
x**y	tf.pow()	逐一计算 x 中的每个元素为底数，y 中相应元素为指数时的幂
x<y	tf.less()	逐元素地计算 x<y 的真值表
x<=y	tf.less_equal()	逐元素地计算 x≤y 的真值表
x>y	tf.greater()	逐元素地计算 x>y 的真值表
x>=y	tf.greater_equal()	逐元素地计算 x≥y 的真值表
x&y	tf.logical_and()	逐元素地计算 x&y 的真值表，每个元素的 dtype 属性必须为 tf.bool
x|y	tf.logical_or()	逐元素地计算 x|y 的真值表，每个元素的 dtype 属性必须为 tf.bool
x^y	tf.logical_xor()	逐元素地计算 x^y 的真值表，每个元素的 dtype 属性必须为 tf.bool

利用这些重载运算符可快速地对代码进行整合，但无法为这些 OP 指定 name 值。如果需要为 Op 指定 name 值，请直接调用 TensorFlow Op。

从技术角度讲，“==”运算符也被重载了，但它不会返回一个布尔型的张量对象。它所判断的是两个张量对象名是否引用了同一个对象，若是，则返回 True；否则，返回 False。这个功能主要是在 TensorFlow 内部使用。如果希望检查张量值是否相同，请使用 tf.equal()。

3.4.5　TensorFlow 的 Graph 对象

到目前为止，我们对数据流图的了解仅限于在 TensorFlow 中无处不在的某种抽象概念，而且对于开始编码时 Op 如何自动依附于某个数据流图并不清楚。既然已经接触了一些例子，下面来研究 TensorFlow 的 Graph 对象，学习如何创建更多的数据流图，以及如何让多个流图协同工作。

创建 Graph 对象的方法非常简单，它的构造方法不需要接收任何参数，代码如下。

```
import tensorflow as tf

#创建一个新的数据流图
g = tf.Graph()
```

Graph 对象初始化完成后，便可利用 Graph.as_default()方法访问其上下文管理器，为其添加 Op。结合 with 语句，可利用上下文管理器通知 TensorFlow 需要将一些 Op 添加到某个特定 Graph 对象中，代码如下。

```
with g.as_default():
#像往常一样创建一些 Op；它们将被添加到 Graph 对象 g 中
a = tf.multiply(2, 3)
...
```

为什么在上面的例子中不需要指定将 Op 添加到哪个 Graph 对象？原因是这样的：为方便起见，当 TensorFlow 库被加载时，它会自动创建一个 Graph 对象，并将其作为默认的数据流图。因此，在 Graph.as_default()上下文管理器之外定义的任何 Op、张量对象都会自动放置在默认的数据流图中。

```
#放置在默认数据流图中
in_default_graph = tf.add(1, 2)

#放置在数据流图 g 中
with g.as_default():
in_graph_g = tf.multiply(2, 3)

#由于不在 with 语句块中，下面的 Op 将放置在默认数据流图中
also_in_default_graph = tf.sub(5, 1)
```

如果写获得默认数据流图的句柄，可使用 tf.get_default_graph()函数，代码如下。

```
default_graph = tf.get_defalt_graph()
```

在大多数 TensorFlow 程序中，只使用默认数据流图就足够了。然而，如果需要定义多个相互之间不存在依赖关系的模型，则创建多个 Graph 对象十分有用。当需要在单个文件中定义多个数据流图时，最佳实践是不使用默认数据流图，或为其立即分配句柄。这样可以保证各节点按照一致的方式添加到每个数据流图中。

（1）正确的实践——创建新的数据流图，将默认数据流图忽略，代码如下。

```
import tensorflow as tf

g1 = tf.Graph()
g2 = tf.Graph()
```

```
with g1.as_default():
    #定义 g1 中的 Op、张量等
    ...

with g2.as_default():
```

（2）正确的实践——获取默认数据流图的句柄，代码如下。

```
import tensorflow as tf

g1 = tf.get_default_graph()
g2 = tf.Graph()

with g1.as_default():
    #定义 g1 中的 Op、张量等
    ...

with g2.as_default():
    #定义 g2 中的 Op、张量等
    ...
```

（3）错误的实践——将默认数据流图和用户创建的数据流图混合使用，代码如下。

```
import tensorflow as tf

g2 = tf.Graph()

#定义默认数据流图的 Op，张量等
...

with g2.as_default():
    #定义 g2 中的 Op、张量等
    ...
```

此外，从其他 TensorFlow 脚本中加载之前定义的模型，并利用 Graph.as_graph_def()和 tf.import_graph_def()函数将其赋给 Graph 对象也是可行的。这样，用户便可在同一个 Python 文件中计算和使用若干个独立模型的输出。

3.4.6 TensorFlow 的 Session

在之前的练习中，我们曾经介绍过 Session 类负责数据流图的执行。构造方法 tf.Session()接收 3 个可选参数。

.target 指定了所要使用的执行引擎。对于大多数应用，该参数为默认的空字符串。在分布式设置中使用 Session 对象时，该参数用于连接不同的 tf.train.Server 实例。

.graph 参数指定了将要在 Session 对象中加载的 Graph 对象，其默认值为 None，表示将使用当前默认数据流图。当使用多个数据流图时，最好的方式是显式传入希望运行的 Graph 对象（而非在一个 with 语句块内创建 Session 对象）。

.config 参数允许用户指定配置 Session 对象所需的选项，如限制 CPU 或 GPU 的使用数目，为数据流图设置优化参数及日志选项等。

在典型的 TensorFlow 程序中，创建 Session 对象时无须改变任何默认构造参数。

```
import tensorflow as tf
```

```
#创建 Op、张量对象等（使用默认数据流图）
a = tf.add(2, 5)
b = tf.multiply(a, 3)

#利用默认数据流图启动一个 Session 对象
sess = tf.Session()
```

注意，下列两种调用方式是等价的。

```
sess = tf.Session()
sess = tf.Session(graph=tf.get_default_graph())
```

一旦创建完 Session 对象，便可利用其主要的方法 run()来计算所期望的张量对象的输出。

```
sess.run(b)    #返回 21
```

Session.run()方法接收一个参数 fetches，以及其他 3 个可选参数：feed_dict、options 和 run_metadata。本书不打算对 options 和 run_metadata 进行介绍，因为它们尚处在实验阶段（因此以后很可能会有变动），且目前用途非常有限，但理解 feed_dict 非常重要，下文将对其进行讲解。

1. fetches 参数

fetches 参数接收任意的数据流图元素（Op 或张量对象），后者指定了用户希望执行的对象。如果请求对象为张量对象，则 run()的输出将为一 NumPy 数组；如果请求对象为一个 Op，则输出将为 None。

在上面的例子中，将 fetches 参数取为张量 b（tf.mul Op 的输出）。TensorFlow 便会得到通知，Session 对象应当找到为计算 b 的值所需的全部节点，顺序执行这些节点，然后将 b 的值输出。我们还可传入一个数据流图元素的列表：

```
sess.run([a, b])    #返回[7, 21]
```

当 fetches 为一个列表时，run()的输出将为一个与所请求的元素对应的值的列表。在本例中，请求计算 a 和 b 的值，并保持这种次序。由于 a 和 b 均为张量，因此会接收到作为输出的它们的值。

2. feed_dict 参数

参数 feed_dict 用于覆盖数据流图中的张量对象值，它需要 Python 字典对象作为输入。字典中的“键”为指向应当被覆盖的张量对象的句柄，而字典的“值”可以是数字、字符串、列表或 NumPy 数组。这些“值”的类型必须与张量的“键”相同，或能够转换为相同的类型。下面通过一些代码来展示如何利用 feed_dict 重写之前的数据流图中 a 的值。

```
import tensorflow as tf

#创建 Op、Tendsor 对象等（使用默认数据流图）
a = tf.add(2, 5)
b = tf.multiply(a, 3)

#利用默认数据流图启动一个 Session 对象
sess = tf.Session()

#定义一个字典，比如将 a 的值替换为 15
replace_dict = {a: 15}

#运行 Session 对象，将 replace_dict 赋给 feed_dict
sess.run(b, feed_dict=replace_dict)  #返回 45
```

请注意，即便 a 的计算结果通常为 7，我们传给 feed_dict 的字典也会将它替换为 15。在相当多的场合中，feed_dict 都极为有用。由于张量的值是预先提供的，数据流图不再需要对该张量的任何普通依赖节点进行计算。这意味着如果有一个规模较大的数据流图，并希望用一些虚构的值对某些部分进行测试，TensorFlow 将不会在不必要的计算上浪费时间。对于指定输入值，feed dict 也十分有用，在稍后的占位符一节中我们将对此进行介绍。

Session 对象使用完毕后，需要调用其 close()方法将不再需要的资源释放。

```
#创建 Session 对象
sess = tf.Session()

#运行该数据流图，写入一些概论统计量等
...

#关闭数据流图，释放资源
sess.close()
```

或者，也可以将 Session 对象作为上下文管理器加以使用，这样当代码离开其作用域后，该 Session 对象将自动关闭：

```
with tf.Session() as sess:
    #运行数据流图，写入概论统计量等
    ...

#Session 对象自动关闭
```

也可利用 Session 类的 as_default()法将 Session 对象作为上下文管理器加以使用。类似于 Graph 对象被某些 Op 隐式使用的方式，可将一个 Session 对象设置为可被某些函数自动使用。这些函数中最常见的有 Operation.run()和 Tensor.eval()，调用这些函数相当于将它们直接传入 Session.run()函数。

```
#定义简单的常量
a = tf.constant(5)
#创建一个 Session 对象
sess = tf.Session()

#在 with 语句块中将该 Session 对象作为默认 Session 对象
with sess.as_default():
    a.eval()

#必须手工关闭 Session 对象
sess.close()
```

关于 InteractiveSession 进行进一步讨论。

在本书之前的章节中，我们提到 InteractiveSession 是另外一种类型的 TensorFlow Session，但我们不打算使用它。InteractiveSession 对象所做的全部内容是在运行时将其作为默认 Session，这在使用交互式 Python Shell 的场合是非常方便的，因为可使用 a.eval()或 a.run()，而无须显式输入 sess.run([a])。然而，如果需要同时使用多个 Session，则事情会变得有些麻烦。可以发现在运行数据流图时，如果能够保持一致的方式，将会使调试变得更容易，因此我们坚持使用常规的 Session 对象。

既然已对运行数据流图有了切实的理解，下面来探讨如何恰当地指定输入节点，并结合它们来使用 feed_dict。

3.4.7 输入与占位符

之前定义的数据流图并未使用真正的“输入”，它总是使用相同的数值 5 和 3。我们真正希望做的是从客户那里接收输入值，这样便可对数据流图中所描述的变换以各种不同类型的数值进行复用，借助“占位符”可达到这个目的。正如其名称所预示的那样，占位符的行为与张量对象一致，但在创建时无须为它们指定具体的数值。它们的作用是为运行时即将到来的某个张量对象预留位置，因此实际上变成了“输入”节点。利用 tf.placeholder Op 可创建占位符。

```
import tensorflow as tf
import numpy as np

#创建一个长度为 2、数据类型为 int32 的占位向量
a = tf.placeholder(tf.int32, shape=[2], name="my_input")

#将该占位向量视为其他任意张量对象，加以使用
b = tf.reduce_prod(a, name="prod_b")
c = tf.reduce_sum(a, name="sum_c")

#完成数据流图的定义
d = tf.add(b, c, name="add_d")
```

调用 tf.placeholder()时，dtype 参数是必须指定的，而 shape 参数可选。

.dtype 指定了将传给该占位符的值的数据类型。该参数是必须指定的，因为需要确保不出现类型不匹配的错误。

.shape 指定了所要传入的张量对象的形状。请参考前文中对张量形状的讨论。shape 参数的默认值为 None，表示可接收任意形状的张量对象。

与任何 Op 一样，也可在 tf.placeholder 中指定一个 name 标识符。

为了给占位符传入一个实际的值，需要使用 Session.run()中的 feed_dict 参数。我们将指向占位符输出的句柄作为字典（在上述代码中，对应变量 a）的“键”，而将希望传入的张量对象作为字典的“值”。

```
#定义一个 TensorFlow Session 对象
sess = tf.Session()

#创建一个将传给 feed_dict 参数的字典
#键：‘a’，指向占位符输出张量对象的句柄
#值：一个值为[5, 3]、类型为 int32 的向量
input_dict = {a: np.array([5, 3], dtype=np.int32)}

#计算 d 的值，将 input_dict 的“值”传给 a
sess.run(d, feed_dict=input_dict)
```

必须在 feed_dict 中为待计算的节点的每个依赖占位符包含一个键值对。在上面的代码中，需要计算 d 的输出，而它依赖于 a 的输出。如果还定义了一些 d 不依赖的其他占位符，则无须将它们包含在 feed_dict 中。

Placeholder 的值是无法计算的，如果试图将其传入 Session.run()，将会引发一个异常。

3.4.8 Variable 对象

1. 创建 Variable 对象

张量对象和 Op 对象都是不可变的（immutable），但机器学习任务的本质决定了需要一种机制保存随时间变化的值。借助 TensorFlow 中的 Variable 对象，便可达到这个目的。Variable 对象包含了在对 Session.run()多次调用中可持久化的可变张量值。Variable 对象的创建可通过 Variable 类的构造方法 tf.Variable()完成。

```
import tensorflow as tf

#为 Variable 对象传入一个初始值 3
my_var = tf.Variable(3, name="my_variable")
```

Variable 对象可用于任何可能会使用张量对象的 TensorFlow 函数或 Op 中，其当前值将传给使用它的 Op。

```
add = tf.add(5, my_var)
mul = tf.multiply(8, my_var)
```

Variables 对象的初值通常是全 0、全 1 或用随机数填充的阶数较高的张量。为使创建具有这些常见类型初值的张量更加容易，TensorFlow 提供了大量辅助 Op，如 tf.zeros()、tf.ones()、tf.random_normal()和 tf.random_uniform()，每个 Op 都接收一个 shape 参数，以指定所创建张量对象的形状。

```
#2×2 的零矩阵
zeros = tf.zeros([2, 2])

#长度为 6 的全 1 向量
ones = tf.ones([6])

#3×3×3 的张量，其元素服从 0～10 的均匀分布
uniform = tf.random_uniform([3, 3, 3], minval=0, maxval=10)

#3×3×3 的张量，其元素服从 0 均值，标准差为 2 的正态分布
normal = tf.random_normal([3, 3, 3], mean=0.0, stddev=2.0)
```

除了 tf.random_normal()外，还经常会看到人们使用 tf.truncated_normal()，因为它不会创建任何偏离均值超过两倍标准差的值，从而可以防止有一个或两个元素与该张量中的其他元素显著不同的情况出现。

```
#该张量对象不会返回任何小于 3.0 或大于 7.0 的值
trunc = tf.truncated_normal([2, 2], mean = 5.0, stddev = 1.0)
```

可像手工初始化张量那样将这些 Op 作为 Variable 对象的初值传入。

```
#默认均值为 0，默认标准差为 1.0
random_var = tf.Variable(tf.truncated_normal([2, 2]))
```

2. Variable 对象的初始化

Variable 对象与大多数其他 TensorFlow 对象在 Graph 中存在的方式都比较类似，但它们的状态实际上是由 Session 对象管理的。因此，为使用 Variable 对象，需要采取一些额外的步骤——必须在一个 Session 对象内对 Variable 对象进行初始化。这样会使 Session 对象开始追踪这个 Variable 对象的值

的变化。Variable 对象的初始化通常是通过将 tf.global_variables_initializer() Op 传给 Session.run()完成的，代码如下。

```
init = tf.global_variables_initializer()
sess = tf.Session()
sess.run(init)
```

如果只需要对数据流图中定义的一个 Variable 对象子集初始化，可使用 tf.initialize_ variables()。该函数可接收一个要进行初始化的 Variable 对象列表，代码如下。

```
var1 = tf.Variable(0, name="initialize_me")
var2 = tf.Variable(1, name="no_initialization")
init = tf.global_variables_initializer()
sess = tf.Session()
sess.run(init)
```

3. Variable 对象的修改

要修改 Variable 对象的值，可使用 Variable.assign()方法。该方法的作用是为 Variable 对象赋予新值。请注意，Variable.assign()是一个 Op，要使其生效必须在一个 Session 对象中运行，代码如下。

```
#创建一个初值为 1 的 Variable 对象
my_var = tf.Variable(1)

#创建一个 Op，使其在每层运行时都将该 Variable 对象乘以 2
my_var_times_two = my_var.assign(my_var * 2)

#初始化 Op
init = tf.global_variables_initializer()

#启动一个会话
sess = tf.Session()

#初始化 Variable 对象
sess.run(init)

#将 Variable 对象乘以 2，并将其返回
sess.run(my_var_times_two)
##输出：2

#再次相乘
sess.run(my_var_times_two)
##输出：4

#再次相乘
sess.run(my_var_times_two)
##输出：8
```

对于 Variable 对象的简单自增和自减，TensorFlow 提供了 Variable.assign_add()方法和 Variable.assign_sub()方法，代码如下。

```
#自增 1
sess.run(my_var.assign_add(1))
#自减 1
sess.run(my_var.assign_sub(1))
```

由于不同 Session 对象会各自独立地维护 Variable 对象的值，因此每个 Session 对象都拥有自己的在 Graph 对象中定义的 Variable 对象的当前值，代码如下。

```
#创建一些 Op
my_var = tf.Variable(0)
init = tf.global_variables_initializer()
#启动两个 Session 对象
sess1 = tf.Session()
sess2 = tf.Session()
#在 sess1 内对 Variable 对象进行初始化，以及在同一 Session 对象中对 my_var 的值自增
sess1.run(init)
sess1.run(my_var.assign_add(5))
##输出：5
#在 sess2 内做相同的运算，但使用不同的自增值
sess2.run(init)
sess2.run(my_var.assign_add(2))
##输出：2
#能够在不同的 Session 对象中独立地对 Variable 对象的值实施自增运算
sess1.run(my_var.assign_add(5))
##输出：10
sess2.run(my_var.assign_add(2))
##输出：4
```

如果希望将所有 Variable 对象的值重置为初始值，则只需再次调用 tf.global_variables_initializer()（如果只希望对部分 Variable 对象重新初始化，可调用 tf.initialize_variables()），代码如下。

```
#创建 Op
my_var = tf.Variable(0)
init = tf.global_variables_initializer()
#启动 Session 对象
sess = tf.Session()
#对 Variable 对象进行初始化
sess.run(init)
#修改 Variable 对象的值
sess.run(my_var.assign_add(10))
#将 Variable 对象的值重置为其初始值 0
sess.run(init)
```

4. trainable 参数

在本书的后续章节将介绍各种能够自动训练机器学习模型的 Optimizer 类，这意味着这些类将自动修改 Variable 对象的值，而无须显式做出请求。在大多数情况下，这与读者的期望一致，但如果要求 Graph 对象中的一些 Variable 对象只可手工修改，而不允许使用 Optimizer 类时，可在创建这些 Variable 对象时将其 trainable 参数设为 False。

```
not_trainable = tf.Variable(0, trainable = False)
```

对于迭代计数器或其他任何不涉及机器学习模型计算的 Variable 对象，通常都需要这样设置。

3.5 通过名称作用域组织数据流图

现在开始介绍构建任何 TensorFlow 数据流图所必需的核心构件。到目前为止，我们只接触了包

含少量节点和阶数较小的张量的非常简单的数据流图，但现实世界中的模型往往会包含几十或上百个节点，以及数以百万计的参数。为使这种级别的复杂性可控，TensorFlow 当前提供了一种帮助用户组织数据流图的机制——名称作用域。

名称作用域非常易于使用，且在用 TensorBoard 对 Graph 对象可视化时极有价值。本质上，名称作用域允许将 Op 划分到一些较大的、有名称的语句块中。当以后用 TensorBoard 加载数据流图时，每个名称作用域都将对其自己的 Op 进行封装，从而获得更好的可视化效果。名称作用域的基本用法是将 Op 添加到 with tf.name_scope（<name>）语句块中，代码如下。

```
import tensorflow as tf

with tf.name_scope("Scope_A"):
    a = tf.add(1, 2, name="A_add")
    b = tf.multiply(a, 3, name="A_mul")

with tf.name_scope("Scope_B"):
    c = tf.add(4, 5, name="B_add")
    d = tf.multiply(c, 6, name="B_mul")

e = tf.add(b, d, name="output")
```

为了在 TensorBoard 中看到这些名称作用域的效果，可打开一个 SummaryWriter 对象，并将 Graph 对象写入磁盘，代码如下。

```
writer = tf.summary.FileWriter('d:\Tensorboard\\name_scope_1',
 graph = tf.get_default_graph())
writer.close()
```

由于 SummaryWriter 对象会将数据流图立即导出，因此可运行完上述代码便启动 TensorBoard。导航到运行上述脚本的路径，并启动 TensorBoard，代码如下。

```
tensorboard -logdir = name_scope_1
```

与之前一样，上述命令将会在用户的本地计算机启动一个端口号为 6006 的 TensorBoard 服务器。打开浏览器，并在地址栏键入 localhost:6006，导航至 GRAPHS 标签页，用户将看到图 3-41 所示的结果。

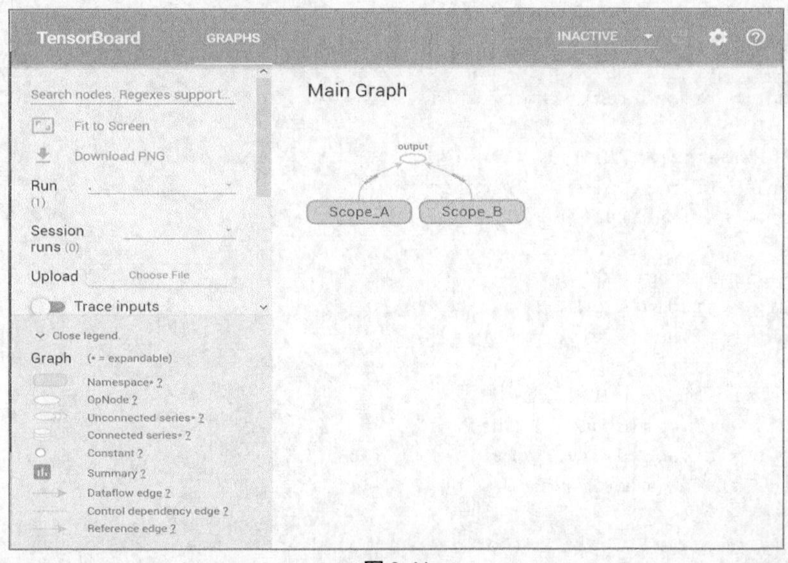

图 3-41

我们添加到该数据流图中的 add 和 mul Op 并未立即显示出来，所看到的是涵盖它们的名称作用域。可通过单击位于它们右上角的“+”图标将名称作用域的方框展开，如图 3-42 所示。

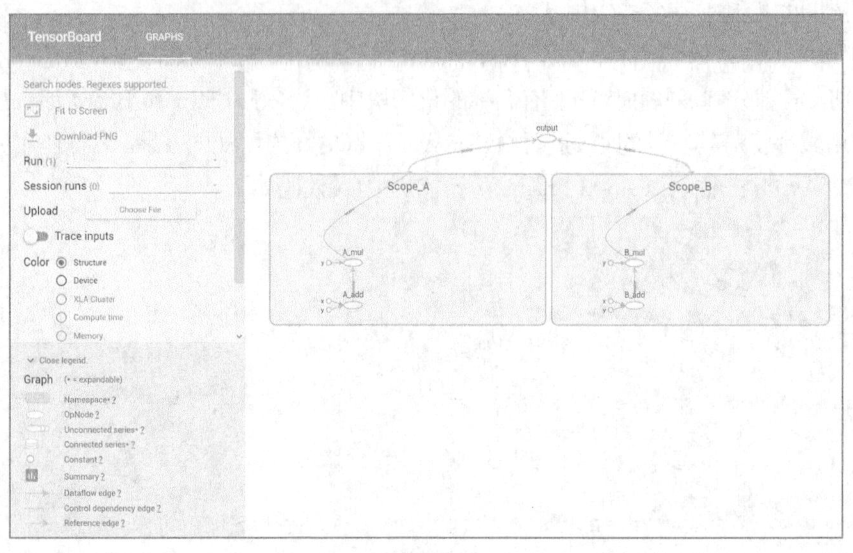

图 3-42

在每个名称作用域内，可看到已经添加到该数据流图中的各个 Op，也可将名称作用域嵌入在其他名称作用域内，代码如下。

```
import tensorflow as tf

graph = tf.Graph()

with graph.as_default():
   in_1 = tf.placeholder(tf.float32, shape=[], name="input_a")
   in_2 = tf.placeholder(tf.float32, shape=[], name="input_b")
   const = tf.constant(3, dtype=tf.float32, name="static_value")

with tf.name_scope("Transformation"):
   with tf.name_scope("A"):
      A_mul = tf.multiply(in_1, const)
      A_out = tf.subtract(A_mul, in_1)

   with tf.name_scope("B"):
      B_mul = tf.multiply(in_2, const)
      B_out = tf.subtract(B_mul, in_2)

   with tf.name_scope("C"):
      C_div = tf.div(A_out, B_out)
      C_out = tf.add(C_div, const)

   with tf.name_scope("D"):
      D_div = tf.div(B_out, A_out)
      D_out = tf.add(D_div, const)
      out = tf.maximum(C_out, D_out)

writer = tf.summary.FileWriter("d:\\tensorboard\\name_scope_2", graph=graph)
writer.close()
```

上述代码并未使用默认的 Graph 对象，而是显式创建了一个 tf.Graph 对象。下面重新审视这段代码，并聚焦于名称作用域，了解其组织方式，代码如下。

```
graph = tf.Graph()

with graph.as_default():
    in_1 = tf.placeholder(...)
    in_2 = tf.placeholder(...)
    const = tf.constant(...)

with tf.name_scope("Transformation"):
    with tf.name_scope("A"):
        #接收 in_1，输出一些值
        ...

    with tf.name_scope("B"):
        #接收 in_1，输出一些值
        ...

    with tf.name_scope("C"):
        #接收 A 和 B 的输出，输出一些值
        ...

    with tf.name_scope("C"):
        #接收 A 和 B 的输出，输出一些值
        ...
        #获取 C 和 D 的输出
        out = tf.maximum(C_out, D_out)
```

现在对上述代码进行分析就更加容易。这个模型拥有两个标量占位节点作为输入，一个是 TensorFlow 常量，一个是名为 Transformation 的中间块，以及一个使用 tf.maximum()作为其 Op 的最终输出节点。可在 TensorBoard 内看到这种高层的表示，如图 3-43 所示。

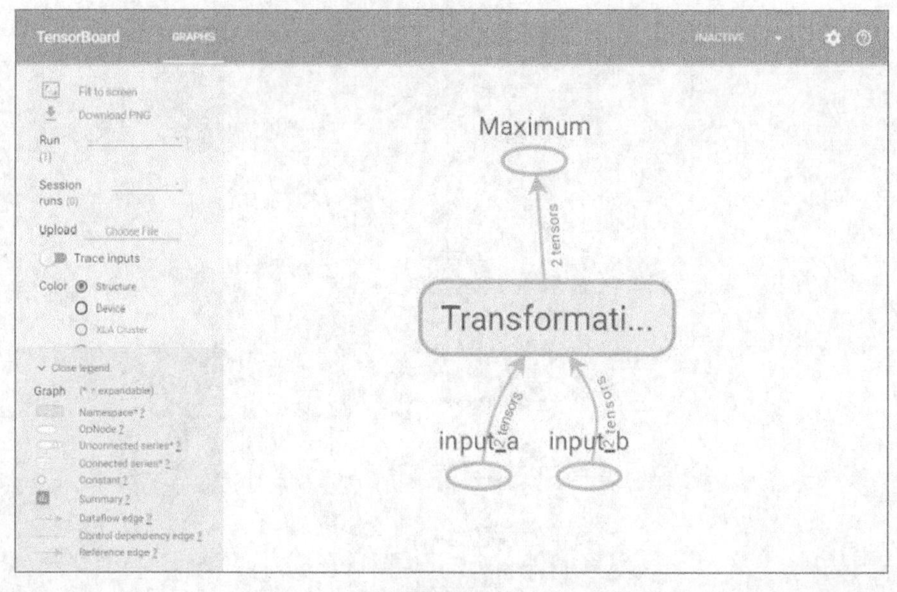

图 3-43

在终端启动 TensorBoard，并加载之前定义的数据流图

```
>tensorboard --logdir=name_scope_2
```

在 Transformation 名称作用域内有另外 4 个命名空间被安排到两个“层”中。第 1 层由作用域 A 和 B 构成，该层将 A 和 B 的输出传给下一层 C 和 D。最后的节点会将来自最后一层的输出作为其输入。在 TensorBoard 中展开 Transformation 名称作用域，将看到类似图 3-44 所示的效果。

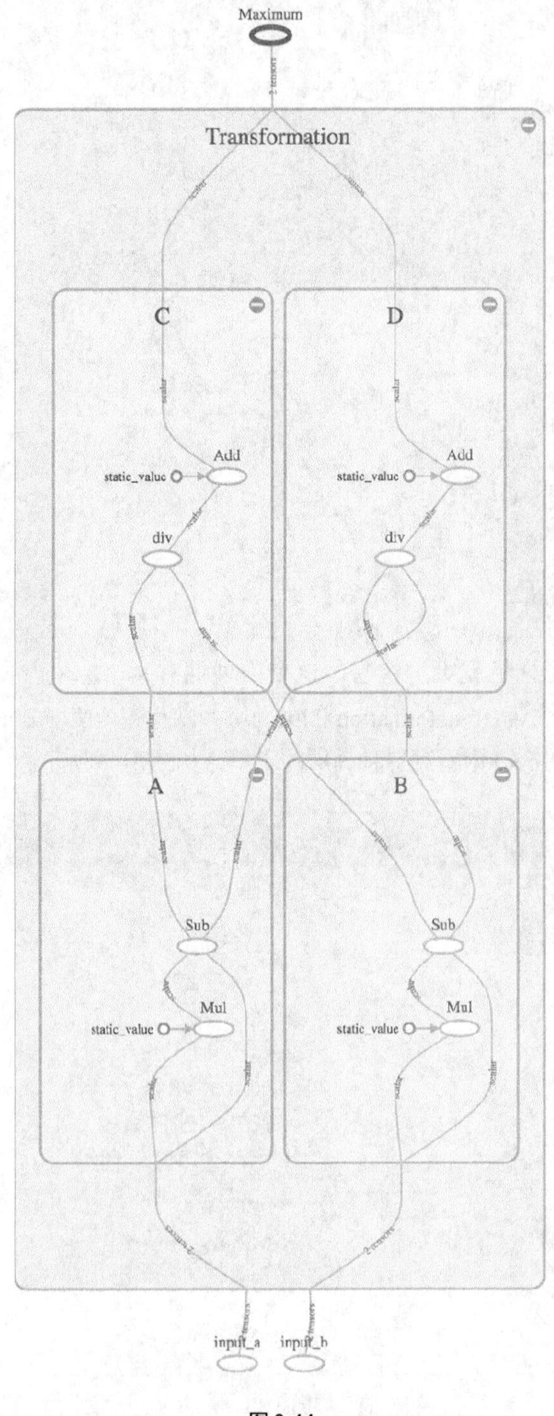

图 3-44

这同时赋予了我们一个展示 TensorBoard 另外一个特性的机会。在图 3-44 中，可发现名称作用域 A 和 B 的颜色一致，C 和 D 的颜色也一致。这是因为在相同的配置下，这些名称作用域拥有相同的 Op 设置，即 A 和 B 都有一个 tf.mul() Op 传给一个 tf.sub() Op，而 C 和 D 都有一个 tf.div() Op 传给 tf.add() Op。如果开始用一些函数创建重复的 Op 序列，将会非常方便。

在图 3-45 中可以看到，当在 TensorBoard 中显示时，tf.constant 对象的行为与其他张量对象或 Op 并不完全相同。即使没有在任何名称作用域内声明 static_value，它仍然会被放置在这些名称作用域内，而且，static_value 并非只出现一个图标，它会在被使用时创建一个小的视觉元素，其基本思想是常量可在任意时间使用，且在使用时无须遵循任何特定顺序。为防止在数据流图中出现从单点引出过多箭头的问题，只有当常量被使用时，它才会以一个很小的视觉元素的形式出现。

将一个规模较大的数据流图分解为一些有意义的簇能够使对模型的理解和编译更加方便。

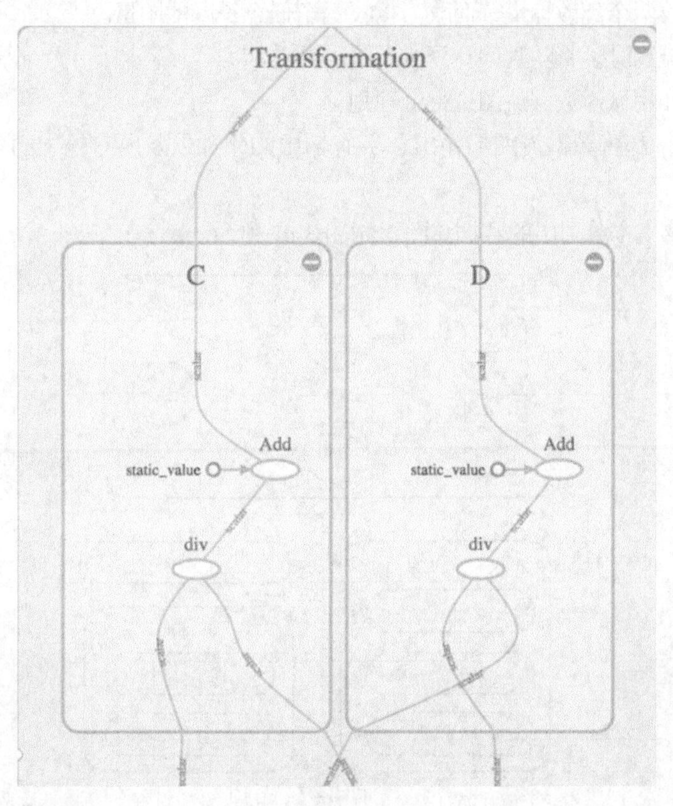

图 3-45

3.6 构建数据流图

下面通过一个综合运用了之前讨论过的所有组件——张量对象、Graph 对象、Op、Variable 对象、占位符、Session 对象以及名称作用域的练习来结束本章。还会涉及一些 TensorBoard 汇总数据，以使数据流图在运行时能够跟踪其状态。练习结束后，读者将能够自如地搭建基本的 TensorFlow 数据流图并在 TensorBoard 中对其进行研究。

本质上，本练习所要实现的数据流图与我们接触的第 1 个基本模型对应相同类型的变换，如图 3-46 所示。

但与之前的模型相比，本练习中的模型更加充分地利用了 TensorFlow。

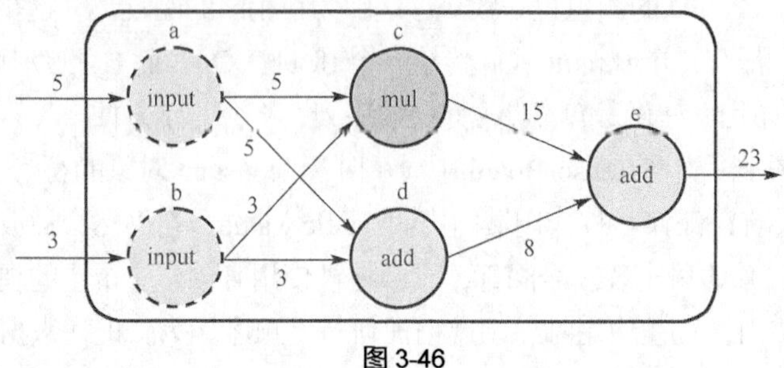

图 3-46

- 输入将采用占位符，而非 tf.constant 节点。
- 模型不再接收两个离散标量，而改为接收一个任意长度的向量。
- 使用该数据流图时，将随时间计算所有输出的总和。
- 将采用名称作用域对数据流图进行合理划分。
- 每次运行时，都将数据流图的输出、所有输出的累加以及所有输出的均值保存到磁盘，供 TensorBoard 使用。

现在可直观地感受本练习中的数据流图，如图 3-47 所示。

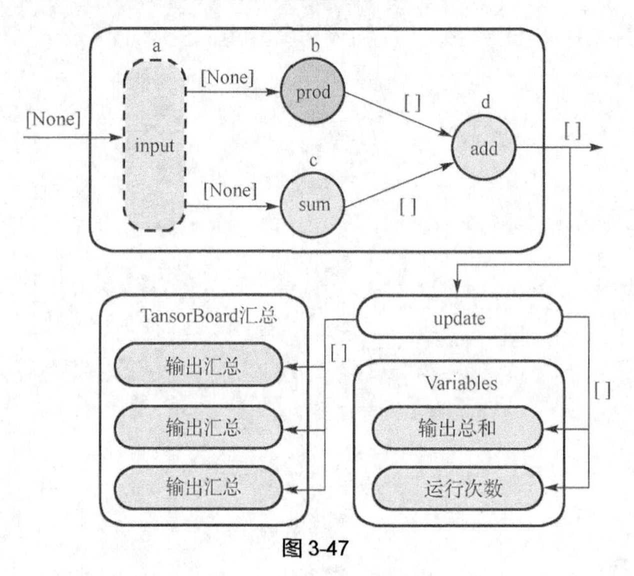

图 3-47

在解读该模型时，有一些关键点需要注意。

- 每条边的附近都标识了[None]或[]。它们代表了流经各条边的张量的形状，其中 None 代表张量为一个任意长度的向量，[]代表一个标量。
- 节点 d 的输出流入 update 环节，后者包含了更新各 Variable 对象以及将数据传入 TensorBoard 汇总所需的 Op。
- 用一个独立的名称作用域包含两个 Variable 对象。这两个 Variable 对象中一个用于存储输出的累加和，另一个用于记录数据流图的运行次数。由于这两个 Variable 对象是在主要的变换工作流之外发挥作用的，因此将其放在一个独立的空间中是完全合理的。
- TensorBoard 汇总数据有一个专属的名称作用域，用于容纳 tf.scalar_summary Op。我们将它们放在 update 环节之后，以确保汇总数据在 Variable 对象更新完成后才被添加，否则运算将会失控。

下面开始动手实践。打开代码编辑器或交互式 Python 环境。

我们要做的第 1 件事永远是导入 TensorFlow 库。

```
import tensorflow as tf
```

下面显式创建一个 Graph 对象加以使用，而非使用默认的 Graph 对象，因此需要用 Graph 类的构造方法 tf.Graph()。

```
graph = tf.Graph()
```

接着在构造模型时，将上述新 Graph 对象设为默认 Graph 对象。

```
with graph.as_default():
```

在我们的模型中有两个“全局”风格的 Variable 对象。第 1 个是 global_step，用于追踪模型的运行次数。在 TensorFlow 中，这是一种常见的范式，在整个 API 中，这种范式会频繁出现。第 2 个 Variable 对象是 previous_value，其作用是追踪该模型的所有输出随时间的累加和。由于这些 Variable 对象本质上是全局的，因此在声明它们时需要与数据流图中的其他节点区分开来，并将它们放入自己的名称作用域，代码如下。

```
with graph.as_default():
    with tf.name_scope("variables"):
        #记录数据流图运行次数的 Variable 对象
        global_step = tf.Variable(0, dtype=tf.int32, trainable=False,
                                  name="global_step")
        #将前面的 Variable 对象 global_step 增加 1，只要数据流图运行，该操作便需要
        increment_step = global_step.assign_add(1)
        #追踪该模型的所有输出随时间的累加和的 Variable 对象
        previous_value = tf.Variable(0.0, dtype=tf.float32, name="previous_value")
```

接下来，讲解创建模型的核心变换部分。我们会将整个变换封装到一个名称作用域 exercise_transformation 中，并进一步将它们划分为 3 个子名称作用域——input、intermediate_layer 和 output，代码如下。

```
with graph.as_default():
    with tf.name_scope("variables"):
        ...


        with tf.name_scope("exercise_transformation"):
            #独立的输入层
            with tf.name_scope("input"):
                #创建输出占位符，用于接收一个向量
                a = tf.placeholder(tf.float32, shape=[None], name="input_placeholder_a")

            #独立的中间层
            with tf.name_scope("intermediate_layer")
                b = tf.reduce_prod(a, name="product_b")
                c = tf.reduce_sum(a, name="sum_c")
            #独立的输出层
            with tf.name_scope("output"):
                d = tf.add(b, c, name="add_d")
                output = tf.subtract(d, previous_value, name="output")
                update_prev = previous_value.assign(output)
```

除少量关键之处不同外，上述代码与为之前模型所编写的代码高度相似。

- 输入节点为 tf.placeholder Op，它可接收一个任意长度（因为 shape=[None]）的向量。
- 对于乘法和加法运算，这里并未使用 tf.multiply()和 tf.add()，而是分别使用了 tf.reduce_prod() 和 tf.reduce_sum()，这样便可以对整个输入向量实施乘法和加法运算，而之前的 Op 只能接收两个标量作为输入。

接下来便可创建 TensorBoard 汇总数据，可将它们放入名为 summaries 的名称作用域中，代码如下。

```
with graph.as_default():
    with tf.name_scope("variables"):
        …
        with tf.name_scope("transfornation"):
            …
            with tf.name_scope("summaries"):
                #为输出节点创建汇总数据
                tf.summary.scalar("output_summary", output)
                tf.summary.scalar("prod_summary", b)
                tf.summary.scalar("sum_summary", c)
```

在该环节中，所做的第 1 件事是随时间计算输出的均值。幸运的是，可以获取当前全部输出的总和 total_output（使用来自 update_total 的输出，以确保在计算均值 avg 之前更新便已完成）以及数据流图的总运行次数 global_step（使用 increment_step 的输出，以确保数据流图有序运行）。一旦获得输出的均值，便可利用各个 tf.summary.scalar 对象将 output、update_total 和 avg 保存下来。

为完成数据流图的构建，还需要创建 Variable 对象初始化 Op 和用于将所有汇总数据组织到一个 Op 的辅助节点。下面将它们放入名为 global_ops 的名称作用域，代码如下。

```
with graph.as_default():
    …
    with tf.name_scope("summaries"):
        …
        with tf.name_scope("global_ops"):
            #初始化 Op
            init = tf.initialize_all_variables()
            #将所有汇总数据合并到一个 Op 中
            merged_summaries = tf.summary.merge_all()
```

读者可能会有一些疑惑，为什么将 tf.summary.merge_all() Op 放在这里，而非 summaries 名称作用域？虽然两者并无明显差异，但一般而言，将 summary.merge_all()与其他全局 Op 放在一起是最佳做法。我们的数据流图只为汇总数据设置了一个环节，但这并不妨碍去想象一个拥有 Variable 对象、Op 和名称作用域等不同汇总数据的数据流图。通过保持 summary.merge_all()的分离，可确保用户无须记忆放置它的特定 summary 代码块，从而比较容易找到该 Op。

以上便是构建数据流图的全部内容，但要使这个数据流图能够运行，还需要完成一些设置。

3.7 运行数据流图

打开一个 Session 对象，并加载已经创建好的 Graph 对象，也可打开一个 tf.summary.FileWriter

对象，便于以后利用它保存汇总数据。下面将 d:\\tensorboard\\improved_graph 作为保存汇总数据的目标文件夹，代码如下。

```
sess = tf.Session(graph=graph)
writer = tf.summary.FileWriter('d:\\tensorboard\\improved_graph', graph)
Session 对象启动后，在做其他事之前，先对各 Variable 对象进行初始化：
sess.run(init)
```

为运行该数据流图，需要创建一个辅助函数 run_graph()，以后便无须反复输入相同的代码。我们希望将输入向量传给该函数，而后者将运行数据流图，并将汇总数据保存下来，代码如下。

```
def run_graph(input_tensor):
    #辅助函数，运行给定输入张量的图形并保存摘要
    feed_dict = {a: input_tensor}
    output, summary, step = sess.run([update_prev, merged_summaries,
increment_step], feed_dict=feed_dict)
    writer.add_summary(summary, global_step=step)
```

下面对 run_graph()函数进行逐行解析。

（1）首先创建一个赋给 Session.run()中 feed_dict 参数的字典，这对应于 tf.placeholder 节点，并用到了其句柄 a。

（2）然后，通知 Session 对象使用 feed_dict 运行数据流图，此时需确保 output、increment_ step 以及 merged_summaries Op 能够得到执行。为写入汇总数据，需要保存 global_step 和 merged_summaries 的值，因此将它们保存到 Python 变量的 step 和 summary 中。用下画线“_”表示这里并不关心 output 值的存储。

（3）最后，将汇总数据添加到 SummaryWriter 对象中。global_step 参数非常重要，因为它使 TensorBoard 可随时间对数据进行图示（稍后将看到，它本质上创建了一个折线图的横轴）。

下面来实际使用这个函数，可变换向量的长度来多次调用 run_graph()函数，代码如下。

```
run_graph([2, 8])
run_graph([3, 1, 3, 3])
run_graph([8])
run_graph([1, 2, 3])
run_graph([11, 4])
run_graph([4, 1])
run_graph([7, 3, 1])
run_graph([6, 3])
run_graph([0, 2])
run_graph([4, 5, 6])
```

上述调用可反复进行。数据填充完毕后，可用 SummaryWriter.flush()函数将汇总数据写入磁盘，代码如下。

```
writer.flush()
```

最后，既然 SummaryWriter 对象和 Session 对象已经使用完毕，就将其关闭，以完成清理工作，代码如下。

```
writer.close()
sess.close()
```

以上便是全部的 TensorFlow 代码。虽然与之前的数据流图相比代码量略大，但还不至于过多。下面打开 TensorBoard，看看可以得到什么结果。启动终端，导航至运行上述代码的目录（请确保 improved_graph 目录在该路径下），并运行下列命令。

```
>tensorboard --logdir=improved_graph
```

与之前一样，该命令将在 6006 端口启动一个 TensorBoard 服务器，并托管存储在 improved_graph 中的数据。在浏览器中输入 localhost:6006，观察所得到的结果。首先检查 GRAPHS 标签页，如图 3-48 所示。

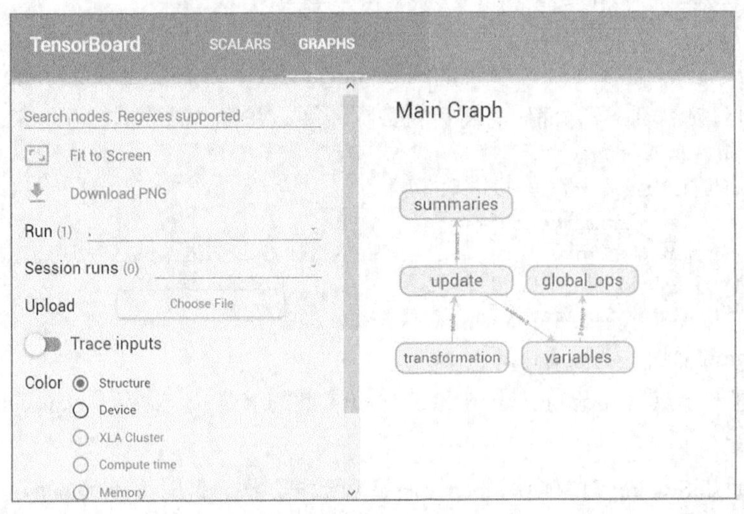

图 3-48

可以看到，图 3-48 与之前绘制的非常吻合。我们的变换运算流入 tansformation 方框，后者又同时为 summaries 和 variables 名称作用域提供输入。图 3-48 与之前所绘制的数据流图的主要区别体现在 global_ops 名称作用域上，它包含了一些对于主要的变换计算并不十分关键的运算。

可将各个方框展开，以便在更细的粒度上观察它们的结构，如图 3-49 所示。

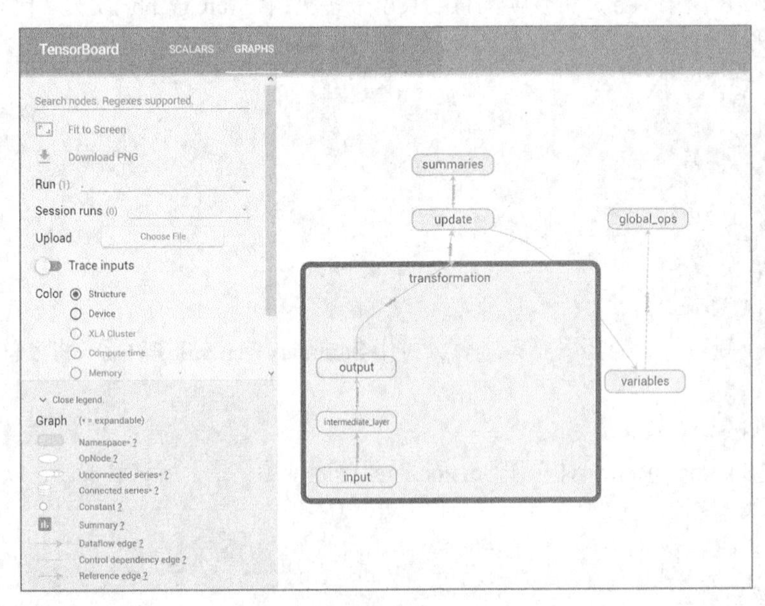

图 3-49

现在可以看到输入层、中间层和输出层是彼此分离的。对于像本例这样的简单模型，这样的划分可能有些小题大做，但这种类型的划分方法是极为有用的。请观察该数据流图的其余部分。当准备好后，请切换到 SCALARS 页面。当打开 SCALARS 页面后，可以看到 3 个依据我们赋予各 summary.scalar 对象的标签而命名的折叠的标签页，如图 3-50 所示。

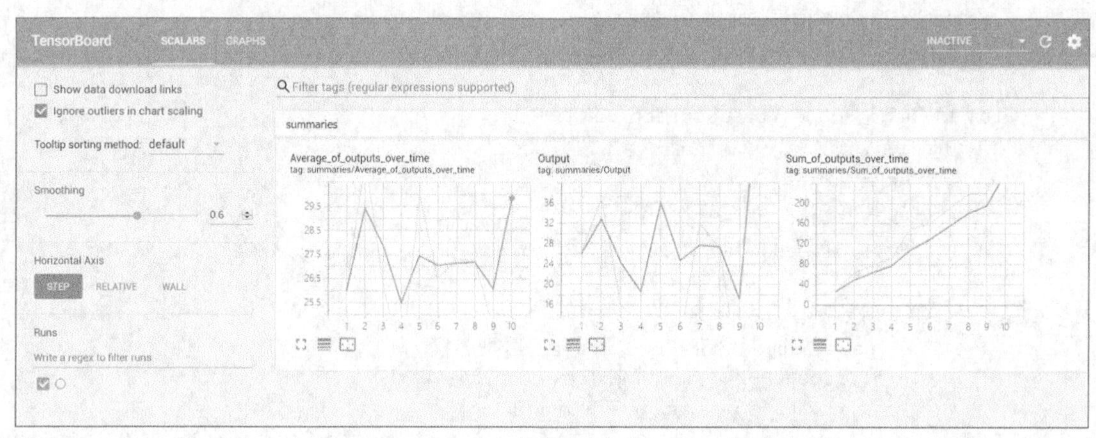

图 3-50

单击任意一个标签页，便可看到一个精美的折线图，展示了不同时间点上值的变化。单击该图表左下方的矩形图标，它们会像图 3-50 一样展开，如图 3-51 所示。

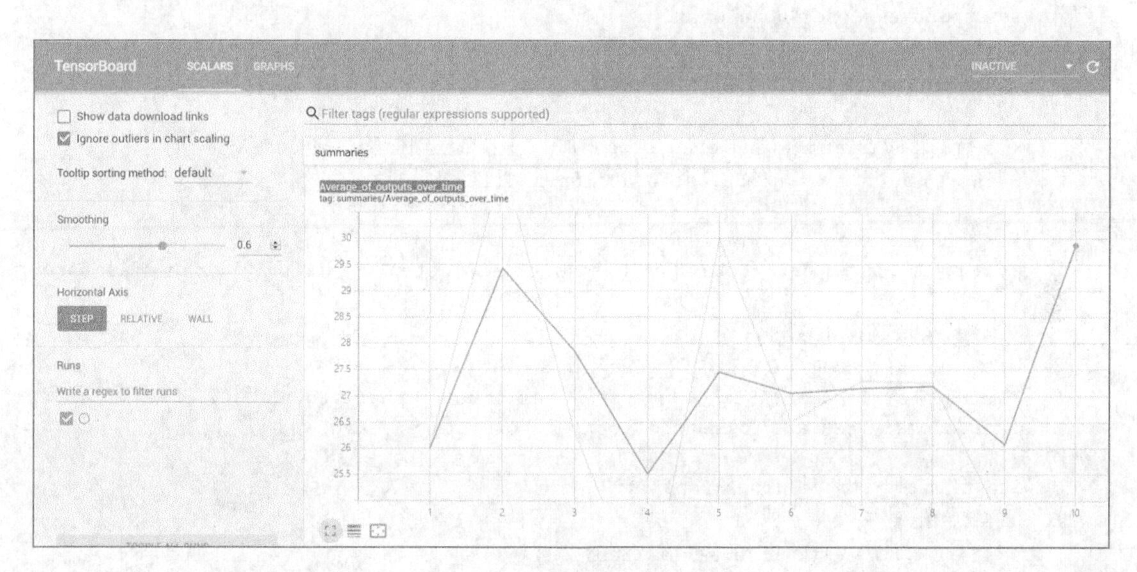

图 3-51

仔细检查汇总数据的结果，对其进行比较，确保它们都是有意义的，到此本练习至此就全部结束了。希望读者能够熟练掌握如何基于虚拟草图创建 TensorFlow 数据流图，以及如何利用 TensorBoard 做一些基础的数据汇总工作。

本练习的完整代码如下。

```
import tensorflow as tf

graph = tf.Graph()

with graph.as_default():
    with tf.name_scope("variables"):
```

```
        #记录数据流图运行次数的 Variable 对象
        global_step = tf.Variable(0, dtype=tf.int32, trainable=False, name="global_step")

        #追踪该模型的所有输出随时间的累加和的 Variable 对象
        total_output = tf.Variable(0.0, dtype=tf.float32, trainable=False, name="total_output")

    with tf.name_scope("transformation"):
        #独立的输入层
        with tf.name_scope("input"):
            #创建输出占位符，用于接收一个向量
            a = tf.placeholder(tf.float32, shape=[None], name="input_placeholder_a")

        #独立的中间层
        with tf.name_scope("intermediate_layer"):
            b = tf.reduce_prod(a, name="product_b")
            c = tf.reduce_sum(a, name="sum_c")

        #独立的输出层
        with tf.name_scope("output"):
            output = tf.add(b, c, name="output")

    with tf.name_scope("update"):
        #用最新的输出更新 Variable 对象 total_output
        update_total = total_output.assign_add(output)

        #将前面的 Variable 对象 global_step 增加 1，只要数据流图运行，该操作便需要
        increment_step = global_step.assign_add(1)

    with tf.name_scope("summaries"):
        avg = tf.div(update_total, tf.cast(increment_step, tf.float32), name="average")

        #为输出节点创建汇总数据
        tf.summary.scalar('Output', output)
        tf.summary.scalar('Sum_of_outputs_over_time', update_total)
        tf.summary.scalar('Average_of_outputs_over_time', avg)

    with tf.name_scope("global_ops"):
        #初始化 Op
        #init = tf.initialize_all_variables()
        init = tf.global_variables_initializer()
        #将所有汇总数据合并到一个 Op 中
        merged_summaries = tf.summary.merge_all()

sess = tf.Session(graph=graph)
writer = tf.summary.FileWriter("d:\\tensorboard\\improved_graph", graph)

sess.run(init)


def run_graph(input_tensor):
    feed_dict = {a: input_tensor}
    output, summary, step = sess.run([update_total, merged_summaries, increment_step],
feed_dict=feed_dict)
```

```
    writer.add_summary(summary, global_step=step)


#用不同的输入运行该数据流图
run_graph([2, 8])
run_graph([3, 1, 3, 3])
run_graph([8])
run_graph([1, 2, 3])
run_graph([11, 4])
run_graph([4, 1])
run_graph([7, 3, 1])
run_graph([6, 3])
run_graph([0, 2])
run_graph([4, 5, 6])

#将汇总数据写入磁盘
writer.flush()

#关闭 SummaryWriter 对象
writer.close()

#关闭 Session 对象
sess.close()
```

第4章 TensorFlow运作方式

在现实生活中，我们看到一张图片，能够分辨出图片上出现的是什么事物；听到一支歌曲，能够分辨出这支歌曲是属于流行音乐还是蓝调音乐；看到一段视频，能够知道出现在视频中的人物是在唱歌还是在进餐。对事物进行类型的判断被称为分类。

在本章中，将通过应用 TensorFlow 来训练一个简单的分类器，以加深对 TensorFlow 运作方式的理解。

4.1 数据的准备和下载

当我们开始学习编程的时候，第 1 件事往往是学习打印 Hello World。编程入门有 Hello World，而机器学习入门有 MNIST。MNIST 是机器学习领域的一个经典问题，是一个入门级的计算机视觉数据集，它包含各种手写数字图片，指的是让机器查看一系列大小为 28px×28px 的手写数字灰度图像，并判断这些图像代表 0～9 中的哪一个数字。

MNIST 也包含每一张图片对应的标签，告诉我们这个是数字几。比如，图 4-1 所示的这 4 张图片的标签分别是 5、2、5、3。

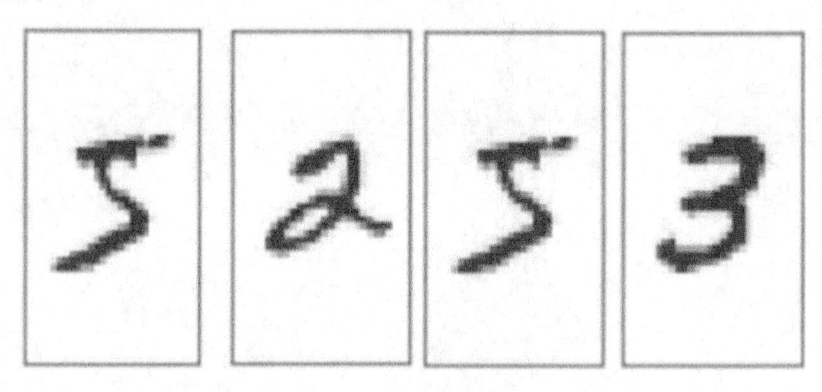

图 4-1

在本章中，我们将训练一个机器学习模型，用于预测图片里面的数字，目的是介绍如何使用 TensorFlow，关于这个数据集更详细的介绍和知识点的讲解，将在本书的后续章节进行。

这里提供了一份 Python 源代码，用于自动下载和安装此数据集。读者可以下载这份代码，然后导入自己的项目中，也可以直接复制粘贴到代码文件里面，该代码如下。

```
import tensorflow.examples.tutorials.mnist.input_data
mnist = input_data.read_data_sets("MNIST_data/", one_hot=True)
```

在进行训练之前，要确保已经正确完成了数据集的下载并保存在了本地文件夹中，如果已经正确下载了文件，则需要将文件数据进行解压缩，因此需要有一个确认并解压缩文件的过程，代码如下。

```
data_sets = input_data.read_data_sets(FLAGS.train_dir, FLAGS.fake_data)
```

源程序代码内容中，input_data.read_data_sets(FLAGS.train_dir, FLAGS.fake_data)表示函数会确保之前所下载的数据文件已经正确地保存在了本地的训练文件夹中，然后将这些数据解压缩并返回一个含有 DataSet 实例的字典；参数 fake_data 是用于单元测试的内容，读者可以不用太在意这个内容，直接使用即可。

MNIST 是机器学习中的经典问题。对于那些想在实际数据上学习模式识别方法的人来说，这是一个很好的数据库，同时其在预处理和格式化方面花费最少。

从 Yann LeCun's MNIST 网站中下载的这些文件本身没有使用标准的图片格式存储，所以需通过 input_data.py 中的 extract_images()和 extract_labels()函数来手动解压。

图像数据被提取到 2 维张量[图像索引,像素索引]，其中每个条目都是特定图像中特定像素的强度值，从[0,255]重新缩放到[-0.5,0.5]。“图像索引”对应于数据集中的图像，从 0 到数据集的大小；“像素索引”对应于该图像中的特定像素，范围从 0 到图像中像素的数量。

标签数据被提取到一个张量[image index]中，每个例子的类标识符作为值。对于训练集标签，这将是形状[55000]。

DataSet.next_batch()方法可用于获取由 batch_size 列表的图像和标签组成的元组，以便将其馈送到正在运行的 TensorFlow 会话中，代码如下。

```
images_feed, labels_feed = data_set.next_batch(FLAGS.batch_size)
```

4.2　图表构建与推理

在 run_training()函数的一开始，是一个 Python 语言中的 with 命令，这个命令表明所有已经构建的操作都要与默认的 tf.Graph 全局实例关联起来，代码如下。

```
with tf.Graph().as_default():
```

tf.Graph 实例是一系列可以作为整体执行的操作。TensorFlow 的大部分场景只需要依赖默认图表这一个实例即可。

4.2.1　图表构建

在为数据创建占位符之后，就可以运行 mnist.py 文件了，经过三阶段的模式函数操作：inference()、loss()和 training()，图表就构建完成了，如图 4-2 所示。

（1）inference()：尽可能地构建好图表，满足促使神经网络向前反馈并做出预测的要求。

（2）loss()：往 inference 图表中添加生成损失（loss）所需要的操作（ops）。

（3）training()：往损失图表中添加计算并应用梯度（gradients）所需的操作。

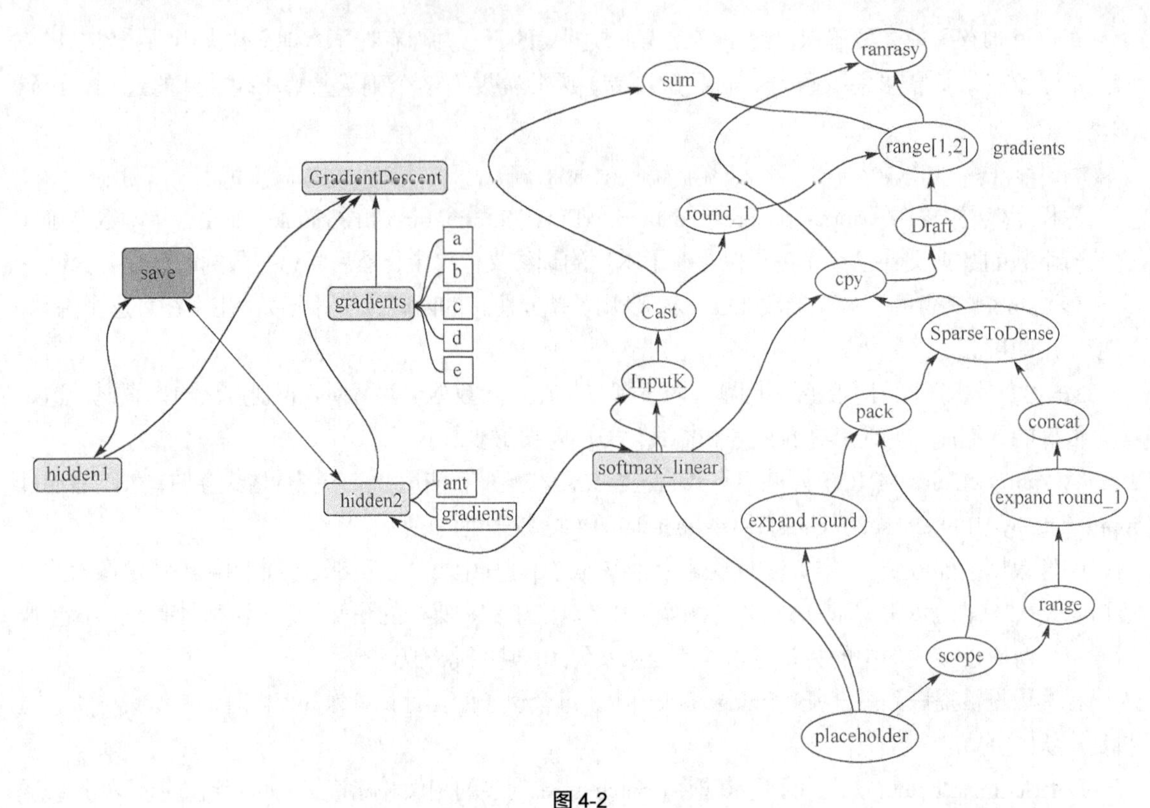

图 4-2

4.2.2 推理

inference()函数会尽可能地构建图表，做到返回包含了预测结果（output prediction）的张量。它接收图像占位符为输入，在此基础上借助 ReLU（Rectified Linear Units）激活函数，构建一对完全连接层（layers），以及一个有 10 节点（node）、指明了输出 logits 模型的线性层。

每一层都创建于一个唯一的名称作用域 tf.name_scope 下，创建于该名称作用域下的所有元素都将带有其前缀，代码如下。

```
with tf.name_scope('hidden1') as scope:
```

在定义的名称作用域中，每一层所使用的权重和偏差都在 tf.Variable 实例中生成，并且包含了各自期望的 shape，代码如下。

```
weights = tf.Variable(tf.truncated_normal([IMAGE_PIXELS,
hidden1_units],stddev=1.0 / math.sqrt(float(IMAGE_PIXELS))),name='weights')
biases = tf.Variable(tf.zeros([hidden1_units]),name='biases')
```

例如，当这些层是在 hidden1 这个名称作用域下生成时，赋予权重变量的独特名称将会是 hidden1/weights。

每个变量在构建时，都会获得初始化操作（initializer ops）。

在这种最常见的情况下，通过 tf.truncated_normal 函数初始化权重变量，给 shape 赋予的则是一个 2 维张量，其中第 1 个维度代表该层中权重变量所连接的（connect from）单元数量，第 2 个维度代表该层中权重变量所连接到的（connect to）单元数量。对于名叫 hidden1 的第 1 层，相应的维度则是[IMAGE_PIXELS, hidden1_units]，因为权重变量将图像输入连接到了 hidden1 层。tf.truncated_normal 初始函数将根据所得到的均值和标准差，生成一个随机分布。

然后，通过 tf.zeros 函数初始化偏差变量（biases），确保所有偏差的起始值都是 0，而它们的 shape 则是其在该层中所接到的单元数量。

图表的三个主要操作，分别是两个 tf.nn.relu 操作，它们中嵌入了隐藏层所需的 tf.matmul；以及 logits 模型所需的另外一个 tf.matmul。三者依次生成，各自的 tf.Variable 实例则与输入占位符或下一层的输出张量所连接，代码如下。

```
hidden1 = tf.nn.relu(tf.matmul(images, weights) + biases)
hidden2 = tf.nn.relu(tf.matmul(hidden1, weights) + biases)
logits = tf.matmul(hidden2, weights) + biases
```

最后，程序会返回包含了输出结果的 logits 张量。

4.3　损失与训练

4.3.1　损失

loss()函数通过添加所需的损失操作，进一步构建图表。

首先，labels_placeholer 中的值将被编码为一个含有 1-hot values 的张量。例如，如果类标识符为 3，那么该值就会被转换为[0, 0, 0, 1, 0, 0, 0, 0, 0, 0]，代码如下。

```
batch_size = tf.size(labels)
labels = tf.expand_dims(labels, 1)
indices = tf.expand_dims(tf.range(0, batch_size, 1), 1)
concated = tf.concat(1, [indices, labels])
onehot_labels = tf.sparse_to_dense(
concated, tf.pack([batch_size, NUM_CLASSES]), 1.0, 0.0)
```

之后，又添加一个 tf.nn.softmax_cross_entropy_with_logits 操作，用来比较 inference()函数与 1-hot 标签所输出的 logits 张量，代码如下。

```
cross_entropy = tf.nn.softmax_cross_entropy_with_logits(logits,onehot_labels, name='xentropy')
```

然后，使用 tf.reduce_mean 函数计算 batch 维度（第 1 维度）下交叉熵（cross entropy）的平均值，并将该值作为总损失，代码如下。

```
loss = tf.reduce_mean(cross_entropy, name='xentropy_mean')
```

最后，程序会返回包含了损失值的张量。

4.3.2　训练

以上已经定义好模型和训练用的损失函数，那么用 TensorFlow 进行训练就很简单了。因为 TensorFlow 知道整个计算图，它可以使用自动微分法找到对于各个变量的损失的梯度值。TensorFlow 有大量内置的优化算法。在这个例子中，用梯度下降（gradient descent）法让交叉熵下降，步长为 0.01。

首先，该函数从 loss()函数中获取损失张量，将其交给 tf.scalar_summary，后者在与 SummaryWriter（见下文）配合使用时，可以向事件文件（events file）中生成汇总值（summary values）。在本章中，每次写入汇总值时，它都会释放损失张量的当前值（snapshot value），代码如下。

```
tf.scalar_summary(loss.op.name, loss)
```

这一行代码实际上是用来往计算图上添加一个新操作的，其中包括计算梯度，计算每个参数的步长变化，并且计算出新的参数值。

返回的 train_step 操作对象，在运行时会使用梯度下降来更新参数。因此，整个模型的训练可以通过反复地运行 train_step 来完成，代码如下。

```
for i in range(1000):
 batch = mnist.train.next_batch(50)
 train_step.run(feed_dict={x: batch[0], y_: batch[1]})
```

每一步迭代都会加载 50 个训练样本，然后执行一次 train_step，并通过 feed_dict 将 x 和 y 张量占位符用训练数据替代。注意，在计算图中，可以用 feed_dict 来替代任何张量，并不仅限于替换占位符。

training()函数添加了通过梯度下降将损失最小化所需的操作。

接下来，将实例化一个 tf.train.GradientDescentOptimizer，负责按照所要求的学习效率（learning rate）应用梯度下降法，代码如下。

```
optimizer = tf.train.GradientDescentOptimizer(FLAGS.learning_rate)
```

之后，生成一个变量用于保存全局训练步骤（global training step）的数值，并使用 minimize()函数更新系统中的三角权重（triangle weights）、增加全局步骤的操作。根据惯例，这个操作被称为 train_op，是 TensorFlow Session 诱发一个完整训练步骤所必须运行的操作，代码如下。

```
global_step = tf.Variable(0, name='global_step', trainable=False)
train_op = optimizer.minimize(loss, global_step=global_step)
```

最后，程序返回包含了训练操作（training op）输出结果的张量。

4.4 状态检查与可视化

4.4.1 状态检查

在运行 sess.run()函数时，要在代码中明确其需要获取的两个值：[train_op, loss]，代码如下。

```
for step in xrange(FLAGS.max_steps):
    feed_dict = fill_feed_dict(data_sets.train,
                               images_placeholder,
                               labels_placeholder)
    loss_value = sess.run([train_op, loss],
                             feed_dict=feed_dict)
```

因为要获取这两个值，sess.run()会返回一个有两个元素的元组。其中每一个张量对象对应了返回的元组中的 NumPy 数组，而这些数组中包含了当前这步训练中对应张量的值。由于 train_op 并不会产生输出，其在返回的元组中的对应元素就是 None，所以会被抛弃。但是，如果模型在训练中出现偏差，loss 张量的值可能会变成 NaN，所以要获取它的值，并记录下来。

假设训练一切正常，没有出现 NaN，训练循环会每隔 100 个训练步骤打印一行简单的状态文本，告知用户当前的训练状态，代码如下。

```
    if step % 100 == 0:
    print 'Step %d: loss = %.2f (%.3f sec)' % (step, loss_value, duration)
```

4.4.2 状态可视化

为了释放 TensorBoard 所使用的事件文件（events file），所有的即时数据（在这里只有一个）都要在图表构建阶段合并至一个操作（op）中，代码如下。

```
    summary_op = tf.merge_all_summaries()
```

在创建好 Session 之后，可以实例化一个 tf.train.SummaryWriter，用于写入包含了图表本身和即时数据具体值的事件文件，代码如下。

```
    summary_writer = tf.train.SummaryWriter(FLAGS.train_dir,graph_def=sess.graph_def)
```

最后，每次运行 summary_op 时，都会在事件文件中写入最新的即时数据，函数的输出会传入事件文件读写器（writer）的 add_summary()函数，代码如下。

```
    summary_str = sess.run(summary_op, feed_dict=feed_dict)
    summary_writer.add_summary(summary_str, step)
```

事件文件写入完毕之后，可以在训练文件夹中打开一个 TensorBoard，查看即时数据的情况，如图 4-3 所示。

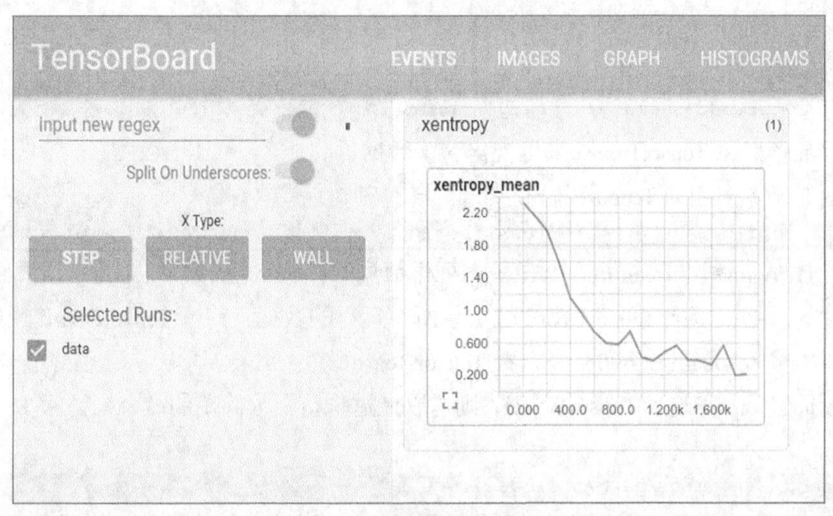

图 4-3

TensorBoard 通过读取 TensorFlow 的事件文件来运行。TensorFlow 的事件文件包括了在 TensorFlow 运行中涉及的主要数据。下面是 TensorBoard 中汇总数据（summary data）的大体生命周期。

首先，创建想汇总数据的 TensorFlow 图，然后选择在哪个节点进行汇总（summary）操作。

比如，假设正在训练一个卷积神经网络，用于识别 MNIST 标签。希望记录学习速度（learning rate）如何变化，以及目标函数如何变化。可以通过向节点附加 scalar_summary 操作来分别输出学习速度和期望误差。然后可以给每个 scalar_summary 分配一个有意义的标签，比如 learning rate 和 loss function。

如果还希望显示一个特殊层中激活的分布，或者梯度权重的分布，可以通过分别附加 histogram_summary 运算来收集权重变量和梯度输出。

所有可用的 summary 操作详细信息，可以查看 summary_operation 文档。

在 TensorFlow 中，所有的操作只有执行时，或者另一个操作依赖于它的输出时才会运行。刚才创建的这些节点（summary nodes）都围绕着图像，没有任何操作依赖于它们的结果。因此，为了生成汇总信息，需要运行所有的这些节点。这样的手动工作是很乏味的，因此可以使用 tf.merge_all_summaries 来将它们合并为一个操作。

然后可以执行合并命令，它会依据特定步骤将所有数据生成一个序列化的 Summary protobuf 对象。最后，为了将汇总数据写入磁盘，需要将汇总的 protobuf 对象传递给 tf.train.SummaryWriter。

SummaryWriter 的构造函数中包含了参数 logdir。这个 logdir 非常重要，所有事件都会写到它所指的目录下。此外，SummaryWriter 中还包含了一个可选择的参数 GraphDef。如果输入了该参数，那么 TensorBoard 也会显示图像。

现在就可以运行神经网络了。可以每一步执行一次合并汇总，这样会得到一大堆训练数据，但这很有可能超过了想要的数据量。也可以每 100 步执行一次合并汇总，或者如下面示范代码所示。

```
merged_summary_op = tf.merge_all_summaries()
summary_writer = tf.train.SummaryWriter('/tmp/mnist_logs', sess.graph)
total_step = 0
while training:
  total_step += 1
  session.run(training_op)
  if total_step % 100 == 0:
    summary_str = session.run(merged_summary_op)
summary_writer.add_summary(summary_str, total_step)
```

现在已经准备好用 TensorBoard 来可视化这些数据了。

输入下面的指令来启动 TensorBoard。

```
python tensorflow/tensorboard/tensorboard.py --logdir=path/to/log-directory
```

这里的参数 logdir 指向 SummaryWriter 序列化数据的存储路径。如果 logdir 目录的子目录中包含另一次运行时的数据，那么 TensorBoard 会展示所有运行的数据。一旦 TensorBoard 开始运行，即可通过在浏览器中输入 localhost:6006 来查看 TensorBoard。

如果已经通过 pip 安装了 TensorBoard，则可以通过执行更为简单的命令来访问 TensorBoard，代码如下。

```
tensorboard --logdir=/path/to/log-directory
```

进入 TensorBoard 的界面时，会在右上角看到导航选项卡，每一个选项卡将展现一组可视化的序列化数据集。对于查看的每一个选项卡，如果 TensorBoard 中没有数据与这个选项卡相关，则会显示一条提示信息指示该如何序列化相关数据。

4.5 评估模型

模型性能如何呢?

首先找出那些预测正确的标签。tf.argmax 是一个非常有用的函数，它能给出某个张量对象在某 1 维上其数据最大值所在的索引值。由于标签向量是由 0 和 1 组成的，因此最大值 1 所在的索引位置就是类别标签，比如 tf.argmax(y,1)返回的是模型对于任一输入 x 预测到的标签值，而

tf.argmax(y_,1)代表正确的标签，可以用 tf.equal 来检测预测是否标签匹配（索引位置一样表示匹配），代码如下。

```
correct_prediction = tf.equal(tf.argmax(y,1), tf.argmax(y_,1))
```

这里返回一个布尔数组。为了计算分类的准确率，将布尔值转换为浮点数来代表对、错，然后取平均值。例如：[True, False, True, True]变为[1,0,1,1]，计算出平均值为 0.75，代码如下。

```
accuracy = tf.reduce_mean(tf.cast(correct_prediction, "float"))
```

最后，可以计算出在测试数据上的准确率，大概是 91%，代码如下。

```
print accuracy.eval(feed_dict={x: mnist.test.images, y_: mnist.test.labels})
```

在 MNIST 上只有 91%的正确率，实在太糟糕。本节中，将用一个稍微复杂的模型——卷积神经网络来改善效果，这会达到大概 99.2%的准确率。虽然不是最高，但还是比较让人满意。

1. **初始化权重**

为了创建这个模型，需要创建大量的权重和偏置项。这个模型中的权重在初始化时应该加入少量的噪声来打破对称性及避免 0 梯度。由于使用的是 ReLU 神经元，因此比较好的做法是用一个较小的正数来初始化偏置项，以避免神经元节点输出恒为 0 的问题（dead neurons）。为了不在建立模型的时候反复做初始化操作，这里定义了两个函数用于初始化，代码如下。

```
def weight_variable(shape):
  initial = tf.truncated_normal(shape, stddev=0.1)
  return tf.Variable(initial)

def bias_variable(shape):
  initial = tf.constant(0.1, shape=shape)
  return tf.Variable(initial)
```

2. **卷积和池化**

TensorFlow 在卷积和池化上有很强的灵活性。怎么处理边界？步长应该设多大？在这个实例里，将会一直使用 vanilla 版本。卷积使用 1 步长（stride size）、0 边距（padding size）的模板，保证输出和输入是同一个大小。池化用简单传统的 2×2 大小的模板做 max pooling。为了代码更简洁，把这部分抽象成一个函数，代码如下。

```
def conv2d(x, W):
  return tf.nn.conv2d(x, W, strides=[1, 1, 1, 1], padding='SAME')

def max_pool_2×2(x):
  return tf.nn.max_pool(x, ksize=[1, 2, 2, 1], strides=[1, 2, 2, 1], padding='SAME')
```

3. **第 1 层卷积**

现在我们可以开始实现第 1 层了。它由一个卷积接一个 max pooling 完成。卷积在每个 5×5 的 patch 中算出 32 个特征。卷积的权重张量形状是[5, 5, 1, 32]，前两个维度是 patch 的大小，接着是输入的通道数目，最后是输出的通道数目。而对于每一个输出通道都有一个对应的偏置项，代码如下。

```
W_conv1 = weight_variable([5, 5, 1, 32])
b_conv1 = bias_variable([32])
```

为了用这一层，把 x 变成一个 4 维向量，其第 2 维、第 3 维对应图片的宽、高，最后 1 维代表图片的颜色通道数（因为是灰度图，所以这里的通道数为 1，如果是 RGB 彩色图，则为 3），代码如下。

```
x_image = tf.reshape(x, [-1,28,28,1])
```

把 x_image 和权值向量进行卷积，加上偏置项，然后应用 ReLU 激活函数，最后进行 max pooling，代码如下。

```
h_conv1 = tf.nn.relu(conv2d(x_image, W_conv1) + b_conv1)
h_pool1 = max_pool_2x2(h_conv1)
```

4. 第 2 层卷积

为了构建一个更深的网络，将会把几个类似的层堆叠起来。第 2 层中，每个 5×5 的 patch 会得到 64 个特征，代码如下。

```
W_conv2 = weight_variable([5, 5, 32, 64])
b_conv2 = bias_variable([64])

h_conv2 = tf.nn.relu(conv2d(h_pool1, W_conv2) + b_conv2)
h_pool2 = max_pool_2x2(h_conv2)
```

5. 密集连接层

现在，图片尺寸减小到 7px×7px，加入一个有 1024 个神经元的全连接层，用于处理整个图片。把池化层输出的张量经过 reshape 转化成向量，乘以权重矩阵，再加上偏置项，然后对其使用 ReLU 函数，代码如下。

```
W_fc1 = weight_variable([7 * 7 * 64, 1024])
b_fc1 = bias_variable([1024])
h_pool2_flat = tf.reshape(h_pool2, [-1, 7*7*64])
h_fc1 = tf.nn.relu(tf.matmul(h_pool2_flat, W_fc1) + b_fc1)
```

6. dropout

为了减少过拟合，要在输出层之前加入 dropout。用 placeholder 代表一个神经元的输出在 dropout 中保持不变的概率。这样可以在训练过程中启用 dropout，在测试过程中关闭 dropout。TensorFlow 的 tf.nn.dropout 操作除了可以屏蔽神经元的输出外，还会自动处理神经元输出值的 scale。所以用 dropout 的时候可以不用考虑 scale，代码如下。

```
wkeep_prob = tf.placeholder("float")
h_fc1_drop = tf.nn.dropout(h_fc1, keep_prob)
```

7. 输出层

最后，添加一个 softmax 层，就像前面的单层 softmax 回归一样，代码如下。

```
W_fc2 = weight_variable([1024, 10])
b_fc2 = bias_variable([10])

y_conv=tf.nn.softmax(tf.matmul(h_fc1_drop, W_fc2) + b_fc2)
```

这个模型的效果如何呢？

为了进行训练和评估，将使用与之前简单的单层 Softmax 神经网络模型几乎相同的一套代码，只是会用更加复杂的 ADAM 优化器来做梯度下降，在 feed_dict 中加入额外的参数 keep_prob 来控制 dropout 比例。然后每 100 次迭代输出一次日志，代码如下。

```
cross_entropy = -tf.reduce_sum(y_*tf.log(y_conv))
train_step = tf.train.AdamOptimizer(1e-4).minimize(cross_entropy)
correct_prediction = tf.equal(tf.argmax(y_conv,1), tf.argmax(y_,1))
accuracy = tf.reduce_mean(tf.cast(correct_prediction, "float"))
sess.run(tf.initialize_all_variables())
for i in range(20000):
```

```
    batch = mnist.train.next_batch(50)
    if i%100 == 0:
      train_accuracy = accuracy.eval(feed_dict={
          x:batch[0], y_: batch[1], keep_prob: 1.0})
      print "step %d, training accuracy %g"%(i, train_accuracy)
    train_step.run(feed_dict={x: batch[0], y_: batch[1], keep_prob: 0.5})
  print "test accuracy %g"%accuracy.eval(feed_dict={
  x: mnist.test.images, y_: mnist.test.labels, keep_prob: 1.0})
```

以上代码，在最终测试集上的准确率大概是 99.2%。

每隔 1000 个训练步骤，代码会尝试使用训练数据集与测试数据集，对模型进行评估。do_eval 函数会被调用 3 次，分别使用训练数据集、验证数据集和测试数据集，代码如下。

```
wprint 'Training Data Eval:'
do_eval(sess,eval_correct, images_placeholder,labels_placeholder,
data_sets.train)
print 'Validation Data Eval:'
do_eval(sess, eval_correct,images_placeholder,labels_placeholder,
        data_sets.validation)
print 'Test Data Eval:'
do_eval(sess, eval_correct,images_placeholder,labels_placeholder,
        data_sets.test)
```

注意，更复杂的使用场景通常是先隔绝 data_sets.test 测试数据集，只有在大量的超参数优化调整（hyperparameter tuning）之后才进行检查。但是，由于 MNIST 问题比较简单，在这里一次性评估所有的数据。

4.6 评估图表的构建与输出

4.6.1 评估图表的构建

在打开默认图表（Graph）之前，应该先调用 get_data(train=False)函数抓取测试数据集，代码如下。

```
test_all_images, test_all_labels = get_data(train=False)
```

在进入训练循环之前，应该先调用 mnist.py 文件中的 evaluation 函数，传入的 logits 和标签参数要与 loss 函数的一致。这样做是为了先构建 Eval 操作，代码如下。

```
eval_correct = mnist.evaluation(logits, labels_placeholder)
```

evaluation 函数会生成 tf.nn.in_top_k 操作，如果在 k 个最有可能的预测中可以发现真的标签，那么这个操作就会将模型输出标记为正确。在本文中，把 k 的值设置为 1，也就是只有在预测是真的标签时，才判定它是正确的，代码如下。

```
eval_correct = tf.nn.in_top_k(logits, labels, 1)
```

4.6.2 评估图表的输出

之后，可以创建一个循环，向其中添加 feed_dict，并在调用 sess.run()函数时传入 eval_correct 操作，目的就是用给定的数据集评估模型，代码如下。

```
for step in xrange(steps_per_epoch):
    feed_dict = fill_feed_dict(data_set,images_placeholder,labels_placeholder)
true_count += sess.run(eval_correct, feed_dict=feed_dict)
```

true_count 变量会累加所有 in_top_k 操作判定为正确的预测之和。接下来，只需要将正确测试的总数除以例子总数，就可以得出准确率，代码如下。

```
precision = float(true_count) / float(num_examples)
print ' Num examples: %d  Num correct: %d  Precision @ 1: %0.02f' % (
num_examples, true_count, precision)
```

实战篇

05 第5章　MNIST机器学习

5.1　MNIST 数据集简介

手写数字的 MNIST（Mixed National Institute of Standards and Technology database）数据集来自美国国家标准与技术研究所（National Institute of Standards and Technology，NIST）。它是一个庞大的手写数字数据库，也是网上著名的公开数据集之一，包含了 60 000 个训练示例图片以及 10 000 个测试图片，数据集的图片分别代表了 0～9 中的任意一个数字，图片只包含灰度值信息，规格尺寸为 28px×28px，所以每一张图片就是拥有 784（28×28）个数据，数字位于整张图片的最中央位置，它是 NIST 提供的更大集合的一个子集。训练集（training set）由来自 250 个不同人手写的数字构成，其中 50%是高中学生，50%来自人口普查局（the Census Bureau）的工作人员。测试集（test set）也是同样比例的手写数字数据。

如果想要在实际数据上尝试学习技术和模式识别方法，并在预处理和格式化上降低花费，MNIST 是一个简单且效果不错的数据库。

这些数据集有两个功能：一是提供了大量的数据作为训练集和测试集，为一些兴趣爱好者和学习者提供丰富的资源信息。二是形成一个业界领域具有一定对比程度的项目，不同的研究者使用了相同的数据集，从而可以更加方便地将结果进行对比，从而验证出哪种设计的程序识别率更高。

MNIST 是一个简单的计算机视觉数据集。它由图 5-1 所示的手写数字的图像组成。

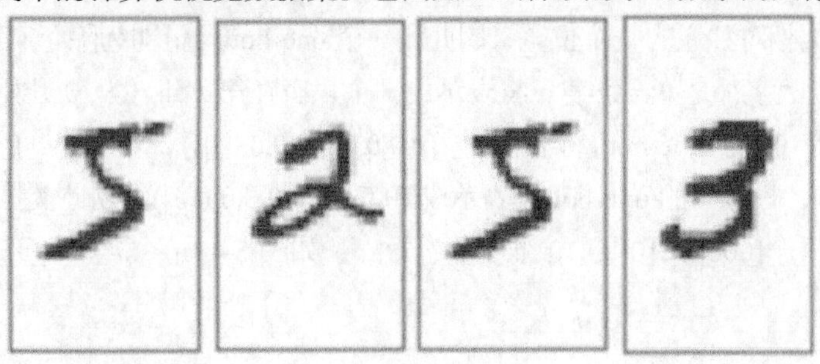

图 5-1

它还包括每个图像的标签，以便清楚地表示是什么数字。例如，上述图像的标签分别是 5、2、5、3，所以，MNIST 数据集中的每张数据图片都被事先标注了相应的阿拉伯数字。在本节中，将训练一个模型来查看图像并预测它们是什么数字。因为这里的目标是使用 TensorFlow，所以将从一个非常简单的模型开始，此模型称为 softmax 回归。

从官方网站下载 MNIST 数据集，下载的数据集图片被分成两部分：一部分是包含了 60 000 张图片的训练数据集（mnist.train），另一部分是包含了 10,000 张图片的测试数据集（mnist.test）。训练数据集用来提供给使用者进行模型的训练，以期训练出合适的模型；测试数据集用来提供给使用者对前一个阶段训练出的模型进行性能上的测试，在机器学习模型设计阶段，必须要设置一个单独的测试数据集用来评估模型的性能，这个测试数据集不用于训练。

MNIST 数据单元分为两个部分：一张包含手写数字的图片和一个对应的标签。把这些图片设为 xs，把这些标签设为 ys。训练数据集和测试数据集都含有 xs 和 ys，可以将训练数据集的图片名称设定为 mnist.train.images，将训练数据集的标签设定为 mnist.train.labels。

每一张图片包含 28×28 个像素点。我们可以用一个数字数组来表示这张图片，如图 5-2 所示

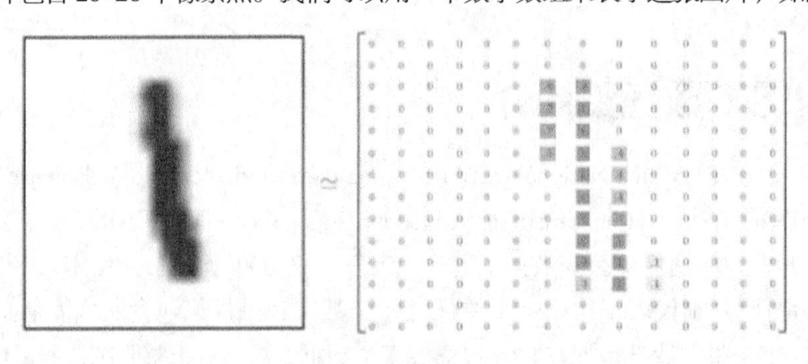

图 5-2

将这个数字数组展开成一个向量，长度是 28×28 = 784。数字间的顺序不重要，只要保持各个图片采用相同的方式展开。MNIST 数据集的图片就是在 784 维向量空间里面的点，并且拥有比较复杂的结构。在 MNIST 训练数据集中，mnist.train.images 是一个形状为[60000, 784]的张量，第 1 个维度数字用来索引图片，第 2 个维度数字用来索引每张图片中的像素点。在此张量里的每一个元素都表示某张图片里的某个像素的强度值，值介于 0～1，如图 5-3 所示。

相对应的 MNIST 数据集的标签 mnist.train.labels 是介于 0～9 的数字，用来描述给定的训练图片里所表示的数字。标签数据用 one-hot vectors 的形式来表示，有些资料书中将此英文单词翻译后称为"独热（one-hot）"。所谓的 one-hot 是指一位有效编码，即使用 *n* 维的向量来表示 *n* 个类别，这其中，每一个类别都会占据相对独立的一个位置，因此，一个 one-hot 向量即为除了某一特定位置的数字是 1 以外，其余各维度数字都是 0。数字 n 将表示成一个只有在第 *n* 维（从 0 开始）数字为 1 的 10 维向量。比如，标签 0 的 one-hot 将表示成([1,0,0,0,0,0,0,0,0,0])，标签 1 的 one-hot 将表示成([0,1,0,0,0,0,0,0,0,0])，标签 2 的 one-hot 将表示成([0,0,1,0,0,0,0,0,0,0])，以此类推，一直到 9。因此，mnist.train.labels 是一个[60000, 10]的 10 维度数字矩阵，如图 5-4 所示。

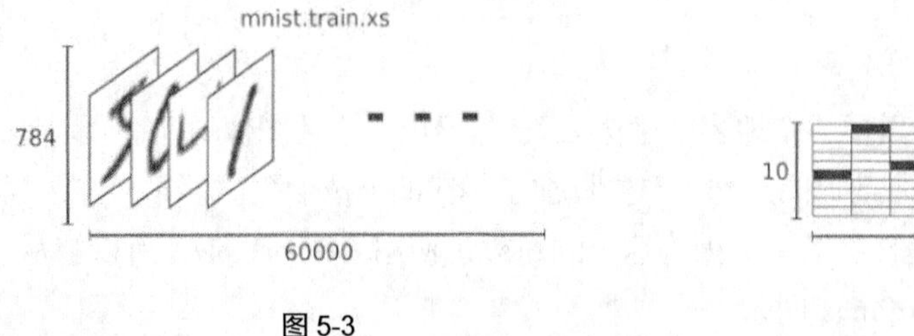

图 5-3

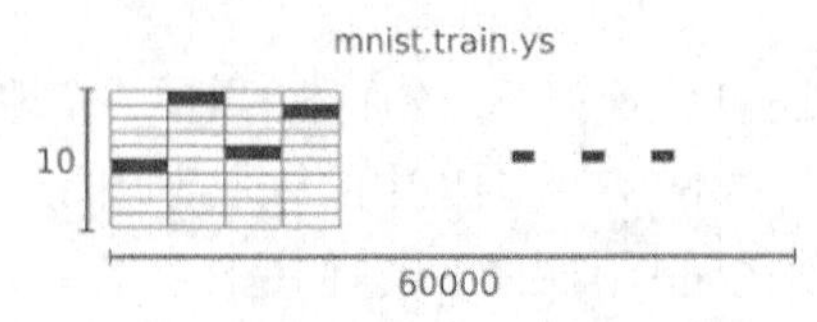

图 5-4

通过运行下列代码可以查看训练数据集图片中第 3 张图片的标签信息，代码如下。

```
#打印出第 3 张训练数据集图片的标签信息
print(mnist.train.labels[3, : ])     #(3, 10)
```

代码运行后得出的结果为[0,0,0,1,0,0,0,0,0,0]，即第 3 张图片所对应的标签信息是阿拉伯数字 3。

5.2　MNIST 数据下载

在官方网站下载 MNIST 数据集，在任意的浏览器中输入官网地址即可看到图 5-5 所示的官方网站内容，可以在这里通过手动方式下载相关数据集。

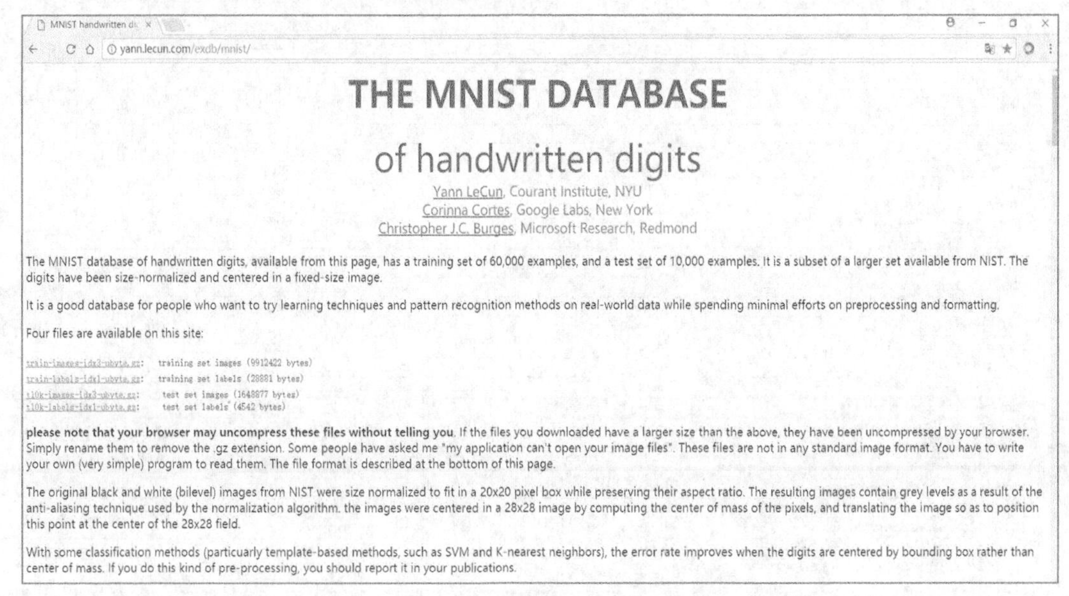

图 5-5

在这个网页的下半部分有一个关于众多识别算法对 MNIST 数据集“刷战绩”的记录内容，如图 5-6 所示，读者可以了解一下，如果感兴趣，可以详细地阅读。

MNIST 数据集是一个完全公开的数据集，适用于任何算法，所以在图 5-6 中可以看到线性分类器（Linear Classifiers）、K 紧邻算法（K-Nearest Neighbors，KNN）、非线性分类器（Non-Linear Classifiers）、支持向量机（SVM）、神经网络（Neural Net）和卷积网络（Convolutional）等常见的算法内容。

图 5-6 所显示的列表内容中，表头四项内容分别代表着 CLASSIFIER（分类器名称）、PREPROCESSING（预处理项）、TEST ERROR RATE(%)（测试错误率）和 Reference（参考）。分类器名称就是该分类器的名称；预处理项是一种注释或处理技巧的概念。例如，有些分类器后面的预处理项中标注的内容是 Haar features，则代表着在这个分类器中加入了 Haar 特征的算法；分类器后面的预处理项中标注的内容是 width normalization，则代表着在这个分类器中加入了宽度归一化，这种技巧对提高识别的准确率有一定程度的帮助；分类器后面的预处理项中标注的内容是 deslanting，则代表着在这个分类器中加入了防止数据倾斜的一种手段。

CLASSIFIER	PREPROCESSING	TEST ERROR RATE (%)	Reference
	Linear Classifiers		
linear classifier (1-layer NN)	none	12.0	LeCun et al. 1998
linear classifier (1-layer NN)	deskewing	8.4	LeCun et al. 1998
pairwise linear classifier	deskewing	7.6	LeCun et al. 1998
	K-Nearest Neighbors		
K-nearest-neighbors, Euclidean (L2)	none	5.0	LeCun et al. 1998
K-nearest-neighbors, Euclidean (L2)	none	3.09	Kenneth Wilder, U. Chicago
K-nearest-neighbors, L3	none	2.83	Kenneth Wilder, U. Chicago
K-nearest-neighbors, Euclidean (L2)	deskewing	2.4	LeCun et al. 1998
K-nearest-neighbors, Euclidean (L2)	deskewing, noise removal, blurring	1.80	Kenneth Wilder, U. Chicago
K-nearest-neighbors, L3	deskewing, noise removal, blurring	1.73	Kenneth Wilder, U. Chicago
K-nearest-neighbors, L3	deskewing, noise removal, blurring, 1 pixel shift	1.33	Kenneth Wilder, U. Chicago
K-nearest-neighbors, L3	deskewing, noise removal, blurring, 2 pixel shift	1.22	Kenneth Wilder, U. Chicago
K-NN with non-linear deformation (IDM)	shiftable edges	0.54	Keysers et al. IEEE PAMI 2007
K-NN with non-linear deformation (P2DHMDM)	shiftable edges	0.52	Keysers et al. IEEE PAMI 2007
K-NN, Tangent Distance	subsampling to 16x16 pixels	1.1	LeCun et al. 1998
K-NN, shape context matching	shape context feature extraction	0.63	Belongie et al. IEEE PAMI 2002
	Boosted Stumps		
boosted stumps	none	7.7	Kegl et al., ICML 2009
products of boosted stumps (3 terms)	none	1.26	Kegl et al., ICML 2009
boosted trees (17 leaves)	none	1.53	Kegl et al., ICML 2009
stumps on Haar features	Haar features	1.02	Kegl et al., ICML 2009
product of stumps on Haar f.	Haar features	0.87	Kegl et al., ICML 2009
	Non-Linear Classifiers		
40 PCA + quadratic classifier	none	3.3	LeCun et al. 1998
1000 RBF + linear classifier	none	3.6	LeCun et al. 1998
	SVMs		
SVM, Gaussian Kernel	none	1.4	
SVM deg 4 polynomial	deskewing	1.1	LeCun et al. 1998
Reduced Set SVM deg 5 polynomial	deskewing	1.0	LeCun et al. 1998
Virtual SVM deg-9 poly [distortions]	none	0.8	LeCun et al. 1998
Virtual SVM, deg-9 poly, 1-pixel jittered	none	0.68	DeCoste and Scholkopf, MLJ 2002
Virtual SVM, deg-9 poly, 1-pixel jittered	deskewing	0.68	DeCoste and Scholkopf, MLJ 2002
Virtual SVM, deg-9 poly, 2-pixel jittered	deskewing	0.56	DeCoste and Scholkopf, MLJ 2002
	Neural Nets		
2-layer NN, 300 hidden units, mean square error	none	4.7	LeCun et al. 1998
2-layer NN, 300 HU, MSE, [distortions]	none	3.6	LeCun et al. 1998
2-layer NN, 300 HU	deskewing	1.6	LeCun et al. 1998
2-layer NN, 1000 hidden units	none	4.5	LeCun et al. 1998
2-layer NN, 1000 HU, [distortions]	none	3.8	LeCun et al. 1998
3-layer NN, 300+100 hidden units	none	3.05	LeCun et al. 1998
3-layer NN, 300+100 HU [distortions]	none	2.5	LeCun et al. 1998
3-layer NN, 500+150 hidden units	none	2.95	LeCun et al. 1998
3-layer NN, 500+150 HU [distortions]	none	2.45	LeCun et al. 1998
3-layer NN, 500+300 HU, softmax, cross entropy, weight decay	none	1.53	Hinton, unpublished, 2005
2-layer NN, 800 HU, Cross-Entropy Loss	none	1.6	Simard et al., ICDAR 2003
2-layer NN, 800 HU, cross-entropy [affine distortions]	none	1.1	Simard et al., ICDAR 2003
2-layer NN, 800 HU, MSE [elastic distortions]	none	0.9	Simard et al., ICDAR 2003
2-layer NN, 800 HU, cross-entropy [elastic distortions]	none	0.7	Simard et al., ICDAR 2003
NN, 784-500-500-2000-30 + nearest neighbor, RBM + NCA training [no distortions]	none	1.0	Salakhutdinov and Hinton, AI-Stats 2007
6-layer NN 784-2500-2000-1500-1000-500-10 (on GPU) [elastic distortions]	none	0.35	Ciresan et al. Neural Computation 10, 2010 and arXiv 1003.0358, 2010
committee of 25 NN 784-800-10 [elastic distortions]	width normalization, deslanting	0.39	Meier et al. ICDAR 2011
deep convex net, unsup pre-training [no distortions]	none	0.83	Deng et al. Interspeech 2010
	Convolutional nets		
Convolutional net LeNet-1	subsampling to 16x16 pixels	1.7	LeCun et al. 1998
Convolutional net LeNet-4	none	1.1	LeCun et al. 1998
Convolutional net LeNet-4 with K-NN instead of last layer	none	1.1	LeCun et al. 1998
Convolutional net LeNet-4 with local learning instead of last layer	none	1.1	LeCun et al. 1998
Convolutional net LeNet-5, [no distortions]	none	0.95	LeCun et al. 1998
Convolutional net LeNet-5, [huge distortions]	none	0.85	LeCun et al. 1998
Convolutional net LeNet-5, [distortions]	none	0.8	LeCun et al. 1998
Convolutional net Boosted LeNet-4, [distortions]	none	0.7	LeCun et al. 1998
Trainable feature extractor + SVMs [no distortions]	none	0.83	Lauer et al., Pattern Recognition 40-6, 2007
Trainable feature extractor + SVMs [elastic distortions]	none	0.56	Lauer et al., Pattern Recognition 40-6, 2007
Trainable feature extractor + SVMs [affine distortions]	none	0.54	Lauer et al., Pattern Recognition 40-6, 2007
unsupervised sparse features + SVM, [no distortions]	none	0.59	Labusch et al., IEEE TNN 2008
Convolutional net, cross-entropy [affine distortions]	none	0.6	Simard et al., ICDAR 2003
Convolutional net, cross-entropy [elastic distortions]	none	0.4	Simard et al., ICDAR 2003
large conv. net, random features [no distortions]	none	0.89	Ranzato et al., CVPR 2007
large conv. net, unsup features [no distortions]	none	0.62	Ranzato et al., CVPR 2007
large conv. net, unsup pretraining [no distortions]	none	0.60	Ranzato et al., NIPS 2006
large conv. net, unsup pretraining [elastic distortions]	none	0.39	Ranzato et al., NIPS 2006
large conv. net, unsup pretraining [no distortions]	none	0.53	Jarrett et al., ICCV 2009
large/deep conv. net, 1-20-40-60-80-100-120-120-10 [elastic distortions]	none	0.35	Ciresan et al. IJCAI 2011
committee of 7 conv. net, 1-20-P-40-P-150-10 [elastic distortions]	width normalization	0.27 +-0.02	Ciresan et al. ICDAR 2011
committee of 35 conv. net, 1-20-P-40-P-150-10 [elastic distortions]	width normalization	0.23	Ciresan et al. CVPR 2012

图 5-6

5.2.1 数据的准备

在了解了上述关于 MNIST 数据集的基本知识背景后，就可以在 MNIST 数据集官方网站上下载以下 4 种数据文件作为训练集与测试集。

- Train-images-idx3-ubyte.gz：训练集图片，包括 55 000 张训练图片和 5 000 张验证图片。
- Train-labels-idx1-ubyte.gz：训练集图片对应的数字标签。
- t10k-images-idx3-ubyte.gz：测试集图片，包括 10 000 张测试图片。
- t10k-labels-idx1-ubyte.gz：测试集图片对应的数字标签。

TensorFlow 提供了已经完成好的封装，于是可以直接加载 MNIST 数据并形成期望的格式，然后通过训练集让模型学习并认识这些数字，并让模型在测试图片中能够顺利地识别出这些数字。通过 Python 源代码可以进行数据集的自动下载和安装，然后使用下列程序代码内容将之导入到项目里，代码如下。

```
#从 tensorflow.example.tutorials.mnist 导入相对应的数据模块
from tensorflow.example.tutorials.mnist import input_data

#从 MNIST_data 数据集中读取 MNIST 数据，如果数据不存在，则会自动执行下载
mnist = input_data.read_data_sets("MNIST_data/", one_hot=True)
```

运行上面的代码，当程序运行至 mnist = input_data.read_data_sets("MNIST_data/", one_hot=True) 代码部分时，TensorFlow 首先会对数据集进行检测，判断数据集是否存在，当发生数据集不存在的情况时，系统会自动执行下载数据集任务，所有下载的数据会存储在名为 MNISTMNIST_data 的文件夹中。代码中的 one_hot=True 部分表示将所下载的样本标签进行编码转换，转换为 one_hot 格式。下载的图片如果是黑底白字的黑白图片，则图中的黑底部分数值为 0；白字的图案部分为介于 0～1 的浮点数数值，越接近于 1，颜色越白；如果是彩色图片，像素则由常用的 RGB（红、绿、蓝）值方式表示。执行完上述两行 Python 代码后，就算是完成了数据的下载准备工作，读者可按照指定的下载路径，打开相应文件夹进行查看，确认所下载的文件是否包含了上述章节所提到的 4 个文件内容。

接下来继续通过代码的具体内容来分析 MNIST 内容，代码如下。

```
#训练数据集图片的信息查看
print ('输入数据：', mnist.train.images)
print('输入数据的 shape:'mnist.train.images.shape)   #(55000, 784)
print(mnist.train.labels.shape)     #(55000, 10)

import pylab
im=mnist.train.images[1]
im=im.reshape(-1,28)
py.lab.imshow(im)
pylab.show()
```

通过上述代码进行相应数据集的解压过程，并输出训练集的详细图片信息。代码中的 mnist.train.images 是一个形状为[55000,784]的张量，这其中的第 1 个维度用来索引图片，第 2 个维度用来索引图片的像素点。在 MNIST 数据集中，除训练集外，还有测试集（mnist.test）和验证集（mnist.validation）。通过下列代码可以查看相关数据集信息。

```
#查看测试数据集图片和验证数据集图片的信息
print ('输入数据：shape:' , mnist.test.images.shape)   #(10000, 784)
```

```
print(mnist.validation.labels.shape)  #(5000, 10)
print ('输入数据：shape:' ,mnist.validation.images.shape)  #(5000, 784)
print(mnist.test.labels.shape)  #(10000, 10)
mnist = input_data.read_data_sets("MNIST_data/", one_hot=True)

#打印出第 53 幅图片的向量表示相关信息
print(mnist.train.images[53, :])

#打印出第 53 幅图片的标签相关信息
print(mnist.train.labels[53, :])
```

通过上述代码可以看到，MNIST 数据集包含了总计 60000 张的图片样本作为训练用图片以及 10000 张的图片样本作为测试用图片。其中，60000 张的训练用图片又被重新划分为两个部分：一部分作为训练集图片，共计 55000 张；另一部分作为验证集图片，共计 5000 张。在进行机器学习的过程中，模型设计所用的样本一般分为了训练集、测试集（用于评估训练过程中的准确度）和验证集（用于评估最终模型的准确度）。其中，验证集对模型进行评估，所得出的准确度数据越高，意味着模型的能力越强。

5.2.2 数据重构

前面章节内容中提到的 MNIST 数据集中的 4 种数据文件没有使用标准的图片格式储存，且需要使用 extract_images()和 extract_labels()函数进行手动解压。图片数据会被解压成 2 维的张量：[image index, pixel index]，其中每一项表示图片中特定像素的强度值，范围从 0～255 缩放到-0.5～0.5。其中 image index 代表数据集中图片的编号，从 0 到数据集的上限数值。pixel index 代表图片中像素点的个数，从 0 到图片的像素上限数值。以 train-开头的文件中包含 60000 个样本，其中 55000 个样本作为训练集，5000 个作为验证集。数据集中的灰度图片是 28px×28px 的图片，它们的维度大小是 784，即训练数据集内的每张图片都是由一个 784 维度的向量来表示的，训练集输出的张量格式是[55000,784]。

数字标签数据被解压为 1 维的张量：[image index]，它定义了每个样本数值的类别分类，即训练集标签的数据规模是[55000]。

5.2.3 数据集对象

底层的源代码将会执行下载、解压、重构图片和标签数据来组成以下 3 种数据集对象。

- data_sets.train：55000 组图片和标签，用于训练。
- data_sets.validation：5000 组图片和标签，用于迭代验证训练的准确性。
- data_sets.test：10000 组图片和标签，用于最终测试训练的准确性。

执行 read_data_sets()函数将会返回一个 DataSet 实例，其中包含了上述 3 种数据集。函数 DataSet.next_batch()用于获取以 batch_size 为大小的一个包含了图片和标签的元组，该元组会被用于当前的 TensorFlow 运算 Session 中，代码如下。

```
images_feed, labels_feed = data_set.next_batch(FLAGS.batch_size)
```

准备好数据后，下一步就是要进行算法的设计，本章使用 softmax 回归的模型算法来训练手写数字识别。因为数字是从 0～9，所以需要建立 10 个类别，当模型对某一张图片进行预测时，softmax

回归会对每一个类别估算一个概率，例如，数字 5 的概率为 2%，数字 3 的概率为 20%，最后将概率最大的数值作为模型的输出结果。

5.3　softmax 回归模型简介

MNIST 的每张图片代表着 0～9 中的一个数字。现在希望对输入的某一张给定图片进行计算，求得它代表这 10 个类别数字的概率。例如，模型推测输入的某一张图片代表数字 9 的概率是 80%，但是判断它是 8 的概率是 40%（因 8 和 9 上半部分相似，都是小圆形），它代表其他数字的概率是更小的一些不同数值，最后模型预测出来的结果就是概率最大的那个数字类别。

在这里，使用的是机器学习方法中的 softmax 回归模型，手写体识别的问题算是比较经典的 softmax 回归应用案例。softmax 回归模型是一个线性的多类分类模型，用来给不同的图片对象分配概率。以后在训练其他领域的精确数学模型时，通常也会在最后一步应用 softmax 来对概率进行分配。

softmax 回归应用通常要先对图片像素值进行加权求和，从而得到一张给定图片属于某个特定数字类的证据（evidence）。如果这个像素能够有证据来证明这张图片不属于该类别，相应的权值就会用负数来进行标注；反之，如果这个像素拥有足够的证据来证明这张图片属于这个类别，那么相应的权值就会用正数来进行标注。图 5-7 显示了一个模型学习到的图片上每个像素对于特定数字类的权值。

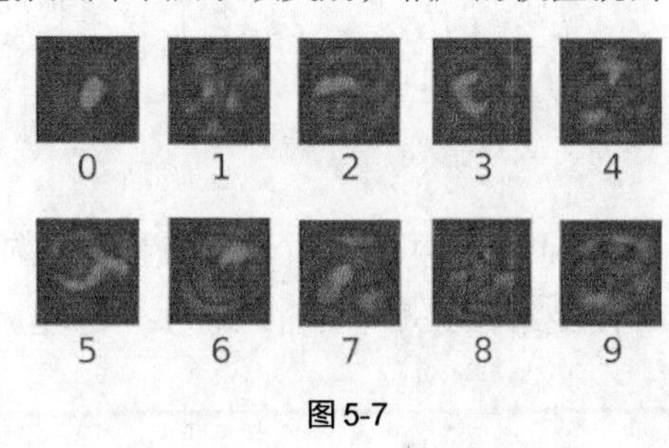

图 5-7

此外，还需要在其中加入一个额外的偏置项（bias），因为在进行数据输入的时候，往往会出现一些无关的干扰量。因此对于给定的输入图片 x，它所代表的是数字 i 的证据可以表示为

$$E_i = \sum_j W_{i,j} x_j + b_i$$

在上面所示的公式中，i 代表第 i 类，j 代表一张图片的第 j 个像素，b_i 是偏置项 bias，代表着这个数据的干扰倾斜程度，例如大部分数字都是 3，则数字 3 的证据对应的偏置项就会很大。

接下来对所有特征计算 softmax，给定一张图片，它对于每一个数字的契合度可以被 softmax 函数转换为一个概率值，使得所有类别输出的概率值之和为 1。softmax 函数可以定义如下。

$$\text{softmax}(x)=\text{normalize}(\exp(x))$$

将等号右边的式子展开，可得到判定为第 i 类的概率。

$$\text{softmax}(x)_i = \frac{\exp(x_i)}{\sum_j \exp(x_j)}$$

因此，可以将输入值作为幂指数来进行求值运算，然后，再将这些结果值进行一定程度的正则化。幂运算所代表的意义是：更大的证据内容和更大的假设模型（hypothesis）内部的乘数权重值进行对应；与此相反的是，拥有更少的证据则也意味着在假设模型中将会拥有更小的乘数系数值。另外，这里会假设一个前提条件，即模型里的权值不允许为 0 值或者为负值。softmax 对各个类的特征取 exp 函数值，并使得它们的最终总和值为 1，以此来满足有效的概率分布。将 softmax 回归模型整个计算过程进行可视化，如图 5-8 所示。

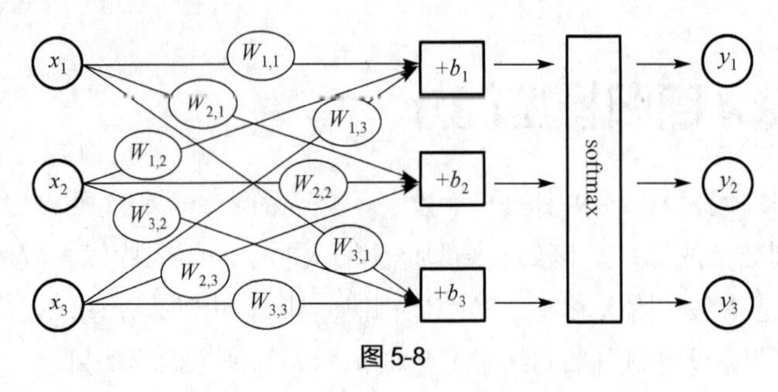

图 5-8

按图 5-8 中内容所示，对于输入的 $\boldsymbol{x}$ 进行加权求和，再分别对其加上一个偏置项，最后再输入至 softmax 函数中，将上述内容的连线部分变为公式，可得出图 5-9 所示的内容。

$$\begin{bmatrix} y_1 \\ y_2 \\ y_3 \end{bmatrix} = \text{softmax} \begin{vmatrix} W_{1,1}x_1 + W_{1,2}x_1 + W_{1,3}x_1 + b_1 \\ W_{2,1}x_2 + W_{2,2}x_2 + W_{2,3}x_2 + b_2 \\ W_{3,1}x_3 + W_{3,2}x_3 + W_{3,3}x_3 + b_3 \end{vmatrix}$$

图 5-9

另外，还可将整个计算过程使用向量的方式进行表示，即将元素相乘变为用矩阵乘法和向量相加。这样做既是一种有效的思考方式，也有助于提高计算效率，如图 5-10 所示。

$$\begin{bmatrix} y_1 \\ y_2 \\ y_3 \end{bmatrix} = \text{softmax} \left(\begin{bmatrix} W_{1,1} & W_{1,2} & W_{1,3} \\ W_{2,1} & W_{2,2} & W_{2,3} \\ W_{3,1} & W_{3,2} & W_{3,3} \end{bmatrix} \cdot \begin{bmatrix} x_1 \\ x_2 \\ x_3 \end{bmatrix} + \begin{bmatrix} b_1 \\ b_2 \\ b_3 \end{bmatrix} \right)$$

图 5-10

上述矩阵运算还可以写成更为紧凑的公式来进行表达。

$$\boldsymbol{y}=\text{softmax}(\boldsymbol{Wx}+\boldsymbol{b})$$

接下来将使用 TensorFlow 来实现一个 softmax 回归模型。

5.4 模型的训练与评估

TensorFlow 通过定义一个计算图将所有的计算操作全部运行在 Python 外面。首先载入 TensorFlow 库，并创建一个新的 InteractiveSession，使用这个命令会将这个 Session 注册为默认的 Session，之后的运算也默认运行在这个 Session 里，不同 Session 之间的运算和数据都应该是互相独立的。接下来创建一个输入数据的地方 placeholder，placeholder 的第 1 个参数是数据类型，第 2 个参数[None, 784]代表张量的 shape，即数据的尺寸，其中 None 代表输入不限制条数，784 代表输入的是一个 784 维度的向量，代码如下。

```
import tensorflow as tf
```

```
sess=tf.Interactivesession ( )
x=tf.placeholdeer(tf.float32,[None,784])
```

然后，给 softmax 回归模型中的偏置项和权重创建存储模型参数的 Variable 对象。Variable 在模型训练迭代中是持久性的可长期存在的，并在每轮迭代中被重新更新。将偏置项和权重初始值设置为 0，在训练阶段模型会自动学习合适的值，因此初始值对这个简单的模型而言无比重要，代码如下。

```
W = tf.Variable(tf.zeros([784,10]))
b = tf.Variable(tf.zeros([10]))
```

在上述代码中，$\boldsymbol{W}$ 的 shape 是[784,10]，784 是维度数，10 代表有 10 类。接下来是 softmax 回归算法的实现，公式 $\boldsymbol{y}$=softmax($\boldsymbol{Wx}$+$\boldsymbol{b}$)改写成 TensorFlow 语言，代码如下。

```
y=tf.nn.softmax(tf.matmul(x,W)+b)
```

softmax 是 tf.nn 类中的子函数，tf.nn 中包含了大量神经网络的组件。tf.matmul 是 TensorFlow 中的矩阵乘法函数。通过一行简单的代码即可将 softmax 回归进行定义，语法和直接写数学公式很相似。TensorFlow 可将 forward 和 backward 的内容自动实现，只需要定义好损失（loss），训练阶段就会自动进行求导的工作并将梯度下降，从而完成对 softmax 回归模型参数的自动学习。

为了训练 softmax 回归模型，需要先定义一个损失指标来评估这个模型的精确准度。在机器学习过程中，将通常定义的指标称为成本（cost）或损失，然后尽量最小化这个指标，直到达到全局最优或局部最优的状态。这个指标数值越小，也就代表着模型的分类结果与真实值的偏差越小，即模型越精确。

针对多分类问题，通常使用交叉熵（cross-entropy）来作为损失指标。交叉熵这个概念是从信息理论（Information Theory）中的信息熵（information-entropy）发展而来的，之后被应用到博弈论、通信、机器学习等领域内并成为一种重要的技术手段。交叉熵的概念定义如下。

$$H_{y'}(y) = -\sum_i y_i' \log(y_i)$$

公式中的 y 指的是预测的概率分布，y'是真实情况下的概率分布（即输入的 one-hot 编码）。一般情况下，常用交叉熵对模型进行判断，从而预测出真实概率分布估计的准确程度。为了计算交叉熵，首先需要添加一个新的占位符用于输入正确值，代码如下。

```
y_ = tf.placeholder("float", [None,10])
cross_entropy = -tf.reduce_sum(y_*tf.log(y))
```

首先定义一个 placeholder，输入的数值是真正的 label 值，以便用来计算交叉熵，用 tf.log 计算 y 的每个元素的对数。然后将 y_的每一个元素和 tf.log(y_)的对应元素相乘。使用 tf.reduce_sum 来计算张量的所有元素的总和。TensorFlow 拥有描述各个计算单元的图，它可以自动地使用反向传播算法（backpropagation algorithm）来有效地确定变量是如何影响最小化的那个成本值。然后，TensorFlow 会采用所选择的优化算法来不断地对变量进行修改以便降低成本，所以用 TensorFlow 来训练模型相对来说是比较容易的一件事情，代码如下。

```
train_step = tf.train.GradientDescentOptimizer(0.03).minimize(cross_entropy)
```

在这个环节上，使用 TensorFlow 通过梯度下降算法直接调用 tf.train.GradientDescent- Optimizer，将学习速率设置为 0.03 来对交叉熵进行最小化，并调用进行相应的训练操作 train_step。梯度下降算法是一个相对来说比较简单的学习过程，使用 TensorFlow 时，只需要将每一个变量一点点地进行调整，大致的调整方向为：向着成本不断降低的方向移动。另外，TensorFlow 也可使用其他优化算法，在这种情况下，只需要简单地对数行代码进行编译，然后通过修改函数名称即可使用其他算法进行不同的优化训练。

TensorFlow 在后台给描述计算的那张图里增加一系列新的计算操作单元，用于实现反向传播算法和梯度下降算法。然后，它会返回一个单一的操作，当运行这个操作时，它用梯度下降算法训练模型，针对变量进行微调，使得成本不断减少。

经过上述步骤的操作，完成了模型了设置，接下来，通过使用 TensorFlow 来对创建的变量 init 进行初始化，将初值 tf.initialize_all_variables 赋给变量，代码如下。

```
init = tf.initialize_all_variables()
```

接着在一个 Session 里启动模型，并且对变量 sess 进行初始化变量赋值，代码如下。

```
sess = tf.Session()
sess.run(init)
```

最后开始训练模型，迭代地执行训练操作 train_step，此训练通过 for 语句不断进行循环，最终的循环次数为 1000 次，完成 1000 次的循环后，程序跳出循环体，代码如下。

```
for i in range(1000):
 batch_xs, batch_ys = mnist.train.next_batch(100)
 sess.run(train_step, feed_dict={x: batch_xs, y_: batch_ys})
```

在上述代码的循环内容中，每次都随机抓取训练数据集中的 100 个批处理数据样本，然后用这些数据点作为参数替换之前的占位符来运行 train_step。

使用训练数据集中的某一小部分的随机样本来进行训练的过程被称为随机训练（stochastic training），也有些资料书中会将这个训练过程称为随机梯度下降训练。在理想情况下，训练数据集中所有的数据都能够参与到训练的每一步中来，因为这能够造成更好的训练结果。但是，这种方法也有一定的弊端，它所需要的计算开销太大，因此，对于大部分的机器学习训练，通常采用的做法是：使用训练数据集中不同内容的一小部分数据来进行随机梯度下降，这样做既可以减少计算开销，又可以针对数据集的总体特性进行最大化的学习。

完成训练之后就可以对模型的准确率进行验证。代码中出现的 tf.argmax 函数能给出某个张量对象在某 1 维上的数据最大值的索引值。众所周知，标签向量是由 0 和 1 两个二进制数所组成的数值，因此最大值 1 所在的索引位置就是类别标签。代码中出现的 tf.argmax(*y*,1)是求对于任意一个输入值 *x*，通过模型进行预测所得到的标签值；而 tf.argmax(*y*_,1)代表的是正确的标签，可以用 tf.equal 来检测预测是否与真实标签匹配，当预测的索引位置数值与正确的标签值相同时，则代表着 tf.equal 函数所检测的内容互相匹配，代码如下。

```
correct_prediction = tf.equal(tf.argmax(y,1), tf.argmax(y_,1))
```

下列代码将会提供一组布尔值。为了将预测项中的正确数值的比例进行精准确定，可以进行数值转换，将布尔值转换成浮点数格式的数值，然后再求取平均数值。

```
accuracy = tf.reduce_mean(tf.cast(correct_prediction, "float"))
```

按照代码所示，得到一组布尔值[True, True,False, True, True,]，通过转换后，变成浮点数[1, 1,0, 1, 1,]，然后，再对数组内的浮点数求取平均值可得数值 0.80。最后，将预测数据的特征和 Label 输入评测流程 accuracy，计算所学习到的模型在测试数据集上的准确率，再将结果打印出来。

```
print sess.run(accuracy, feed_dict={x: mnist.test.images, y_: mnist.test.labels})
```

使用 softmax 回归对 MINIST 数据进行分类识别，在测试集的平均准确率约为 91%。这个结果不是很理想，仍未达到使用的最佳程度。出现这样的识别率是因为仅仅使用了一个非常简单的模型来对手写体数据进行识别，如果使用其他的复杂模型做进一步的改进，将可以得到 97%左右的准确率。而如果使用目前效果最好的模型进行分析训练，甚至可以获得超过 99%的准确率。手写数字的识别领域中有一项是应用于银行支票识别，如果准确率不高，会引起一系列严重的后果。

在后面的章节中，将会讲解到卷积神经网络，通过卷积神经网络来解决 MNIST 手写数字识别率偏低的问题，最终实现识别率高达 99%的训练结果。

5.5 TensorFlow 模型基本步骤

使用 TensorFlow 实现简单的机器学习算法 softmax 回归，基本步骤分为以下 4 个部分。

（1）定义算法模型。定义好之后就可以得到一个确定的计算图，在这个步骤中需要定义 tf.placeholder（用来传入数据）、tf.Variable（用来存放模型参数，tf.Variable 在计算图中可以存储并更新）和具体的计算操作，代码如下。

```
x = tf.placeholder(tf.float32, [None, 784])
W = tf.Variable(tf.zeros([784, 10]))
b = tf.Variable(tf.zeros([10]))
y = tf.nn.softmax(tf.matmul(x, W) + b)
```

（2）定义 loss，指定优化器来优化 loss，代码如下。

```
y_ = tf.placeholder(tf.float32, [None, 10])
cross_entropy = tf.reduce_mean(-tf.reduce_sum(y_*tf.log(y),reduction_indices=[1]))
train_step = tf.train.GradientDescentOptimizer(0.5).minimize(cross_entropy)
```

（3）传入数据并进行迭代训练，代码如下。

```
for i in range(1000):
    batch_xs, batch_ys = mnist.train.next_batch(100)
    train_step.run(feed_dict={x:batch_xs,y_:batch_ys})
```

（4）使用测试集或者验证集对准确率进行评测，代码如下。

```
correct_prediction = tf.equal(tf.argmax(y, 1), tf.argmax(y_, 1))
accuracy = tf.reduce_mean(tf.cast(correct_prediction, tf.float32))
print(accuracy.eval({x: mnist.test.images, y_: mnist.test.labels}))
```

这几个步骤使用 TensorFlow 进行算法设计、训练的核心步骤，也将会应用于后续章节的模型算法中。

5.6 构建 softmax 回归模型

在本小节，将建立一个 softmax 回归模型，此回归模型具备单个线性层。然后，通过为输入图像和目标输出类别创建节点，来完成计算图的构建工作，代码如下。

```
x = tf.placeholder("float", shape=[None, 784])
y_ = tf.placeholder("float", shape=[None, 10])
```

源代码里所出现的 x 和 y 并不是一个特定的值，它们仅仅代表着一个占位符，并且可以在 TensorFlow 运行某一个计算时根据该占位符的位置输入一个具体的数值。

作为输入数据的图片，x 是一个 2 维的浮点数张量，由代码内容可知，程序中分配给它的 shape 为[None, 784]，其中，数值 784 是一张展平的 MNIST 图片的维度数，单词 None 表示它的值大小不固定，在这里作为第 1 个维度值，用以指定 batch 的大小，即 *x* 所代表的数量是一个不确定值。输出结果值 y_也是一个 2 维的张量，其中每一行为一个 10 维的 one-hot 向量，用于代表对应的某一个 MNIST 图片的类别。placeholder 的 shape 参数是一个可选参数，具有此参数可以使得 TensorFlow 能够自动捕捉因为数据维度不一致而导致的一些错误异常。

接下来要为模型定义权重 ***W*** 和偏置项 ***b***，并且可将它们作为额外的输入量进行数据输入。除此方法以外，TensorFlow 还拥有另外一种更为有效的处理方法，那就是使用变量。在 TensorFlow 中，通常一个变量代表着计算图中的某一个数值，它能够在计算过程中进行使用，甚至在一定条件下，还可进行修改。在机器学习的应用过程中，模型参数一般是采用 Variable 来进行表示，代码如下。

```
W = tf.Variable(tf.zeros([784,10]))
b = tf.Variable(tf.zeros([10]))
```

从上述源代码的内容可知，程序在调用 tf.Variable 时，进行了初始值的传入，同时将 ***W*** 和 ***b*** 都进行了初始化，使得它们都为零向量。权重 ***W*** 所代表的是一个 784×10 的矩阵，它表示这个矩阵将含有 784 个特征值以及 10 个输出数值；偏置项 ***b*** 代表的是一个 10 维的向量，它表示有 10 个分类。变量首先会通过 session 进行初始化，然后，再将之应用在 Session 中。这个初始化的步骤可表示为：将具体的数值分配给初始值，并将分配了具体数值的初始值分配给每一个变量。这样的初始化步骤可以一次性为所有变量完成初始化操作，代码如下。

```
sess.run(tf.initialize_all_variables())
```

接下来的工作，需要通过一行代码的运行来实现回归模型，代码如下。

```
y = tf.nn.softmax(tf.matmul(x,W) + b)
```

代码中的 tf.matmul(x,W)意为程序将向量后的图片 ***x*** 和权重矩阵 ***W*** 进行相乘运算，然后运算后的结果再加上偏执项 ***b***，就是代码所示的 tf.matmul(x,W) + b 部分的内容，最后计算每个分类的 softmax 的概率值，完成 tf.nn.softmax(tf.matmul(x,W) + b)的计算过程。

另外，可以为训练过程指定最小化误差用的损失函数，这个损失函数是目标类别和预测类别之间的交叉熵，代码如下。

```
cross_entropy = -tf.reduce_sum(y_*tf.log(y))
```

在代码中，tf.reduce_sum 将每一张图片的交叉熵的数值都相加，最终求得的交叉熵是整个 minibatch 内图片的交叉熵值的总和。

前面的步骤已经定义完成了模型和训练所用的损失函数，接下来再使用 TensorFlow 进行训练工作就会变得简单。TensorFlow 可以获得整个过程的计算图，它可以使用自动微分法找到对于各个变量的损失的梯度值。同时，TensorFlow 还拥有着为数不少的内置优化算法，在这个小节的练习中，将使用梯度下降法来让交叉熵的值进行下降，下降的步长为 0.03，代码如下。

```
train_step = tf.train.GradientDescentOptimizer(0.03).minimize(cross_entropy)
```

上述代码向计算图中添加一个新操作，这个操作包括梯度的计算、每个参数步长变化的计算以及新的参数值的计算操作。返回的操作对象为 train_step，在运行时会使用梯度下降来更新参数。因此，整个模型的训练可以通过将 train_step 放入循环语句中并反复运算来进行，代码如下。

```
for i in range(1000):
  batch = mnist.train.next_batch(50)
train_step.run(feed_dict={x: batch[0], y_: batch[1]})
```

程序语句 for i in range(1000):表示通过 for 循环实现反复运算的效果，跳出循环的条件是循环 1000 次；在计算过程中，程序语句 batch = mnist.train.next_batch(50)表示每一步的迭代，都会加载 50 个训练样本；程序语句 train_step.run(feed_dict={x: batch[0], y_: batch[1]})表示通过 feed_dict 将 x 和 y_的张量占位符用训练数据进行替代。在计算图的运算过程中，不但可以使用 feed_dict 来替代占位符，还可以使用 feed_dict 来替代任意张量。

模型的具体性能表现则需要通过以下工作来进行评估。首先，找到预测正确的标签，tf.argmax 是一个非常有用的函数，它能够给出某个张量对象在某一个维度上的数据最大值的具体索引值。前面已经讲过，标签向量是由数字 0 和数字 1 组成的内容，因此最大值 1 所在的索引位置就是类别标签，代码如下。

```
correct_prediction = tf.equal(tf.argmax(y,1), tf.argmax(y_,1))
```

代码中出现的 tf.argmax(y,1)表示返回的标签值为模型对于任意一个输入值 x 所预测的内容，而 tf.argmax(y_,1)则为正确的标签内容，另外，在代码中使用了函数 tf.equal 来对两个标签值进行比对，从而判断通过模型预测的标签值索引位置是否与真实的标签值索引位置相匹配。比对完成后，程序将返回一个布尔值的数值，因此，为了更加精确地进行分类的计算，需要将布尔值先转换为浮点数来表示对与错，最后再进行取平均值的计算，代码如下。

```
accuracy = tf.reduce_mean(tf.cast(correct_prediction, "float"))
```

最后，通过输入下列代码内容，即可完成预测数据的准确率计算，最终结果约为 91%，代码如下。

```
print accuracy.eval(feed_dict={x: mnist.test.images, y_: mnist.test.labels})
```

06 第6章　卷积神经网络

6.1　卷积神经网络

卷积神经网络（Convolutional Neural Network，CNN）是深度学习技术中极具代表的网络结构之一，属于人工神经网络的一种。它在许多最新的神经网络模型中都有具体的应用，并被应用于多个实际领域中，其中应用最频繁也最成功的领域是图像处理。在国际标准的 ImageNet 数据集上，许多成功的模型都是基于卷积神经网络的应用。卷积神经网络相较于传统的图像处理算法的优点之一在于，它的权值共享网络结构降低了模型的复杂度，减少了权重的数量，巧妙地通过很少的权重达到了其他模型无法实现的效果，它避免了在对图像进行处理时要经历的复杂的前期预处理过程（提取人工特征等），可以直接输入原始图像。

1980 年福岛（Fukushima）教授在国际上发表了一篇关于新型识别器的文章，这篇文章所提到的内容就是卷积神经网络的雏形，其拥有平移和扭曲不变形两种特性；1986 年鲁姆哈特（Rumelhart）等学者们在关于反向传播（back propayation）的文章中提到了卷积神经网络的思想；在 1988 年的一篇关于语言识别的暂态信号的文章中则提到直接将卷积神经网络加以应用；1989 年纽约大学的杨立昆（Yann LeCun）教授以神经网络为基础对高维度网格型做进一步处理。

卷积神经网络与普通神经网络的区别在于，卷积神经网络包含了一个由卷积层和子采样层构成的特征抽取器。在卷积神经网络的卷积层中，一个神经元只与部分相邻层的神经元进行连接。在卷积神经网络的一个卷积层中，通常包含了若干个特征平面（feature map），每个特征平面都由一些矩形排列的神经元构成，同一特征平面的神经元共享权值，这里共享的权值就是卷积核。卷积核的作用在于它的强化或者隐藏模式，一般以随机小数矩阵的形式进行初始化，在网络训练过程中卷积核将进行学习并得到一个合理的权值。共享权值（或称为卷积核）带来的直接好处就是减少了网络中各层之间的连接，同时又降低了过拟合的风险。子采样层也叫作池化（pooling），通常有均值子采样（mean pooling）和最大值子采样（max pooling）两种形式。子采样可以看作是一种特殊的卷积过程。卷积和子采样大大简化了模型的复杂度，减少了模型的参数。卷积神经网络基本结构如图 6-1 所示。

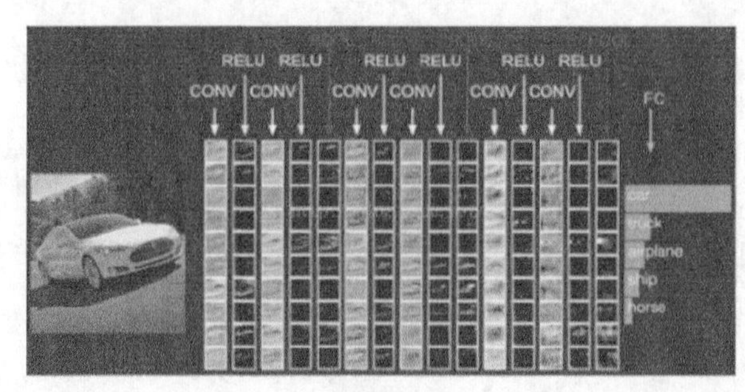

图 6-1

在不考虑输入层的情况下，一个典型的卷积神经网络通常由若干个卷积层、激活层、池化层以及全连接层组成，下面将对此进行一些简单的介绍说明。

卷积神经网络有两种方式可以降低参数数目，第 1 种方式叫局部感知，第 2 种方式叫权值共享。先说局部感知，一般认为人对外界的认知是从局部到全局的，而图像的空间联系也是局部的像素联系较为紧密，而距离较远的像素联系则较弱。因此，每个神经元其实没有必要对全局图像进行感知，只需要对局部进行感知，然后在更高层将局部的信息综合起来就得到了全局的信息。网络部分连通的思想，也是受启发于生物学里面的视觉系统结构。视觉皮层的神经元就是局部接受信息（即这些神经元只响应某些特定区域的刺激）。如图 6-2 所示，左图为全连接，右图为局部连接。

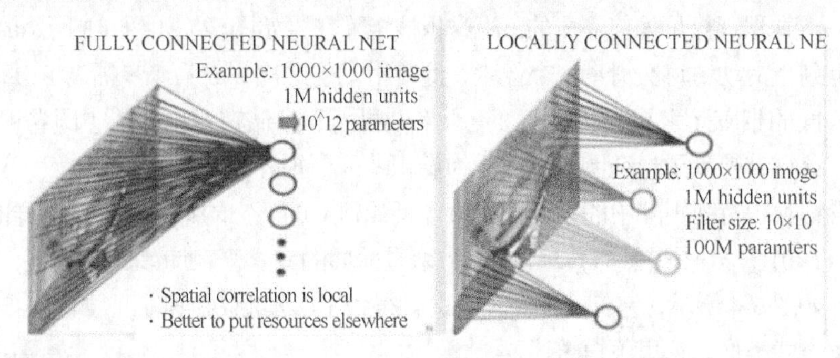

图 6-2

图 6-2 左图所示的全连接结构中，每一个节点的输入都是上一层的所有输出，当其中的隐含层节点数目偏多时，整个网络中的参数数量将会变得异常巨大。以图片为例，一般的 jpg 格式图片在计算机中以 3 维矩阵的形式进行存储，如果要对一张分辨率达到 1000×1000 的灰度图片进行处理，则一共需要 $1000 \times 1000 \times 3$=3000000 个整数值。如果将每一个值都看做一个特征维度，经过感知机的变换后保持输出维度不变，则需要 $1000 \times 1000 \times 1000 \times 1000=10^{12}$ 个元素的参数矩阵。此时，无论是权值矩阵占用的存储空间还是模型量的计算量，都将是一个海量的数字。与此同时，参数过多则会带来收敛速度的减慢，也就需要更多的数据和更多的训练进行迭代，但是巨大的计算量意味着无法在有限的时间内完成所需要的计算。

从语义上进行理解也会存在相同的问题：全连接网络结构在处理每一个像素时，其相邻像素与距离很远的像素都是以同样方式进行处理，不需要去考虑图像内容的空间结构。但是通常情况下，图像的语义不是以像素为单位，而是由连续的线条、多边形或色块构成的，要使得全连接网络模型通过数据从零开始学习其中的模式规律，需要很大的代价，其过程也会极其困难。卷积神经网络便由此而产生。

卷积神经网络中至少有一层计算是卷积操作的神经网络。卷积操作是最核心的部分，它与全连接结构最大的不同就是能够充分利用图片中相邻区域的信息，通过稀疏连接和共享权值的方式来减少参数矩阵的规模，从而减少计算量，同时，也能够提高收敛的速度。例如，在图 6-2 右图中，假如每个神经元只和 10×10 个像素值相连，那么权值数据为 1000000×100 个参数，减少为原来的万分之一。而那 10×10 个像素值对应的 10×10 个参数，其实就相当于卷积操作。

但其实这样的话参数仍然过多，那么就需要用到第 2 种方式，即权值共享。在上面的局部连接中，每个神经元都对应 100 个参数，一共 1000000 个神经元，如果这 1000000 个神经元的 100 个参数都是相等的，那么参数数目就变为 100 了。

该如何理解权值共享呢？可以把这 100 个参数（也就是卷积操作）看作提取特征的方式，该方式与位置无关。这其中隐含的原理则是：图像的一部分统计特性与其他部分是一样的。这也意味着在这一部分学习的特征也能用在其他部分上，所以对于这个图像上的所有位置，都能使用同样的学习特征。

更直观一些来理解，即当从一个大尺寸图像中随机选取一小块，例如选取 8×8 的一块小图像作为样本，并且从小样本中学习到了一些特征，这时可以将从该样本中学到的特征作为探测器应用到这个图像的任意位置。特别是，可以用从 8×8 样本中所学习到的特征跟原本的大尺寸图像作卷积操作，从而对这个大尺寸图像上的任一位置获得一个不同特征的激活值。

下面来看一下卷积计算是如何完成的。用卷积核矩阵在原始图像（如图 6-3 所示的输入数据）上从左到右、从上到下滑动，每次滑动 s 个像素，此时滑动的距离 s 成为“步幅”。在每个位置上可以计算出两个矩阵间的相应元素乘积，并把“点乘”结果之和存储在输出矩阵（即卷积特征）中的每一个单元格中，这样就得到了特征图谱（或称为卷积特征）矩阵。

现在，来看看卷积特征矩阵中的第 1 个元素 4 是如何来的。它的计算过程是这样的：$(1\times1+1\times0+1\times1)+(0\times0+1\times1+1\times0)+(0\times1+0\times0+1\times1)=2+1+1=4$。乘号前面的元素来自原始图像数据，乘号后面的元素来自卷积核，如图 6-4 所示，它们之间做点乘，就得到了所谓的卷积特征，如图 6-5 所示。其他卷积特征值的求解方式类似，这里不再赘述。

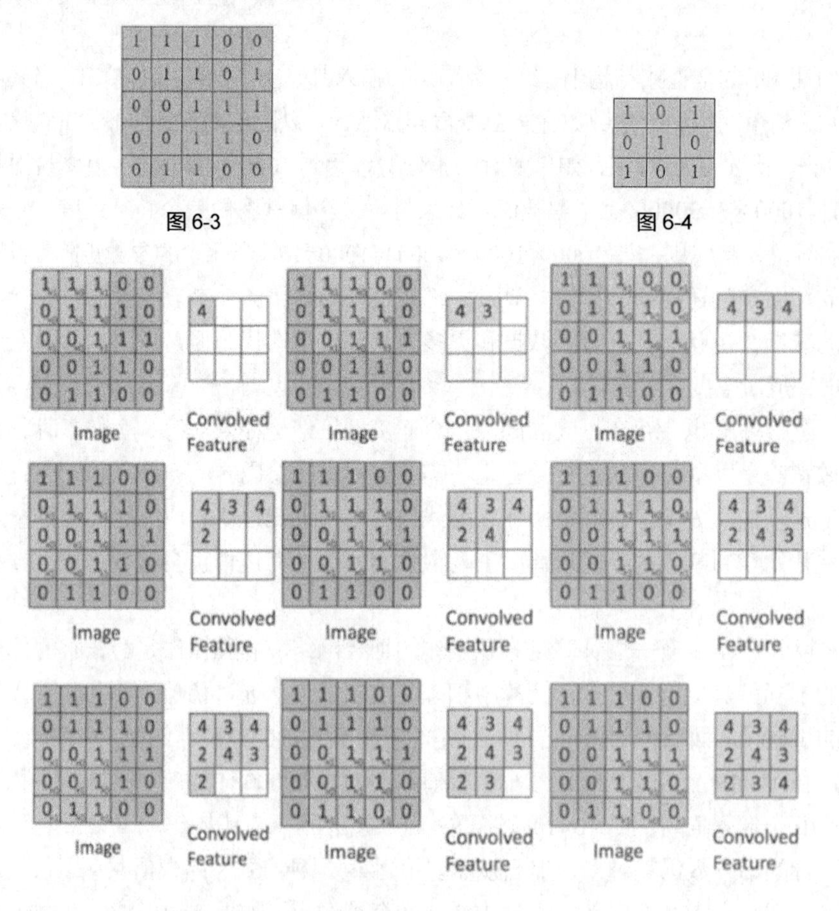

图 6-3

图 6-4

图 6-5

上面所述的是只有 100 个参数时的情况，表明只有一个 10×10 的卷积核，显然，特征提取是不充分的，可以添加多个卷积核，比如 32 个卷积核，可以学习 32 种特征。有多个卷积核存在的情况，如图 6-6 所示。

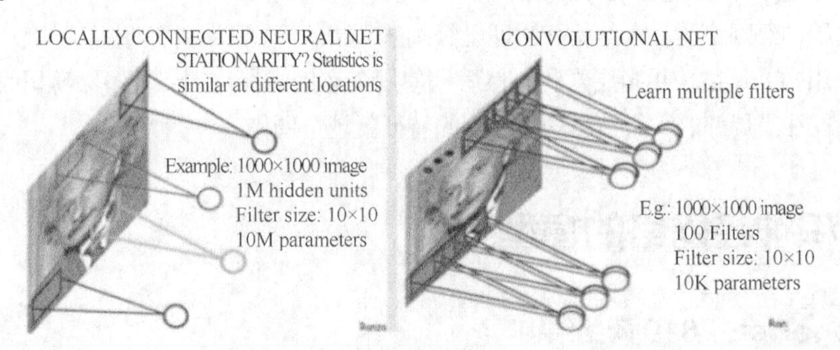

图 6-6

在图 6-6 右图中，不同深浅线条表明不同的卷积核。每个卷积核都会将图像生成为另一幅图像。比如两个卷积核就可以生成两幅图像，这两幅图像可以看作是一张图像的不同的通道。

图 6-7 展示了在 4 个通道上的卷积操作，有两个卷积核，生成两个通道。其中需要注意的是，4 个通道上每个通道对应一个卷积核，先将 W^1 忽略，只看 W^1，那么在 W^1 的某位置（i,j）处的值，是由 4 个通道（i,j）处的卷积结果相加然后再取激活函数值得到的。

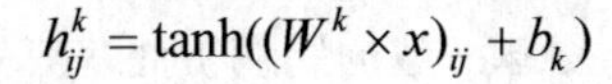

$$h_{ij}^k = \tanh((W^k \times x)_{ij} + b_k)$$

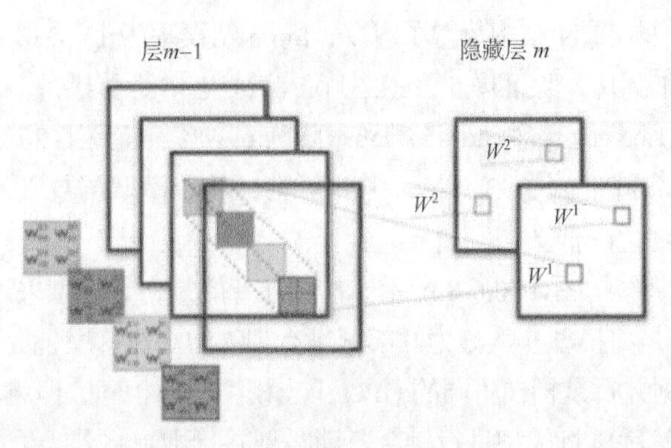

图 6-7

所以，由 4 个通道卷积得到 2 个通道的过程中，参数的数目为 4×2×2×2 个，其中 4 表示 4 个通道，第 1 个 2 表示生成 2 个通道，最后的 2×2 表示卷积核大小。

在通过卷积获得了特征（features）之后，下一步需要利用这些特征去做分类。从理论上讲，人们可以用所有提取到的特征去训练分类器，例如 softmax 分类器，但这样做需要面临着计算量的挑战。例如：对于一个 96px×96px 的图像，假设已经通过学习得到了 400 个定义在 8×8 输入上的特征，每一个特征和图像卷积都会得到一个(96−8+1)×(96−8+1) = 7921 维的卷积特征，由于有 400 个特征，所以每个样例（example）都会得到一个 7921×400 = 3 168 400 维的卷积特征向量。学习一个拥有超过三百万特征输入的分类器十分不便，并且容易出现过拟合（over-fitting）现象。

之所以决定使用卷积后的特征是因为图像具有一种“静态性”的属性，这也就意味着在一个图像区域有用的特征极有可能在另一个区域同样适用。因此，为了描述大的图像，一个很自然的想法就是对不同位置的特征进行聚合统计，例如，可以计算图像一个区域上的某个特定特征的平均值（或最大值）。这些概要统计特征不仅具有低得多的维度（相比使用所有提取得到的特征），同时还会改善结果（不容易过拟合）。这种聚合的操作就叫池化。

至此，卷积神经网络的基本结构和原理已经阐述完毕。

在实际应用中，往往使用多层卷积，然后再使用全连接层进行训练，多层卷积的目的是一层卷积学到的特征往往是局部的，层数越高，学到的特征就越全局化。

6.2 卷积神经网络的模型架构

6.2.1 ImageNet-2010 网络结构

ILSVRC（ImageNet Large Scale Visual Recognition Challenge）图像识别竞赛是机器视觉领域最受关注也是最具权威性的学术竞赛之一，它最基础的一项就是要求参赛者对海量的图片进行识别并分类。每年全球最顶尖的科学家和 IT 企业都会参与到这场学术竞赛中，企图应用最前沿、最新的算法来解决图像识别方面的问题，并不断刷新挑战记录。每年的冠军模型和算法都会是之后一段时间内众多学者研究的热点。

ImageNet 数据集是 ILSVRC 图像识别竞赛中使用的数据集，包含了超过 1400 万张具有标记的图片。每年的 ILSVRC 竞赛都会从 ImageNet 数据集随机抽取部分样本。2012 年，阿莱克斯 · 克里泽夫斯基（Alex Krizhevsky）的 CNN 结构获得了冠军，top-5 错误率为 15.3%。这一年的比赛所用图片数量分别为训练集 127 万张图片，验证集 5 万张图片，测试集 15 万张图片。在 2014 年的 I LSVRC 比赛中，取得冠军的 GoogLeNet 已经将 top-5 错误率降为 6.67%。而到了 2015 年，获得冠军的 ResNet 模型更是将 top-5 错误率降低到了 3.57%。由此可见，随着模型层数以及复杂度的增加，模型在 ImageNet 上的错误率也随之降低。

Alex 的卷积神经网络结构图如图 6-8 所示。需要注意的是，该模型采用了 2-GPU 并行结构，即第 1、2、4、5 卷积层都是将模型参数分为两部分进行训练的。在这里，更进一步，并行结构分为数据并行与模型并行。数据并行是指在不同的 GPU 上，模型结构相同，但将训练数据进行切分，分别训练得到不同的模型，然后再将模型进行融合。而模型并行则是将若干层的模型参数进行切分，不同的 GPU 上使用相同的数据进行训练，得到的结果直接连接作为下一层的输入。

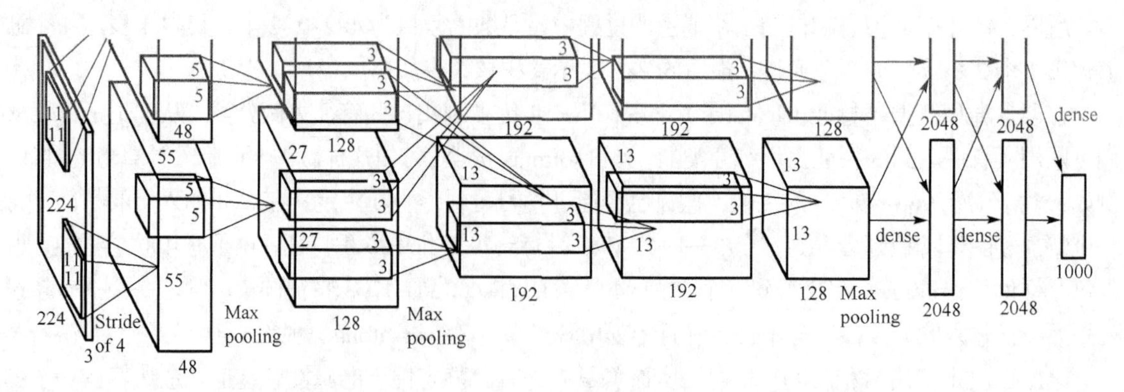

图 6-8

该模型的基本参数说明如下。

- 输入：224px×224px 大小的图片，3 通道。
- 第 1 层卷积：11×11 大小的卷积核 96 个，每个 GPU 上 48 个。
- 第 1 层 Max-pooling：2×2 的卷积核。
- 第 2 层卷积：5×5 大小的卷积核 256 个，每个 GPU 上 128 个。
- 第 2 层 Max-pooling：2×2 的卷积核。
- 第 3 层卷积：与上一层是全连接，3×3 的卷积核 384 个，分到两个 GPU 上，每个 GPU 各 192 个。
- 第 4 层卷积：3×3 的卷积核 384 个，两个 GPU 上各 192 个。该层与上一层连接没有经过 pooling 层。
- 第 5 层卷积：3×3 的卷积核 256 个，两个 GPU 上各 128 个。
- 第 5 层 Max-pooling：2×2 的卷积核。
- 第 1 层全连接：4096 维，将第 5 层 Max-pooling 的输出连接成为一个 1 维向量，作为该层的输入。
- 第 2 层全连接：4096 维。
- softmax 层：输出为 1000，输出的每一维都是图片属于该类别的概率。

6.2.2　DeepID 网络结构

DeepID 网络结构是中国香港中文大学的孙祎（Sun Yi）开发出来用于学习人脸特征的卷积神经网络。每张输入的人脸被表示为 160 维的向量，学习到的向量经过其他模型进行分类，在人脸验证试验上得到了 97.45%的正确率，原作者改进了卷积神经网络，又得到了 99.15%的正确率。如图 6-9 所示，该结构与 ImageNet 的具体参数类似。

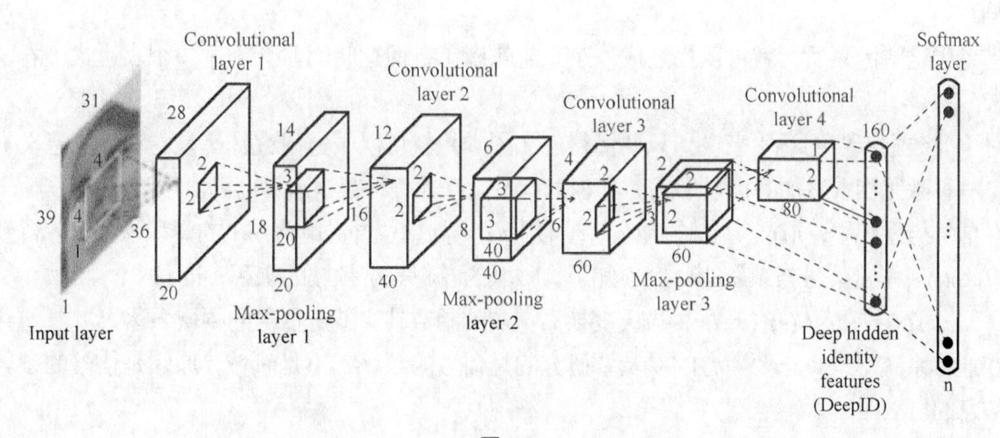

图 6-9

图 6-9 中的结构，最后只有一层全连接层，然后就是 softmax 层了。以该全连接层作为图像的表示。在全连接层，以第 4 层卷积和第 3 层 Max-pooling 的输出作为全连接层的输入，这样可以学习到局部的和全局的特征。

6.3 卷积运算

卷积这个概念是“信号与系统”中论述系统对输入信号的响应而提出的一个思想。因为是对模拟信号论述的，所以常常带有烦琐的算术推导，很简单的问题常常就会被一大堆公式所淹没，那么卷积的物理意义是什么呢?

卷积表示为 $y(n)=x(n)\times h(n)$。

使用离散数列来理解卷积会更形象一点，把 $y(n)$的序列表示成 $y(0)$，$y(1)$，$y(2)$……这是系统响应出来的信号。

同理，$x(n)$的对应时刻的序列为 $x(0)$，$x(1)$，$x(2)$……

如果没有学过信号与系统，就常识来讲，系统的响应不仅与当前时刻系统的输入有关，也跟之前若干时刻的输入有关，因为可以理解为这是之前时刻的输入信号经过一种过程（这种过程可以是递减，削弱或其他）对现在时刻系统输出的影响，那么显然，计算系统输出时就必须考虑现在时刻信号输入的响应以及之前若干时刻信号输入的响应的“残留”影响的一个叠加效果。

假设 0 时刻系统响应为 $y(0)$，若其在 1 时刻时，此种响应未改变，则 1 时刻的响应就变成了 $y(0)+y(1)$，这叫序列的累加和（与序列的和不一样）。但常常系统中不是这样的，因为 0 时刻的响应不太可能在 1 时刻仍旧未变化,那么怎么表述这种变化呢？通过 $h(t)$这个响应函数与 $x(0)$相乘来表述，表述为 $x(m)\times h(m-n)$，具体表达式不用多管，只要记着有这种关系即可，引入这个函数就能够表述 $y(0)$在 1 时刻究竟削弱了多少，然后削弱后的值才是 $y(0)$在 1 时刻的真实值，再通过累加和运算，才得到真实的系统响应。

再将此内容进行扩展，某时刻的系统响应往往不一定是由当前时刻和前一时刻这两个响应决定的，也可能是再加上前几个时刻，那么怎么约束这个范围呢，就是通过对 $h(n)$这个函数在表达式中变化后的 $h(m-n)$中的 m 的范围来约束的。即当前时刻的系统响应与之前时刻的响应的“残留影响”。

当考虑这些因素后，就可以描述成一个系统响应了，而这些因素会通过一个表达式（卷积）描述出来。

对于非数学专业的学生来说，只要懂得怎么用卷积就可以了，研究什么是卷积其实意义不大，它就是一种微元相乘累加的极限形式。卷积本身不过就是一种数学运算而已。

在信号与系统里，$f(t)$的零状态响应 $y(t)$可用 $f(t)$与其单位冲激响应 $h(t)$的卷积积分求解得到，即 $y(t)=f(t)\times h(t)$。学过信号与系统的都应该知道，时域的卷积等于频域的乘积，即有

$Y(s)=F(s)\times H(s)$（$s=jw$，拉氏变换后得到的函数其实就是信号的频域表达式）

在通信系统里，真正要关心的以及要研究的是信号的频域，不是时域，原因是信号的频域是携带有信息的量。

所以，需要的是 $Y(s)$这个表达式，但是实际上，往往不能很容易地得到 $F(s)$和 $H(s)$这两个表达式，但是能直接地、很容易地得到 $f(t)$和 $h(t)$，所以为了找到 $Y(s)$和 $y(t)$的对应关系，就要用到卷积运算。

卷积的过程就是相当于把信号分解为无穷多的冲激信号，然后进行冲激响应的叠加。

6.3.1 输入和卷积核

卷积是图像处理常用的方法，给定输入图像，在输出图像中每一个像素是输入图像中一个小区域中像素的加权平均。其中权值由一个函数定义，这个函数称为卷积核，比如卷积公式：$R(u,v)=\Sigma\Sigma G(u-i,v-j)f(i,j)$，其中 f 为输入，G 为卷积核。

6.3.2 降维

降维，是通过单幅图像数据的高维化，将单幅图像转化为高维空间中的数据集合，并对其进行非线性降维。寻求其高维数据流型本征结构的 1 维表示向量，将其作为图像数据的特征表达向量。

降维方法分为线性降维和非线性降维。

（1）线性降维方法：PCA、ICA、LDA、LFA、LPP（LE 的线性表示）

（2）非线性降维方法又分为以下两种。

① 基于核函数的非线性降维方法：KPCA 、KICA、KDA。

② 基于特征值的非线性降维方法（流型学习）：ISOMAP、LLE、LE、LPP、LTSA、MVU。

6.3.3 填充

提到卷积层，不可避免地会涉及“填充”这个名词以及“填充值”这个名词。那么，什么是填充值呢?如图 6-10 所示，有一个 5×5 的图片，图片中的每一个格子都代表着一个像素，依次滑动选择窗口，窗口大小取 2×2，滑动步长设定为 2，会发现图中有一个像素没有办法滑动，那么，该采用何种办法才能解决这样的问题呢?

为了保证滑动操作能够顺利完成，需要在不足的部分上再补充一些像素，即在原先的矩阵图像上添加一层填充值，使得图片变成图 6-11 所示的 6×6 的矩阵图像，按照填充后的图像来进行步长为 2 的滑动，则刚好能够将所有像素遍历完成，这就是填充值最显著的作用。

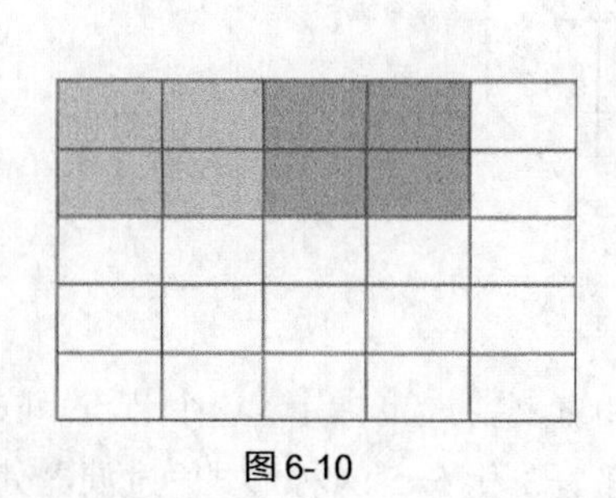

图 6-10

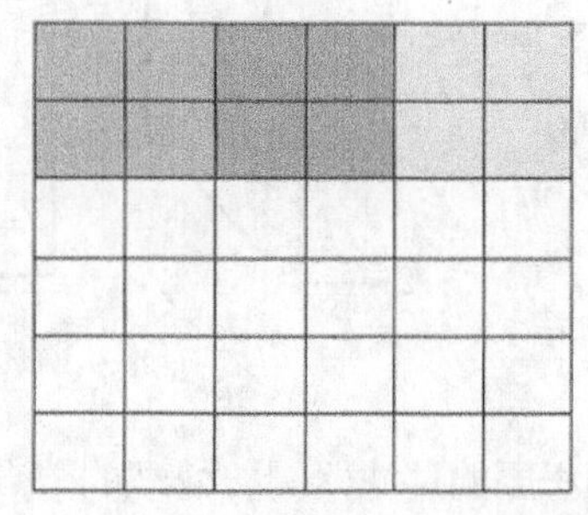

图 6-11

6.3.4 数据格式

数据格式（data format）是数据保存在文件或记录中的编排格式。可分为数值、字符串或二进制等形式。

数据类型是与程序中出现的变量相联系的数据形式。常用的数据类型可分为两大类。简单类型和复合类型。简单类型数据的结构非常简单，具有相同的数学特性和相同的计算机内部表示法，其数据的逻辑结构特点是只包含一个初等项的节点。通常有 5 种基本的简单类型：整数类型、实数类型、布尔类型、字符类型和指针类型。复合类型也被称为组合类型或结构类型，是由简单类型用某种方式组合而成的。根据不同的构造方法，可构成以下几种不同的数据类型。

（1）数组类型：所有成分都属于同一类型。

（2）记录类型：各成分不一定属于同一类型。

（3）集合类型：它定义的值集合是其基类型的幂集，也就是基类型的值域的所有子集的集合。

（4）文件类型：属于同一类型的各成分的一个序列，这个序列规定各成分的自然次序。

6.4 卷积常见层

在前面的内容中，我们已经大致介绍了卷积层和池化层的概念。在本节中将具体介绍卷积层、池化层、归一化和高级层的详细内容，讲解它们的网络结构以及前向传播的过程，同时，还会通过 TensorFlow 来实现这些网络结构。

6.4.1 卷积层

本小节将详细讲述关于卷积层的内容，包括它的结构以及它前向传播的算法。图 6-12 中显示了卷积层神经网络中最重要的部分，这个部分被称为过滤器（filter）或内核（kernel），在本书中，统称这个结构为过滤器。如图 6-12 所示，过滤器可以将当前层的神经网络上的一个子节点矩阵转化为下一层神经网络上的一个单位节点矩阵。单位节点矩阵指的是长和宽都为数值 1，但深度没有限制的节点矩阵。

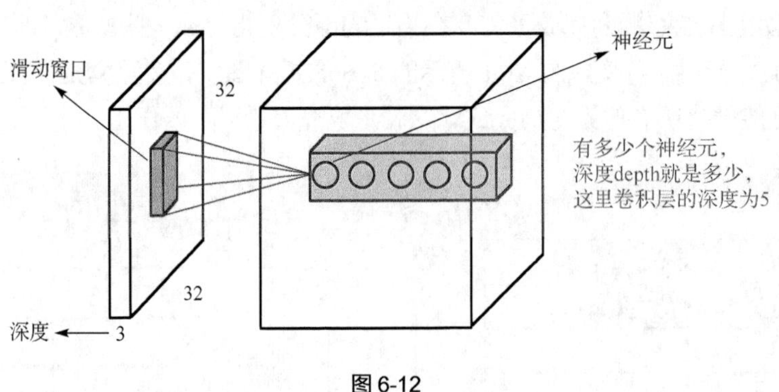

图 6-12

一个卷积层的过滤器需要处理的节点矩阵的长度和宽度要人工指定，这个节点矩阵的大小常常被称为过滤器的尺寸，通常所使用的过滤器的尺寸有 3×3 和 5×5 两种形式。过滤器处理的矩阵深度和当前层神经网络节点矩阵的深度是相同的，所以节点矩阵虽然是 3 维的，但是过滤器的深度只需要考虑 2 维。过滤器中另一个需要人工指定的设定内容是经过处理所得到的单位节点矩阵的深度，这个设置称为过滤器的深度。这里需要注意的两个词是过滤器的深度和过滤器的尺寸，过滤器的尺寸是指一个过滤器输入节点矩阵的大小；过滤器的深度是指输出单位节点矩阵的深度。如图 6-13 所示，左侧小一些的矩阵尺寸为过滤器的大小，右侧单位矩阵的深度为过滤器的深度，而过滤器的深度又与输出单位节点的神经元数量相关联，即有多少个神经元，过滤器的深度就为多少。如图 6-13 所示，过滤器的前向传播过程就是通过左侧小型矩阵中的节点，计算出右侧单位矩阵中节点的过程。

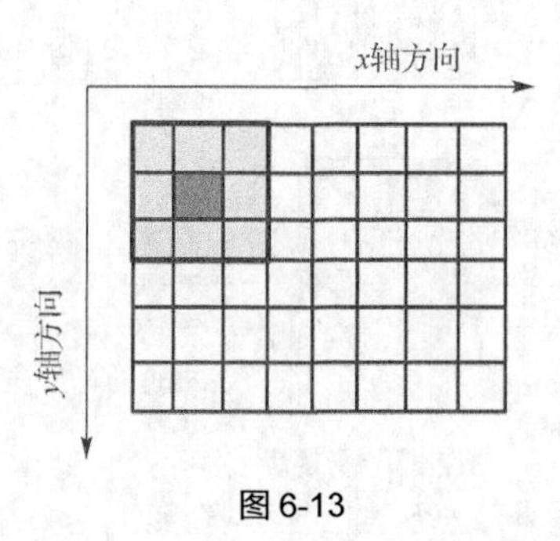

图 6-13

关于卷积操作，我们通过图 6-13 来进行详细说明。图 6-13 中较大网格表示一幅图片，有填充的网格表示一个卷积核，卷积核的大小为 3×3。假设做步长为 1 的卷积操作，表示卷积核每次向右移动一个像素（当移动到边界时回到最左端并向下移动一个单位）。卷积核每个单元内都有权重，图 6-13 的卷积核内有 9 个权重。在卷积核移动的过程中将图片上的像素和卷积核的对应权重相乘，最后将所有乘积相加得到一个输出。经过卷积后将形成一个 6×4 的图。

在传统神经网络中每个神经元都要与图片上各个像素相连接，这样就会导致权重的数量巨大从而使得网络难以训练。而在含有卷积层的神经网络中每个神经元的权重个数都是卷积核的大小，就相当于没有神经元，只与对应图片部分的像素相连接，这样就大大减少了权重的数量。同时可以设置卷积操作的步长，假设将图 6-13 的卷积操作的步长设置为 3 时每次卷积都不会有重叠区域（在超出边界的部分补自定义的值）。局部感知的直观感受如图 6-14 所示。

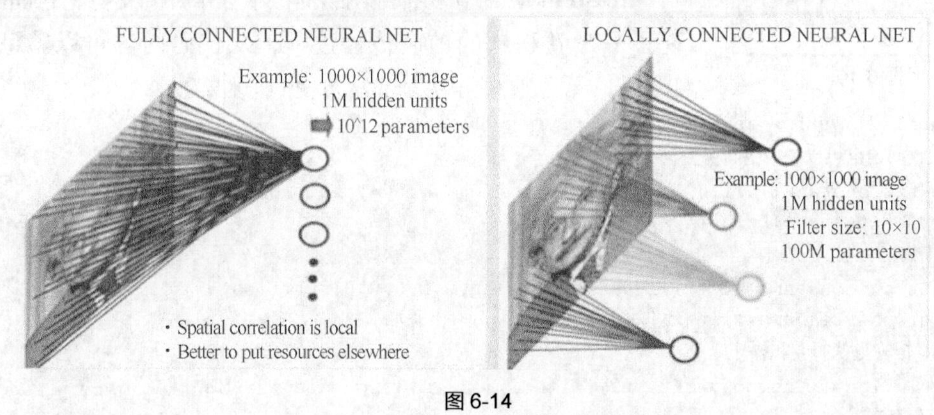

图 6-14

使用局部感知的原因是一般人们认为图片中距离相近的部分相关性较大，而距离比较远的部分相关性较小。在卷积操作中步长的设置就对应着距离的远近，但是步长的设置并无定值需要使用者尝试。

在介绍参数共享前我们应该知道卷积核的权重是经过学习得到的，并且在卷积过程中卷积核的权重是不会改变的，这就是参数共享的思想。这说明通过一个卷积核的操作提取了原图不同位置的同样特征。简单来说就是在一幅图片中不同位置上的相同目标的特征是基本相同的。其过程如图 6-15 所示。

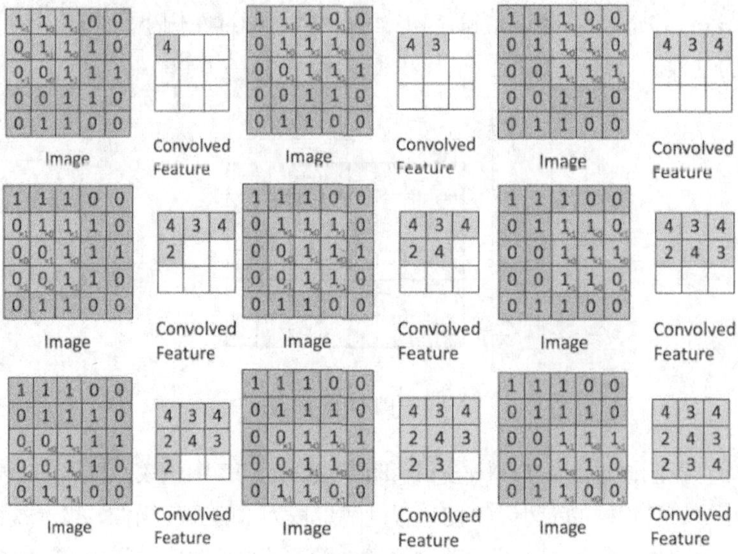

图 6-15

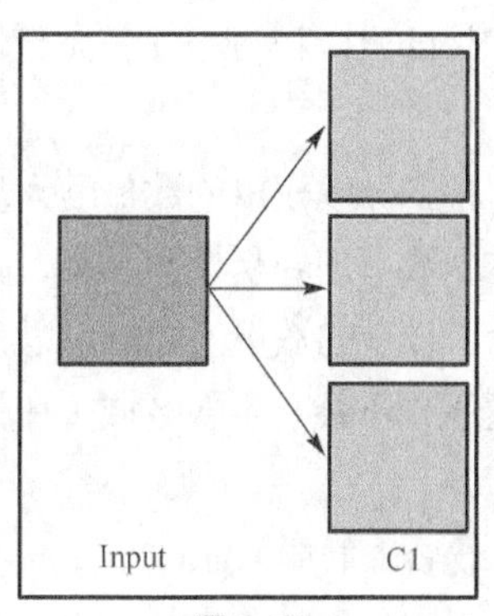

图 6-16

权值共享部分介绍了用一个卷积核操作只能得到一部分特征，可能获取不到全部特征，因此就引入了多核卷积。用每个卷积核来学习不同的特征（每个卷积核学习到不同的权重）来提取原图特征。

如图 6-16 所示，经过 3 个卷积核的卷积操作得到 3 个特征图。需要注意的是，在多核卷积的过程中每个卷积核的大小应该是相同的。

TensorFlow 对卷积神经网络提供了非常好的支持，下面的程序实现了一个卷积层的前向传播过程，从代码内容可以验证，通过 TensorFlow 实现卷积层是非常方便的一种方法。

```
import tensorflow as tf
#输入数据（也可以是一幅画像）
temp=tf.constant([0,1,0,1,2,1,1,0,3,1,1,0,4,4,5,4],tf.float32)
temp2=tf.reshape(temp,[2,2,2,2])
#卷积核
filter=tf.constant([1,1,1,1,0,0,0,0,0,0,0,0,0,0,0,0],tf.float32)
filter2=tf.reshape(filter,[2,2,2,2])
#在 4D 矩阵上执行卷积操作
convolution=tf.nn.conv2d(temp2,filter2,[1,1,1,1],padding="SAME")
#初始化会话
Session=tf.Session()
tf.global_variables_initializer()
#计算所有值
print("输入数据：")
print(session.run(temp2))
print("卷积核：")
print(session.run(filter2))
print("卷积特征图：")
print(session.run(convolution))
```

运行结果如下。

输入数据：

```
[[[[0.1.]
  [0.1.]]
[[2.1.]
  [1.0.]]]
 [[[3.1.]
  [1.0.]]
 [[4.4.]
  [5.4.]]]]
```

卷积和：

```
[[[[1.1.]
   [1.1.]]
 [[0.0.]
   [0.0.]]]
[[[0.0.]
   [0.0.]]
 [[0.0.]
   [0.0.]]]]
```

卷积特征图：

```
[[[[1.1.]
    [1.1.]
  [[3.3.]
    [1.1.]]]
[[[4.4.]
   [1.1.]]
 [[8.8.]
   [9.9.]]]]
```

6.4.2 池化层

池化的过程如图 6-17 所示。

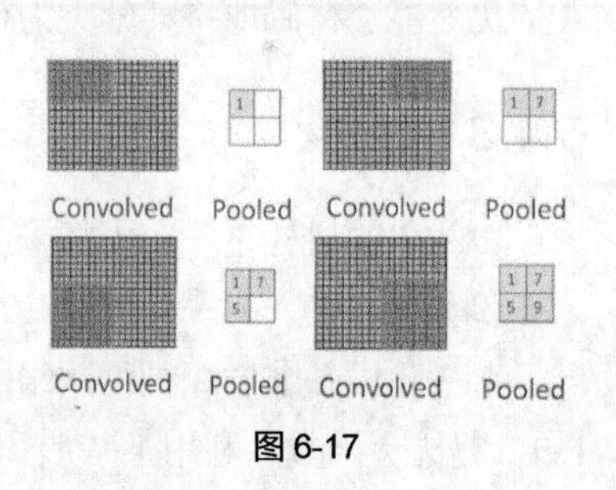

图 6-17

在卷积层之间往往会加上一个池化层（pooling layer）。池化层可以将矩阵的尺寸进行有效地缩小，降低矩阵的长宽数值，从而降低全连接层的参数。换句话说，进行池化的主要目的是为了降维，即在保持原有特征不变的基础上最大限度地将数组的维数变小。池化的整个操作和卷积操作很相似，唯一的区别是在算法方面。

卷积操作是将对应像素上的点相乘，接着再相加；而池化则只关心滤波器的尺寸，不需要考虑内部的值，通过滤波器将映射区域内的像素点取平均值或最大值；在具体池化的过程中，也有步长的概念，在这一点上，是和卷积相同的。

池化层能够减少过拟合，并通过减小输入的尺寸来提高性能。它们可用于对输入采样，但会为后续层保留重要的信息。只使用 tf.nn.conv2d 来减小输入的尺寸也是可以的，但池化层的效率更高。

跳跃遍历某个张量，并从被卷积核覆盖的元素中找出最大的数值作为卷积结果。当输入数据的灰度与图像中的重要性相关时，这种池化方式非常有用。

所谓的池化就是把特征图像区域的一部分求均值或者最大值，用来代表这部分区域。使用平均值操作的池化层被称为平均值池化（Mean Pooling），使用最大值操作的池化层被称为最大值池化（Max Pooling），这也是被使用得最多的池化层结构。

平均值池化是指在图片上对应出滤波器大小的区域，然后对内部的所有不为零的像素点取平均值。这种方法得到的特征数据会对背景信息更敏感，在此过程中，像素点不为零这一细节是需要特别注意的。在实际操作中，如果将为零的一些像素点加上，则会增加分母的数值，从而使整体数据变低，如图 6-18 所示。平均值池化的卷积核中每个权重都是 0.25，卷积核在原图 inputX 上滑动步长为 2。平均值池化的效果相当于把原图模糊缩减至原来的 1/4。

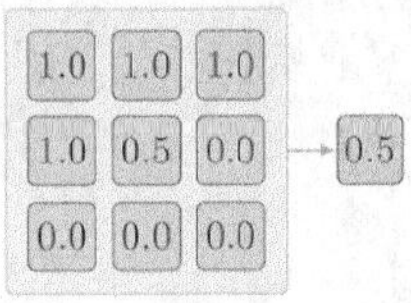

1.0	1.0	1.0
1.0	0.5	0.0
0.0	0.0	0.0

→ 0.5

图 6-18

最大值池化是指在图片上对应出滤波器大小的区域，将里面的所有像素点取最大值。通过这种方法得到的特征数据会对纹理特征的信息更加敏感。最大值池化样的卷积核中各权重值中只有一个为 1，其余均为 0，卷积核中为 1 的位置对应 inputX 被卷积核覆盖部分值最大的位置。卷积核在原图 inputX 上的滑动步长为 2。最大值池化的效果是把原图缩减至原来的 1/4，并保留每个 2×2 区域的最强输入。

池化可以这样做是因为，使用卷积后的特征使图像具有一种“静态性”的属性，这也就意味着在某一个图像区域中有用的特征极有可能在另一个区域内同样有用。因此，对一幅尺寸偏大的图像进行描述时，一个很自然的想法就是对不同位置的特征进行聚合统计。此时均值池化或者最大值池化就是一种聚合统计的方法。

另外，如果选择图像中的连续范围作为池化区域，并且只是池化相同（重复）的隐藏单元产生的特征，那么，这些池化单元就具有平移不变性（translation invariant）。这就意味着即使图像经历了一个小的平移之后，依然会产生相同的（池化的）特征。在众多任务中（例如物体检测、声音识别），都更希望得到具有平移不变性的特征，因为即使图像经过了平移，图像的标记仍然保持不变。例如，处理一个 MNIST 数据集的数字时，把它向左侧或右侧平移，那么无论最终的位置在哪里，都希望分类器仍然能够精确地将其分类为相同的数字。

6.4.3 归一化

归一化的目标之一在于将输入保持在一个可接受的范围内。

例如，将输入归一化到[0,1.0]区间内将使输入中所有可能的分量归一化为一个[0, 1.0]的值。

归一化层并非卷积神经网络所独有。在使用 tf.nn.relu 时，考虑输出的归一化是有价值的。由于 ReLu 是无界函数，利用某些形式的归一化来识别那些高频特征通常是十分有用的。

接下来介绍局部响应归一化，代码如下。

```
tf.nn.local_response_normalization(input, depth_radius=None, bias=None, alpha=None, beta=None, name=None)
```

对应公式如下。

$$b_{x,y}^{i}=a_{x,y}^{i}\bigg/\left(k+a\sum_{j=\max(0,i-n/2)}^{\min(N-1,i+n/2)}(a_{x,y}^{j})^{2}\right)$$

其中 a 的上标 i 指该层的第几个 feature map，a 的下标 x、y 表示 feature map 的像素位置，N 指 feature map 的总数量，公式里的其他参数都是超参数，需要自己指定。

在某个给定向量中，每个分量都被 depth_radius 覆盖的输入的加权和所除。

局部响应归一化在对若干值归一化时，还会将每个值的重要性加以考虑。

这种归一方法是受到神经科学的启发，激活的神经元会抑制其邻近神经元的活动（侧抑制现象）。

归一化是一种无量纲处理手段，使物理数值的绝对值变成某种相对值关系，可以简化计算是缩小量值的有效办法。例如，滤波器中各个频率值以截止频率作归一化后，频率都成了截止频率的相对值，没有了量纲；阻抗以电源内阻作归一化后，各个阻抗都成了一种相对阻抗值，“欧姆”这个量纲也没有了。等各种运算都结束后，反归一化一切都会复原。信号处理工具箱中经常使用的是 Nyquist 频率，它被定义为采样频率的 1/2，在滤波器的阶数选择和设计中的截止频率均使用 Nyquist 频率进行归一化处理。例如对于一个采样频率为 500Hz 的系统，400Hz 的归一化频率就为 400/500=0.8，归一化频率范围是[0,1]。如果将归一化频率转换为角频率，则将归一化频率乘以 2*pi，如果将归一化频率转换为频率，则将归一化频率乘以采样频率的一半。

图像中，若比较两张图片（两张图片的参数：通道数、数据格式相同，大小、分辨率可以不同），会有以下两种情况。

（1）比较两张图片大小，需要判断是否相同。

（2）求取较小的一张图片在大图中的位置。

此时，可以使用欧氏距离作为判断函数，公式如下。

$$D(i,j)=\sum_{m=1}^{M}\sum_{n=1}^{N}[S^{ij}(m,n)-T(m,n)^2]$$

基础就是 2 维中两点的距离。

$$D=x^2+y^2$$

若 D=0，说明图片相等；或者是小的一张图片已经找到在大图中的位置，但是上面的 D 值取值范围太广，甚至可以达到无穷（0，正无穷大），会超出计算机的计算范围，可使用归一化处理。将这个相似性函数展开，可以得到如下公式。

$$\sum_{m=1}^{M}\sum_{n=1}^{N}[S(m,n)]^2=2\sum_{m=1}^{M}\sum_{n=1}^{N}S(m,n)$$

$$T(m,n)+\sum_{m=1}^{M}\sum_{n=1}^{N}[T(m,n)]^2$$

（3）可以看出，只有第 2 项是有意义的，因为第 1 项和第 3 项的值在选定模板后是固定的。对于欧式距离相似函数，值越大表示越不相似，也就是说，第 2 项的值越小则越不相似。将第 2 项进行归一化，公式如下。

$$R(i,j)=\frac{\sum_{m=1}^{M}\sum_{n=1}^{N}S^{ij}(m,n)T(m,n)}{\sqrt{\sum_{m=1}^{M}\sum_{n=1}^{N}[S^{ij}(m,n)]}\sqrt{\sum_{m=1}^{M}\sum_{n=1}^{N}[T(m,n)]^2}}$$

那么当 $R(i,j)$为 1 时，表示模板与子图完全相等。

6.4.4　高级层

为使标准层的定义在创建时更加简单，TensorFlow 引入了一些高级网络层。这些层不是必需的，但它们有助于减少代码冗余，同时遵循最佳的实践。开始时，这些层需要为数据流图添加大量非核心的节点。在使用这些层之前，投入一些精力了解相关基础知识是非常值得的。

6.5 TensorFlow 和图像

TensorFlow 在最初开发的时候，就充分考虑到了将图像作为神经网络的数据输入源进行处理的情况，一些常见的* PNG、* JPG 等图像文件都是可以被 TensorFlow 使用的图像文件格式，它们还可以在不同的颜色空间中工作，并完成一些最常见的图像操作任务。在使用 TensorFlow 进行图像操作时，需要注意的一个细节就是要使图像与其所对应的张量尺寸相同。例如，在 TensorFlow 中，一个红色的 RGB 像素的张量是 red=tf.constant([255,0,0])，如果是其他颜色，则表示颜色的数值有所变化。一张图像文件中的所有像素都会存储在硬盘或其他存储介质中，在使用时，被加载到内存中以供 TensorFlow 进行相应操作。

6.5.1 图像加载

TensorFlow 可以快速地从硬盘或其他存储介质中加载图像文件。它的加载过程与其他文件的加载过程类似，唯一的区别是图像的内容需要经过解码的过程。

图像的加载与二进制文件的加载相同。需要先对图像进行解码，然后再进行下一步的工作，在这个过程中，需要使用 tf.train.string_input_producer 来查找相关图像文件，并将其加载到队列中；需要使用 tf.WholeFileReader 来加载完整图像文件到内存中；需要使用 WholeFileReader.read 来读取相关图像文件；需要使用 tf.image.decode_jpeg 来对 JPEG 格式图像进行解码。

一般的图像为 3 阶张量，常见的 RGB 值为 1 阶张量。加载图像的过程中，所采用的标准格式为 [batch_size,image_height,image_width,channels]。如果批数据图像过大过多，会导致内存占用过高，系统将会停止响应。

6.5.2 图像格式

TensorFlow 内置文件为 TFRecord 格式，对图像进行模型训练前，需要先通过预处理将图像文件转换成 TFRecord 格式文件。TFRecord 格式的优点为输入图像与它所相关联的标签存储在同一文件，该标签的格式又叫独热编码（one-hot encoding）格式，用来表示多类分类的标签数据。

图像加载到内存后，先被转换为字节数组添加到 tf.train.Example 文件，再用 SerializeToString 序列化为二进制字符保存到磁盘。所谓的序列化是一种将内存对象转换为可安全传输的文件格式。因为图像被保存为 TFRecord 格式，所以在训练时可直接加载，将节省训练的时间。

6.5.3 图像操作

卷积神经网络对海量的图像数据进行训练时，能够通过可视化的方法将复杂场景中的目标主题表达出来。首先，使用 TFRecordReader 对象读取 TFRecord 文件；文件被加载以后，将通过 tf.reshape 对象调整形状，使布局符合 tf.nn.conv2d 的要求；再通过 tf.expand 对象扩展维数，并把 batch_size 维数添加到 input_batch；然后通过 tf.equal 对象检查是否加载了同一个图像；最后通过 sess.run(tf.cast(tf_record_features['label'], tf.string))对象查看从 TFRecord 文件加载的标签。这里推荐使用 TFRecord 文件存储数据与标签。做好图像预处理后应保存结果。

最好在预处理阶段完成图像操作，如裁剪、缩放、灰度调整等。图像加载后，通过翻转、扭曲使输入网络训练信息多样化，缓解过拟合。Python 图像处理框架为 PIL、OpenCV。TensorFlow 提供部分图像处理方法。裁剪，tf.image.central_crop，移除图像区域，完全丢弃其中信息，与 tf.slice（移除张量分量）类似，基于图像中心返回结果。训练时，如果背景有用，可使以下 3 个函数进行处理。tf.image.crop_to_bounding_box：只接收确定形状张量，输入图像需要事先在数据流图运行，随机裁剪区域起始位置到图像中心的偏移量；tf.image.pad_to_bounding_box：用 0 填充边界，使输入图像符合期望尺寸，图像尺寸过大或过小，则需要在边界填充灰度值为 0 的像素，tf.image.resize_image_with_crop_or_pad：相对图像中心，裁剪或填充同时进行。

6.5.4 颜色空间变换

翻转，每个像素位置沿水平或垂直方向翻转。随机翻转图像，可以防止过拟合。tf.slice 选择图像数据子集。tf.image.flip_left_right 完成水平翻转。tf.image.flip_up_down 完成垂直翻转。seed 参数控制翻转随机性。

用编辑过的图像训练，会误导卷积神经网络模型。属性随机修改，使卷积神经网络精确匹配不同图像特征。tf.image.adjust_brightness，调整灰度。tf.image.adjust_contrast，调整对比度。调整对比度，选择较小增量，避免“过曝”，达到最大值无法恢复，可能会全白全黑。tf.slice，突出改变像素。tf.image.adjust_hue，调整色度，使色彩更丰富。delta 参数，控制色度数量。tf.image.adjust_saturation，调整饱和度，突出颜色变化。

单一颜色图像，使用灰度颜色空间，单颜色通道，只需要单个分量秩 1 张量。缩减颜色空间可以加速训练。灰度图具有单个分量，取值范围[0,255]。tf.image.rgb_to_grayscale，把 RGB 图像转换为灰度图。灰度变换时，每个像素所有颜色值取平均。tf.image.rgb_to_hsv 把 RGB 图像转换为 HSV 图像，色度、饱和度、灰度构成 HSV 颜色空间，有 3 个分量秩 1 张量。更贴近人类感知属性。HSB，B 亮度值。tf.image.hsv_to_rgb，把 HSV 图像转换为 RGB 图像。tf.image.grayscale_to_rgb，把灰度图像转换为 RGB 图像。python-colormath，提供 LAB 颜色空间，颜色差异映射贴近人类感知，两个颜色欧氏距离反映人类感受的颜色差异。

6.6 模型训练

上面已经定义好模型和训练用的损失函数，那么用 TensorFlow 进行训练就很简单了。因为 TensorFlow 知道整个计算图，它可以使用自动微分法找到对于各个变量的损失的梯度值。TensorFlow 有大量内置的优化算法，在这个例子中，用梯度下降法让交叉熵下降，步长为 0.01，代码如下。

```
train_step = tf.train.GradientDescentOptimizer(0.01).minimize(cross_entropy)
```

这行代码实际上是用来往计算图上添加新操作的，其中包括计算梯度，计算每个参数的步长变化，并且计算出新的参数值。

返回的 train_step 操作对象，在运行时会使用梯度下降法来更新参数。因此，整个模型的训练可以通过反复运行 train_step 来完成，代码如下。

```
for i in range(1000):
  batch = mnist.train.next_batch(50)
  train_step.run(feed_dict={x: batch[0], y_: batch[1]})
```

每一步迭代，都会加载 50 个训练样本，然后执行一次 train_step，并通过 feed_dict 将 *x* 和 *y*_张量占位符用训练数据替代。

注意，在计算图中，可以用 feed_dict 来替代任何张量，并不仅限于替换占位符。

6.7 模型评估

模型性能如何呢?

首先找出那些预测正确的标签。tf.argmax 是一个非常有用的函数，它能给出某个张量对象在某 1 维上其数据最大值所在的索引值。由于标签向量是由 0 和 1 组成的，因此最大值 1 所在的索引位置就是类别标签，比如 tf.argmax(y,1)返回的是模型对于任意输入 *x* 预测到的标签值，而 tf.argmax(*y*_,1)代表正确的标签，可以用 tf.equal 来检测预测是否与真实标签匹配（索引位置一样表示匹配），代码如下。

```
correct_prediction = tf.equal(tf.argmax(y,1), tf.argmax(y_,1))
```

这里返回一个布尔数组。为了计算分类的准确率，将布尔值转换为浮点数来代表对错，然后取平均值。例如[True, False, True, True]变为[1,0,1,1]，计算出平均值为 0.75，代码如下。

```
accuracy = tf.reduce_mean(tf.cast(correct_prediction, "float"))
```

最后，可以计算出在测试数据上的准确率，大概是 91%，代码如下。

```
print accuracy.eval(feed_dict={x: mnist.test.images, y_: mnist.test.labels})
```

6.8 多 GPU 的模型训练

深度学习算法由于其数据量大、算法复杂度高等特点，常常需要采用某种形式的并行机制，常用的并行方法有数据并行（data parallel）和模型并行（model parallel）两种。尽管现有的深度学习框架大多都支持多 GPU，但 Caffe、Theano、TensorFlow 都是采用数据并行，而亚马逊推出的 DSSTNE（Deep Scalable Sparse Tensor Network Engine）也支持模型并行，感兴趣的读者可以阅读其 Github 源代码。这里主要介绍的是 TensorFlow 多 GPU 编程，尽管 TensorFlow 官方网站已经给出了很详细的说明文档，但在实现过程中也会遇到了一些问题，在这里记录下来。

数据并行的原理很简单，如图 6-19 所示。其中 CPU 主要负责梯度平均和参数更新，而 GPU1 和 GPU2 主要负责训练模型副本（model replica），这里称作“模型副本”是因为它们都是基于训练样例的子集训练得到的，模型之间具有一定的独立性。具体的训练步骤如下。

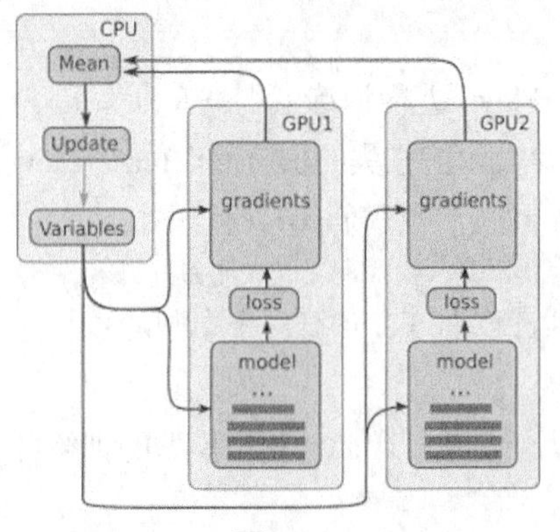

图 6-19

（1）在 GPU1、GPU2 上分别定义模型参数变量、网络结构。

（2）对于单独的 GPU，分别从数据管道读取不同的数据块，然后进行前向传播（forward propagation）计算出 loss，再计算关于当前 Variables 的 gradients。

（3）把所有 GPU 输出的梯度数据转移到 CPU 上，先进行梯度取平均操作，然后进行模型参数的更新；

（4）重复步骤（1）～步骤（3），直到模型参数收敛为止。

值得说明的是，在步骤（1）中定义模型参数时，要考虑到不同模型副本之间需能够变量共享，因此要采用 tf.get_variable()函数而不是直接用 tf.Variables()（关于 tf.get_variable()和 tf.Variable 的区别，请读者参见其帮助手册）。另外，因为 TensorFlow 和 Theano 类似，都是先定义好 Graph，再基于已经定义好的 Graph 进行模型迭代式训练的。因此在每次迭代过程中，只会对当前的模型参数进行更新，而不会调用 tf.get_variable()函数重新定义模型变量，因此变量共享只是存在于模型定义阶段的一个概念。

07 第7章 字词的向量表示

深度学习应用到自然语言处理（Natural Language Processing，NLP）领域的例子数不胜数。在近几年间，深度学习在自然语言处理领域上的这些重大突破在复杂特征的提取方面趋向于更智能化、自动化。自然语言处理领域使用深度学习中的 WordEmbedding 技术进行智能特征提取，它也是使用深度学习解决自然语言领域问题的基础。WordEmbedding 也被称为 Word2Vec，中文翻译过来最常见的名称是“字词向量”或者“词嵌入”，它是自然语言处理过程中出现最频繁的词汇，也是自然语言处理中的一种语言模型和特征学习技术的总称，通过使用 WordEmbedding 可以将词汇表中的单词（word）转换成实数构成的向量（vector）。

图像处理或者音频系统处理领域是我们最熟悉的两个领域，在这两个领域的数据处理过程中，往往将图片中的所有单个原始像素点强度值或音频中功率谱密度的强度值编码成丰富、高纬度的向量数据集。那么在自然语言处理领域中，又是如何来做的呢？如图 7-1 所示，首先，对于物体或语音识别这一类的任务，通常将所需的全部信息先存储在原始数据中，然后，自然语言处理系统通常会将词汇作为离散的单一符号，例如“雨”一词可表示为 Id533，而“伞”一词可表示为 Id523。这些符号彼此之间没有规律上的联系，即所构建的词汇信息处理模型已经对“雨”这个词汇的一些信息进行了掌握，当需要对词汇“伞”进行一些信息处理时，模型无法将这个词汇与之前已掌握到的词汇“雨”进行信息的相互关联，因此需要其他方式来解决出现的这些问题，具体解决的方法将会在随后的内容里进行详细讲解。

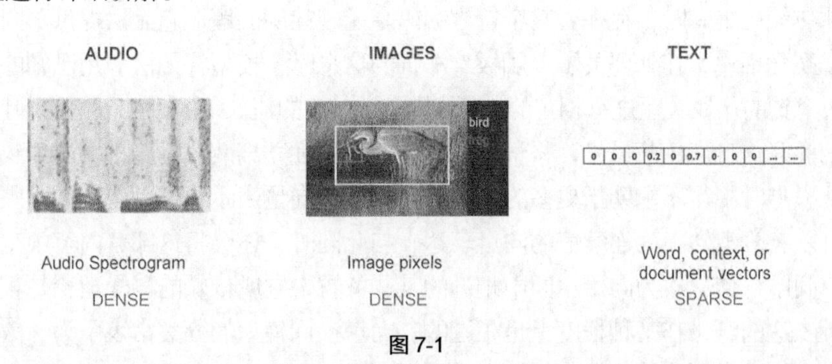

图 7-1

在机器学习的过程中，通过使用 WordEmbedding 技术能够对自然语言中的单词进行更好的抽象和表达，使之能够针对自然语言处理的众多核心问题进行进一步的深入研究。日常生活中所遇到的机器翻译、情感分析、广告推荐、搜索排行等方面均是这类技术的实际应用。在常见的机器翻译领域，谷歌公司做过一个对比，同样的一段话或一句短语，采用机器学习中 WordEmbedding 技术进行翻译，其翻译质量远远超过了采用传统算法的翻译结果，在英文、中文、法语、西班牙语等常见主要语言之间进行互译，其最终翻译结果的质量能够提高 50%～80%；将之应用到情感分析领域，能够大幅度地提高分析的准确率。情感分析过程中最核心的部分是将一段自然语言进行读取，并从其内容中获取作者对所评价主体的评价结果，即好评或差评。在现代的网络社会，会在各种不同的网站上针对某个事物或某个事件，发表各自不同的看法，从服务业或制造业的角度来讲，能够及时地了解到用户对其服务或产品的满意度，就能够及时准确地对自己的服务或产品进行更精准地改进，从金融业的角度来讲，通过分析用户对不同产品或不同公司的态度，可以更加慎重地进行投资或理财。

下面将针对机器学习中的 WordEmbedding 技术进行进一步的具体讲解。

7.1 WordEmbedding 的基本概念和知识

在进行机器学习的模型学习之前，先对上文中提到的 WordEmbedding 技术所涉及的基本知识做一个梳理。首先，第 1 个问题就是为什么要将词汇表中的单词或短语转换成向量。前面提到自然语言处理一直都是人工智能中最为棘手的问题之一，也是比较吸引人的一种人机交互方式，那么在自然语言处理过程中，如何理解关于外在世界的广泛知识以及如何应用这些知识，就是一个重要的研究领域。例如：生活中常会说“我把新买的猫粮喂给了猫咪，因为它饿了”，或者“我把新买的猫粮喂给了猫咪，因为它刚到货”。这两个句子具有相同的结构，但是句子中的指代词“它”所表示的内容则有所不同，第 1 句的“它”指代的是“猫咪”，而第 2 句的“它”指代的是“猫粮”，如果理解上出现了一定的偏差，就无法进行最准确的区分识别。自然语言处理在 WordEmbedding 技术出现之前，传统的做法是将词汇表中的单词或短语转换成单独的离散的符号，例如“舢板”一词可表示为编号为 Id253 的特征，而“雨伞”一词可表示为编号为 Id533 的特征。这就是后面即将讲到的独热编码矩阵。将一篇文章中的每一个词汇都转换成该词汇所对应的向量，那么整篇文章就变成了一个稀疏的矩阵，接下来将整个文章所对应的稀疏矩阵合并成一个向量，将每一个词汇所对应的向量叠加在一起，只统计出每个词所出现的次数，例如“舢板”一词出现了 23 次，则它所代表的 Id253 的特征值为 53，“雨伞”一词出现了 33 次，则它所代表的 Id533 的特征为 33。

在使用独热编码矩阵时，存在着整个符号编码毫无规律的问题，它无法提供不同词汇之间存在的关联信息。换句话说，在处理关于“舢板”一词的信息时，模型将无法利用已知的关于“雨伞”的信息对这两个词的从属关系进行相应的推断，即从 Id253 的值 53 和 Id533 的值 33 中，无法推断出任何有用的相关联信息。由此可见，将词汇表达为上述的独立离散符号将进一步导致数据稀疏，导致在训练统计模型时不得不求助于更多的数据。而词汇的向量表示则可以有效地克服上述难题。向量空间模型可以将词汇转换为连续值的向量表达，与此同时，还会将这部分内容中意思相近的词汇映射到向量空间中，使之成为向量空间中相近的某些位置，它所依赖的科学理论是相同语境中出现的词汇和它所表达的意义在某种程度上是相近的。向量空间模型的分类常表示为计数模型和预测模型两种，其中，计数模型统计的是在词汇资料数据库中相邻词汇出现的频率，并将这些统计结果的数值转化为矩阵形式；预测模型则是根据某一个词汇周围的相邻词汇来对该词汇进行推测分析，并对它的空间向量进行更深一步的推测。

字词的向量表示属于预测模型中的一种，它可以进行高效率的词嵌套学习。它主要可分为以下两种方法：连续词袋模型（Continuous Bag of Words，CBOW）和 Skip-Gram 模型。从纯算法的角度来看，这两种方法有一定的相似部分，具体细节上的区别则表现为，连续词袋模型是根据原始语句的上下文来对目标词汇进行预测，例如：“河南的省会是____”这句话中，文字部分作为原始语句，而横线所需要显示的内容“郑州”则作为推测出的目标词汇。在这个例子里，输入的词语被独热标识为 x，经过一个全连接层可以得到隐含层 y，隐含层 y 再通过一个全连接层即可得到输出层 s，V 是单词表中单词的总数，因此，独热表示的 x 的形状是(V)。此外，输出层 y 的形状也是(V)，这是典型的用一个单词来对另一个单词进行预测的方式。隐含层的神经元数量为 N，通常情况下，N 是一个小于 V 的值。训练结束后，隐含层的值被当作是词的嵌入进行表示，即 Word2Vec 这个单词中的 Vec 部分。那么，该如何通过多个词对一个单词进行预测呢？通常的做法是：先对这些词进行相同方式的全连接操作，然后将得到的数值进行相加，从而得到隐含层的数值。例如，需要处理的句子内容是 the cat sits on the，我们要预测的单词是 mat。使用操作∑g（embeddings）分别将单词 the、cat、sits、on、the 进行词嵌入表示值的相加运算，此时，整个网络相当于是个分类器，分类器的数值为 V，表示为单词表中的总单词量。在针对单词 mat 的预测过程中，首先从单词表中随机地提取出若干个单词作为噪声单词，例如 love、five、three。然后，模型会进行一个两类分类的判断，即针对某个单词进行是否属于噪声单词的判断。从数学的角度来讲，通常在数学公式中，将噪声单词设为 $\tilde{w}$，需要找出的上下文对应的正确目标单词为 w_t，模型优化的数学公式为

$$J = \log Q_\theta(D=1 \mid w_t, h) + k \underset{\tilde{w} \sim P_{noise}}{E} [\log Q_\theta(D=0 \mid \tilde{w}, h)]$$

公式中 h 表示为当前上下文，$Q_\theta(D=1 \mid w_t, h)$ 表示的是数据集处于当前上下文 h，利用 w_t 和 h 进行一次二分类逻辑回顾计算，从而得到一个概率值。这样的逻辑回归可以看作是一个一层概念的神经网络。w_t 是所需要找出的上下文对应的正确目标单词，所以，它最理想的对应是 D=1。此外，在公式的 $\log Q_\theta(D=0 \mid \tilde{w}, h)$ 部分，$\tilde{w}$ 是与句子内容无关联意义的噪声单词，所以，在这部分中，最理想的对应是 D=0。另外，公式中的 $\underset{\tilde{w} \sim P_{noise}}{E}$ 表示的是期望值，在实际计算中，这个期望值是无法通过精确计算获取到的，因此通常的做法是从单词表中随机地提取出若干个噪声单词来对这个期望值进行预期估算。

通过优化二分类函数进行模型的训练后，得到模型中的隐含层可以看作是 Word2Vec 中的 Vec 向量。首先将一个单词的热独数值作为输入数据输入到模型中，隐含层的值是它所对应的词嵌入的内容。当需要求得的目标单词被分配了一个较高数值的概率后，噪声单词的概率就会变得较低。这种方法就是经常会用到的负抽样法，采用这种方法，在计算上也将会有很大的便利。通常情况下，当计算一个损失函数时，并没有调用整个单词表 V，而是仅仅使用了前期所挑选出的任意 k 个噪声单词，这会加快整个模型的训练速度，训练过程中所使用的损失被称之为 NCE（Noise-Contrastive Estimation）损失，损失所对应的函数被封装在 TensorFlow 中，表示为 tf.nn.nce_loss。

而 Skip-Gram 模型的做法则与此相反，它通过目标词汇来对源词汇进行预测，这是因为连续词袋模型算法对于很多分布式信息进行了平滑处理，将一篇文章中的某一个段落文字作为一个单独的个体来进行预测计算。通常情况下，对于某些数据量不大的小型数据集，大多会采用连续词袋模型算法来进行数据处理。相比之下，Skip-Gram 模型往往更适用于数据量略多的大型数据集的预测处理，因为它将文章中每个“上下文-目标词汇”的组合视为一个数据处理单元。

通过使用字词的向量表示方式来训练词汇，最终能够从训练结果上看到一些比较有趣的现象。例如，意思相近的词汇在向量空间中常表现为距离上的接近，如 Shanghai（上海）、Busan（釜山）、Inchen（仁川）等城市的名称会在向量空间中表现得比较集中，而 Boat、Sampan、Ship 等船类词汇

也会在空间中表现得比较集中。词汇都是向量空间中的点，两点之间的向量可以进行计算，从而也可得出某个词汇到另一个词汇的向量。

如果读者已经很熟悉独热的知识点，可以跳过这些内容直接开始后续模型的学习。

众所周知，现实世界中的计算机是无法自动识别字符串的，它需要开发者先将文字转换为 0 和 1 相结合的一系列二进制的阿拉伯数字，才能够被计算机识别。而词嵌入就是用来完成这类工作的，利用词嵌入将一个单词转换成固定长度的向量来进行表示，从而便于进行相关的数学处理。在这个过程中，有两种方法可以进行转换。第 1 种方法是通过使用独热矩阵来表示一个单词，所谓的独热矩阵是指每一行有且只有一个元素为 1，其他元素都是 0 的矩阵。针对字典中的某个单词，会对其分配一个相应的数字编号，当要对某句话进行编码时，可将句子中的每个单词都转换成字典中此单词编号所对应的位置为 1 的独热矩阵即可。例如，要表达 love super junior ws 这句话时，即可使用如图 7-2 所示的矩阵内容来进行表示。

$$\begin{pmatrix} love \\ super \\ junior \\ ws \end{pmatrix} = \begin{pmatrix} 1 & 0 & 0 & 0 \\ 0 & 1 & 0 & 0 \\ 0 & 0 & 1 & 0 \\ 0 & 0 & 0 & 1 \end{pmatrix}$$

图 7-2

独热矩阵虽然在表示方式上具有直观的优点，但是，它也具有一些不可避免的缺点，这些缺点主要体现在以下两个方面：一方面矩阵的每 1 维长度都是字典的长度，例如字典包含了 10 000 个单词，那么字典中每一个单词所对应的独热向量就是 1×10 000 的向量，而这个向量只有一个位置标注为数字 1，剩余的位置皆标注为数字 0。在实际计算过程中，这样的表示方法往往会导致向量的维数很高，不仅浪费了许多的空间资源，也不利于最后的计算。另一方面独热矩阵相当于使用了一种相对简单的方式给字典中的每一个单词编辑了序号，但是单词和单词之间的语义关联关系却并没有完全表现出来。例如单词 rain 和单词 umbrella 之间的语义关联关系要高于单词 rain 和单词 sampan 之间的语义关联关系，这种关系在独热表示法中则无法体现出来。

针对以上提到的语义关联关系的弊端问题，目前最常用的一个解决方案是依据共生关系（co-occurrence）来表示单词。它的基本思路是：首先，针对一个文本词汇库，可通过遍历算法完成对词汇库中所有单词的遍历；其次，针对词汇库中的每一个单词，统计它在一定范围内的周边词汇；然后，根据周边词汇的规范化数量来表示每一个单词。在 2013 年，Mikolov 等人在文章“Efficient Estimation of Word Representations in Vector Space”中提出了一种依据上下文计算词表示的实用有效的方法。他们所用的 Skip-Gram 模型从随机表示开始，并拥有一个依据当前词汇预测上下文词汇的分类器。误差通过分类器权值和词的表示进行传播，需要对这两者进行调整以减少预测误差。在本章主要使用字词向量表示中的 Skip-Gram 模型来进行学习和练习。

7.2 Skip-Gram 模型

本节将以 Skip-Gram 模型算法为例，介绍如何在 TensorFlow 中训练一个词嵌入模型。在进行 Skip-Gram 模型的训练操作之前，首先需要针对模型所需的数据进行下载。具体程序代码中所需数据可到 mattmahoney 相关的下载网址进行下载。此外，在将数据库应用于程序时，首先导入一些所需的库文件内容，代码如下。

```
#导入的库文件内容
from __future__ import absolute_import
from __future__ import division
from __future__ import print_function
```

```
import collections
import math
import os
import random
import zipfile
import numpy as np
from six.moves import urllib
from six.moves import xrange  #pylint: disable=redefined-builtin
import tensorflow as tf

url = 'http://mattmahoney.net/dc/'
```

在上述网址中下载了名称为 text8.zip 的数据文件进行训练，源代码程序通过 url = 'http://mattmahoney.net/dc/'进行指定网址的数据文件下载。在以下代码中，从代码块的 def maybe_download (filename, expected_bytes):语句开始，一直到 return filename 语句结束，讲述的是下载函数的具体功能及下载细节：它会首先针对即将要下载的文件名是否存在进行判断，如果文件名不存在，则会在上述的地址上进行下载，如果文件名存在，则跳过下载；最后程序还将针对下载的内容进行检查，并最终确定文字的字节数是否和 expected_bytes 的相同，代码如下。

```
def maybe_download(filename, expected_bytes):
  if not os.path.exists(filename):
    print('start downloading...')
    filename, _ = urllib.request.urlretrieve(url + filename, filename)
  statinfo = os.stat(filename)
  if statinfo.st_size == expected_bytes:
    print('Found and verified', filename)
  else:
    print(statinfo.st_size)
    raise Exception(
        'Failed to verify ' + filename + '. Can you get to it with a browser?')
  return filename
```

程序从指定地址下载完数据资料后，将文件保存为 text8.zip，同时还将进行验证工作，来确认 text8.zip 的字节数是否正确，代码如下。

```
filename = maybe_download('text8.zip', 31344016)
```

通过上述操作完成数据资料的下载和验证工作之后，要将下载的数据资料读取出来。首先要先将数据资料进行解压，并将之转换成一个列表形式，代码如下。

```
def read_data(filename):
  with zipfile.ZipFile(filename) as f:
    data = tf.compat.as_str(f.read(f.namelist()[0])).split()
  return data

vocabulary = read_data(filename)
print('Data size', len(vocabulary))
```

完成单词列表的转换后，通过输出命令进行单词的输出，其中[0:100]表示输出的内容是列表中从第 1 个元素所指代的单词开始，到第 100 个元素所指代的单词结束。另外，所有的单词在数据资料中，都是以语句形式存在的，通过列表的形式进行数据的读取，对语句中的标点符号去掉后，使它们成为一个个独立的单词形式，并按照实际需求，进行数据元素的输出，代码如下。

```
print(vocabulary[0:100])
```

7.2.1 数据集的准备

数据的收集和清洗是首先要做的任务，为了将数据以正确的形式表示出来，需要预先针对数据做一些处理。首先针对下载完成的数据文件提取其中的单词数据，然后对这些数据进行出现次数的统计，构建出一个词汇表，表中包含了最常见的一些单词，这些单词对应着指定 ID 的数值，最后，使用构建出的词汇表来对提取的页面内容进行编码。如果将下载的数据资料中的所有单词都放入词汇表中，就会造成词汇表过大，从而影响到最终的训练速度，所以仅仅将最常见的一些单词放入到词汇表中。而那些不常使用的单词内容，使用 UNK 进行标记，并使得它们对应一个 id 数值。由于为各个单词都进行了编码，因此可以动态地形成训练样本。众所周知，Skip-Gram 模型会依据当前单词来对上下文单词进行预测，在对所有单词进行遍历时，首先将当前单词作为基准数据，将这个单词周围的词作为目标来创建训练样本。

另外，在对下载的数据资料内容进行读取的过程中，很难一次性将所有的词汇都放入到内容中，因此往往会采用逐行读取的方式来对文件内容进行提取，然后将结果写入到磁盘存储空间内。在此过程中，每一个步骤之间都会设置检查点并加以保存，以便在程序代码出现错误或崩溃时，能够以最快捷方便的方式重新开始工作。代码如下。

```
vocabulary_size = 50000

def build_dataset(words, n_words):
  count = [['UNK', -1]]
  count.extend(collections.Counter(words).most_common(n_words - 1))
  dictionary = dict()
  for word, _ in count:
    dictionary[word] = len(dictionary)
  data = list()
  unk_count = 0
  for word in words:
    if word in dictionary:
      index = dictionary[word]
    else:
      index = 0
      unk_count += 1
    data.append(index)
  count[0][1] = unk_count
  reversed_dictionary = dict(zip(dictionary.values(), dictionary.keys()))
  return data, count, dictionary, reversed_dictionary

data, count, dictionary, reverse_dictionary = build_dataset(vocabulary, vocabulary_size)
del vocabulary
print('Most common words (+UNK)', count[:5])
print('Sample data', data[:10], [reverse_dictionary[i] for i in data[:10]])
data_index = 0
```

源程序代码内容中，vocabulary_size = 50000 表示所构建的词汇表的大小为 50 000，即将最常出现的 50 000 个单词放入到词汇表中，在此过程中，一个名词的单数形式和复数形式表示为两个不同的单词，动词的一般时态形式和过去时态形式以及进行时态形式等也都分别代表了不同的单词，最终，词汇表从一个单词的字符串列表形式变成了一个单词 id 的数值列表形式；del vocabulary 表示程序将删除词汇表内容以便节省内存资源；print('Most common words (+UNK)', count[:5])表示程序将输出最常出现的 5 个单词；print('Sample data', data[:10], [reverse_dictionary[i] for i in data[:10]])表示程序将输出转换后的数据库 data 和原来的前 10 个单词；data_index = 0 表示程序将使用 data 来制作训练集。

7.2.2　模型结构

关于词向量的模型结构，在初始阶段，每个词汇都会被表示为一个随机向量。通过函数 generate_batch 的定义，来生成 Skip-Gram 模型用的 batch，代码如下。

```
def generate_batch(batch_size, num_skips, skip_window):
    global data_index
    assert batch_size % num_skips == 0
    assert num_skips <= 2 * skip_window
    batch = np.ndarray(shape=(batch_size), dtype=np.int32)
    labels = np.ndarray(shape=(batch_size, 1), dtype=np.int32)
    span = 2 * skip_window + 1  #[ skip_window target skip_window ]
    buffer = collections.deque(maxlen=span)

    for _ in range(span):
        buffer.append(data[data_index])
        data_index = (data_index + 1) % len(data)
    for i in range(batch_size // num_skips):
        target = skip_window  #target label at the center of the buffer
        targets_to_avoid = [skip_window]
        for j in range(num_skips):
            while target in targets_to_avoid:
                target = random.randint(0, span - 1)
            targets_to_avoid.append(target)
            batch[i * num_skips + j] = buffer[skip_window]
            labels[i * num_skips + j, 0] = buffer[target]
        buffer.append(data[data_index])
        data_index = (data_index + 1) % len(data)


data_index = (data_index + len(data) - span) % len(data)
return batch, labels

batch, labels = generate_batch(batch_size=8, num_skips=2, skip_window=1)
for i in range(8):
   print(batch[i], reverse_dictionary[batch[i]], '->', labels[i, 0], reverse_dictionary
[labels[i, 0]])
```

源程序代码内容中，global data_index 表示 data_index 是一个指针，它的初始值为 0；data_index = (data_index + 1) % len(data)表示 data_index 从当前数据位置开始，每生成一个 batch，data_index 的数值就会相应地进行加 1 操作；targets_to_avoid = [skip_window]实现样本不重复的保障目标；data_index = (data_index + 1) % len(data)表示每利用 buffer 生成 num_skips 个样本，data_index 就将进行加 1 操作；batch, labels = generate_batch(batch_size=8, num_skips=2, skip_window=1) 表示 generate_batch 函数每进行一次运行，就将产生一个 batch 以及它所对应的标签 labels，这个函数包含有 3 个参数，其中，参数 batch_size 表示的是一个 batch 中单词对的个数；num_skips=2, skip_window=1 表示程序会先选取长度为 3 的 buffer，假设它的内容是['onion', 'love', 'sampan']，单词 love 位于中间位置，onion 和 sampan 这两个单词作为单词 love 的上下文，在这两个单词中选择 num_skips 来生成标签，因为 num_skips=2，所以会将两个单词都选上，从而形成 love->onion 和 love->sampan 的形式，

每次训练都会在 skip*2 个单词中选择 num_skips 个单词，并且单词不能重复，所以，通常会要求 skip_window*2>=num_skips。

在训练过程中，每一次的训练都会调用一次 generate_batch 函数，同时，返回的 batch 值和 labels 值作为训练数据进行训练。

7.2.3 处理噪声对比

模型可以抽象为用一个单词来对另一个单词进行预测，在实际输出时，不使用 softmax 损失，而使用 NCE 损失，即通过选取一些噪声单词作为负采样进行分类。

所谓的负采样（Negative Sampling）是指，在神经网络的训练过程中，需要输入训练样本并且不断调整神经元的权重，从而不断提高对目标的准确预测。神经网络每经过一个训练样本的训练，它的权重就会进行一次调整。正如上面所讨论的，词汇表的大小决定了 Skip-Gram 神经网络将会拥有大规模的权重矩阵，所有的这些权重需要通过数以亿计的训练样本来进行调整，这是非常消耗计算资源的，并且实际训练会非常慢。

负采样解决了这个问题，它是用来提高训练速度并且改善所得到词向量的质量的一种方法。不同于每个训练样本更新所有的权重，负采样每次让一个训练样本仅更新一小部分的权重，这样就会降低梯度下降过程中的计算量，代码如下。

```
batch_size = 128
embedding_size = 128
skip_window = 1
num_skips = 2
valid_size = 16
valid_window = 100
valid_examples = np.random.choice(valid_window, valid_size, replace=False)

#构造损失时选取的噪声词的数量
num_sampled = 64
graph = tf.Graph()
with graph.as_default():

  #输入的 batch
  train_inputs = tf.placeholder(tf.int32, shape=[batch_size])
  train_labels = tf.placeholder(tf.int32, shape=[batch_size, 1])
  #用于验证的词
  valid_dataset = tf.constant(valid_examples, dtype=tf.int32)

  #在 cpu 上定义模型
  with tf.device('/cpu:0'):
    embeddings = tf.Variable(tf.random_uniform([vocabulary_size, embedding_size], -1.0, 1.0))
    embed = tf.nn.embedding_lookup(embeddings, train_inputs)

    #创建两个变量用于 NCE Loss（即选取噪声词的二分类损失）
    nce_weights = tf.Variable(tf.truncated_normal([vocabulary_size, embedding_size],
                      stddev=1.0 / math.sqrt(embedding_size)))
    nce_biases = tf.Variable(tf.zeros([vocabulary_size]))

  #tf.nn.nce_loss 会自动选取噪声词，并且形成损失
  #随机选取 num_sampled 个噪声词
loss = tf.reduce_mean(tf.nn.nce_loss(weights=nce_weights, biases=nce_biases,
```

```
    labels=train_labels,inputs=embed,
    num_sampled=num_sampled,
    num_classes=vocabulary_size))
      optimizer = tf.train.GradientDescentOptimizer(1.0).minimize(loss)

      #计算单词与单词相互之间的相似度（用于验证）
      norm = tf.sqrt(tf.reduce_sum(tf.square(embeddings), 1, keep_dims=True))
    normalized_embeddings = embeddings / norm

      #找出和验证词的 embedding 并计算它们和所有单词的相似度
      valid_embeddings = tf.nn.embedding_lookup(normalized_embeddings, valid_dataset)
      similarity = tf.matmul(valid_embeddings, normalized_embeddings, transpose_b=True)
      init = tf.global_variables_initializer()
```

源程序代码内容中，embedding_size = 128 表示词嵌入空间是 128 维的，即 Word2Vec 中的 Vec 是一个 128 维的向量。skip_window = 1，num_skips = 2 表示训练是在 skip_window *2 个单词中选择 num_skips 个单词。在训练过程中，会对模型进行验证，方法是寻找和某个特定单词最接近的单词，另外，这里只对前 valid_window 个词进行验证，因为这些词最常出现。valid_size = 16 表示每次验证 16 个单词；valid_window = 100 表示这 16 个词是在前 100 个最常见的词中选出来的；num_sampled = 64 表示构造损失时选取的噪声词的数量；embeddings = tf.Variable (tf.random_uniform([vocabulary_size, embedding_size], -1.0, 1.0))表示定义一个 embeddings 变量，相当于一行存储一个词的词嵌入；embed = tf.nn.embedding_lookup(embeddings, train_inputs)表示利用 embedding_lookup 可得到一个 batch 内所有的词嵌入；optimizer = tf.train.GradientDescent Optimizer(1.0).minimize(loss)表示得到 loss 后，构造出一个优化器；init = tf.global_variables_ initializer()表示变量初始化步骤；在训练模型时，还需要对模型进行验证。选出一些单词作为验证使用，计算在嵌入空间中与其最相近的词。直接得到的词嵌入矩阵在不同维度空间上有不同的大小，所以，为了使得计算出的相似度更加合理，会先对其做一次归一化，用完成归一化的 normalized_embeddings 来进行验证，求得目标单词与其他单词之间的相似度。

7.2.4　模型训练

完成了模型的定义和噪声处理之后，就可以进行下一步的训练计算了，训练所对应的代码如下。

```
    num_steps = 100001
    with tf.Session(graph=graph) as session:
      #初始化变量
      init.run()
      print('Initialized')

      average_loss = 0
      for step in xrange(num_steps):
        batch_inputs, batch_labels = generate_batch(
            batch_size, num_skips, skip_window)
        feed_dict = {train_inputs: batch_inputs, train_labels: batch_labels}

        #优化
        _, loss_val = session.run([optimizer, loss], feed_dict=feed_dict)
        average_loss += loss_val

        if step % 2000 == 0:
          if step > 0:
            average_loss /= 2000
```

```
        print('Average loss at step ', step, ': ', average_loss)
        average_loss = 0

      if step % 10000 == 0:
        sim = similarity.eval()
        for i in xrange(valid_size):
          valid_word = reverse_dictionary[valid_examples[i]]
          top_k = 8
          nearest = (-sim[i, :]).argsort()[1:top_k + 1]
          log_str = 'Nearest to %s:' % valid_word
          for k in xrange(top_k):
            close_word = reverse_dictionary[nearest[k]]
            log_str = '%s %s,' % (log_str, close_word)
          print(log_str)
    final_embeddings = normalized_embeddings.eval()
```

源程序代码内容中，if step > 0:average_loss /= 2000 表示的是求取 2000 个 batch 的平均损失；if step % 10 000 == 0:表示每执行 10 000 步，就进行一次验证，选取一些验证单词，挑选出在当前嵌入空间中与其距离最接近的一些单词，并将这些单词进行输出，输出结果是完全随机的，没有什么特殊的意义；sim = similarity.eval()表示 sim 是验证单词与所有单词之间的相似度；for i in xrange(valid_size): 表示有验证单词的取值范围是 valid_size；top_k = 8 表示输出的结果是最相邻的 8 个单词；final_embeddings = normalized_embeddings.eval()表示 final_embeddings 是最后得到的词嵌入向量，它是一个归一后的词嵌入向量形式，它的形状是[vocabulary_size, embedding_size]，每一行所代表的是对应 index 词的词嵌入表示。例如 final_embeddings[1, :]所表示的就是 id 为 1 的单词所对应的词嵌入表示，final_embeddings[53, :]所表示的就是 id 为 53 的单词所对应的词嵌入表示，所有单词都以上述相同的方法进行类推。经过此部分代码块的运算，词嵌入空间中的向量表示已经具备了一定的含义。单词与单词之间的相似性更加容易理解。如果增加训练的步数，并对模型中所出现的参数进行更加合理的微调，输出的词嵌入表示也将会更加精确。

7.3 嵌套学习可视化与评估

当程序进行到 final_embeddings 时，可求得输出内容，运行基本结束了，如果还想对运算的结果进行可视化表示，则可以继续输入可视化功能的代码，具体代码如下。

```
def plot_with_labels(low_dim_embs, labels, filename='tsne.png'):
  assert low_dim_embs.shape[0] >= len(labels), 'More labels than embeddings'
  plt.figure(figsize=(18, 18))  #in inches
  for i, label in enumerate(labels):
    x, y = low_dim_embs[i, :]
    plt.scatter(x, y)
    plt.annotate(label,xy=(x, y),xytext=(5, 2),textcoords='offset points',ha='right',va='bottom')
  plt.savefig(filename)

try:
  from sklearn.manifold import TSNE
  import matplotlib.pyplot as plt
  tsne = TSNE(perplexity=30, n_components=2, init='pca', n_iter=5000)
  plot_only = 300
  low_dim_embs = tsne.fit_transform(final_embeddings[:plot_only, :])
  labels = [reverse_dictionary[i] for i in xrange(plot_only)]
```

```
    plot_with_labels(low_dim_embs, labels)

  except ImportError:
    print('Please install sklearn, matplotlib, and scipy to show embeddings.')
```

源程序代码内容中，def plot_with_labels(low_dim_embs, labels, filename='tsne.png'):表示可视化的图片最终保存的名称为 tsne.png；tsne = TSNE(perplexity=30, n_components=2, init='pca', n_iter=5000)表示使用 t-SNE 方法进行了一个降维处理，因为之前针对词嵌入的大小进行过设定，为 128 维，即每个单词都会被表示为一个 128 维度的向量，在进行可视化处理时，无法将 128 维的空间直接表示出来，所以，针对此种状况，首先进行了降维操作，使 128 维的空间映射成为一个 2 维的空间，并在此空间中进行单词位置的刻画；plot_only = 300 表示的是在可视化处理时，只刻画出 300 个单词，生成的可视化效果图如图 7-3 所示。

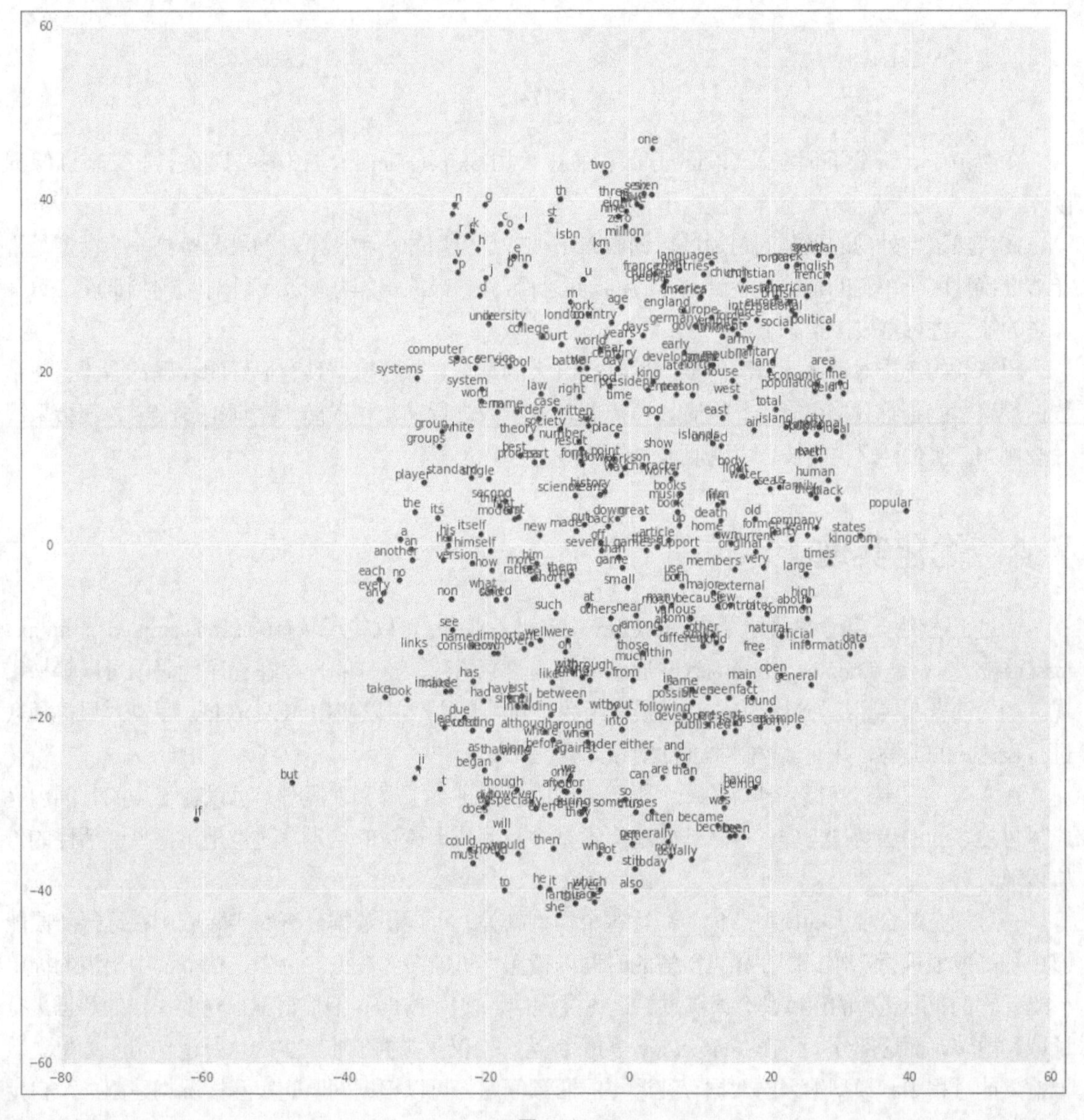

图 7-3

经过图片内容的可视化表示，发现嵌套学习的效果和预期一致，意义相近的单词被聚类在一起。除了图中所示的相似性以外，嵌入空间中还有一些其他的特性，如图 7-4 所示，在词嵌入空间中，还可以反映出一些单词之间的关系，例如 king-queen 和 male-female 的对应关系，动词的过去时态和进行时态之间的关系（如 walked-walking，swam-swimming），诸多国家及其首都之间的对应关系等。

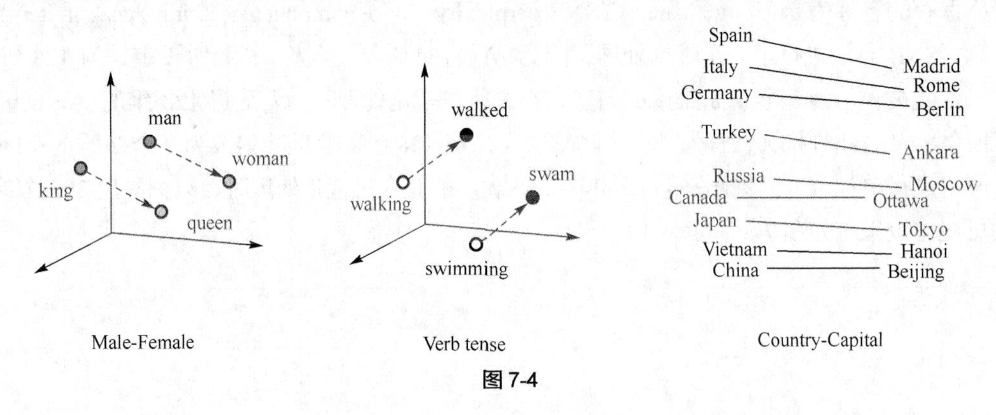

图 7-4

在本节中，讲解了词嵌入的两种方法；通过采用 Skip-Gram 方法预测单词的上下文来训练词嵌入。

在自然语言处理的预测问题领域，词嵌入是被广泛应用的一种技术。如果要检测一个模型是否能够准确地区分单词的词性或者针对专有名词进行区分，最简单的办法就是针对它预测词性、语义关系的能力进行直接检验。

超参数的选择对该问题解决的准确性具有巨大的影响。想要模型具有很好的表现，需要有一个数据量繁多的训练数据集，与此同时，还需要针对参数进行调整和选择，在训练过程中，还会采用一些例如二次抽样之类的技巧，以便求得最理想的结果。

7.4 优化实现

通过上述例子，给读者展示了 TensorFlow 灵活性的优势。可以使用现有的 tf.nn.sampled_softmax_loss()函数来代替 tf.nn.nce_loss()函数并形成最终的目标函数，这样的过程在程序代码中可以轻松实现。如果读者在实际练习过程中，针对损失函数有新的想法，可以使用 TensorFlow 手动对目标函数进行表达式的编写，并通过控制器进行相应计算。

在学习过程中，当读者针对某一个机器学习的模型进行了解和掌握时，可以在很短的时间内完成尽可能多的遍历尝试工作，可从这些遍历尝试中找到效果最优的结果。这也是该模型灵活性的价值体现。

一旦拥有符合要求的模型结构，通过这个模型结构，可以使数据分析的实际应用在运行阶段能够更加高效地进行工作，即在尽可能短的时间内覆盖尽可能多的数据。例如，在章节中出现的简单代码，它们实际运行的速度都令人满意，运行过程中，使用 Python 编程语言来对要操作的数据进行读取和填装，而这部分工作在 TensorFlow 的后台运行中仅仅占据了非常少的执行工作量。如果在数据输入的过程中，模型输入的数据存在严重的瓶颈问题，可以根据问题的实际情况构建出一个自定义的数据读取器。

最常被用来读取文件中记录内容的工具是 Reader。另外，在 TensorFlow 中还内建了一些读写器 Op 的实际例子，比如 tf.TFRecordReader、tf.FixedLengthRecordReader 以及 tf.TextLineReader 等。这些读写器的界面几乎是一致的，在具体的构造函数上则有着各自不同的功能差异。这其中，Read 方法是最核心的内容，它需要一个行列的参数值，通过这个行列参数值，即可在必要的时候随时进行文件的读取操作；另外，它还会随着读取操作生成一个字符串及一个字符串关键值。

如果数据的输入输出问题已经不影响模型的正常运算，又想更进一步地对模型的性能进行优化操作，可以自定义编写一个 TensorFlow 操作单元。同时，为了使自定义的操作单元能够兼容原有的那些库，还可以创建一个 Python 的包装器，这个包装器是创建操作单元的公开 API，在注册操作单元时，会自动生成一个默认的包装器。在实际应用中，既可以直接使用默认的包装器，也可以添加一个新的包装器。

针对以上几个过程的标准内容，通过具体的细节调整，从而使得模型在每个运行阶段都能够发挥出更好的性能。

08 第8章　递归神经网络

前面的章节介绍了卷积神经网络，本章中将介绍另一种常见的神经网络：递归神经网络（Recurrent Neural Networks，RNN）。递归神经网络在网络中引入了循环递归的概念，它使得信号从一个神经元传递到另一个神经元，并不会立刻消失，而是能够继续保持存活状态，也是递归神经网络的名称由来。它与其他神经网络的最大不同点在于具有了暂存记忆的功能，可以将过去输入的内容以及这些内容所产生的影响进行量化，并与当前输入的内容一起应用到网络模型中去参与训练，这就解决了一些前馈神经网络和卷积神经网络对于上下文有关的场景处理具有局限性的短板。

递归神经网络源于霍普菲尔德网络。受限于当时的计算机技术，霍普菲尔德网络因为实现困难，在其提出的时候并没有被合适地应用。该网络结构也在1986年之后被全连接神经网络以及一些传统的机器学习算法所取代。然而，传统的机器学习算法非常依赖于人工提取的特征，使得基于传统机器学习的图像识别、语音识别以及自然语言处理等问题存在特征提取的瓶颈。而基于全连接神经网络的方法也存在参数太多、无法利用数据中时间序列信息等问题。随着更加有效的递归神经网络结构被不断提出，递归神经网络挖掘数据中的时序信息以及语义信息的深度表达能力被充分利用，并在语音识别、语言模型、机器翻译以及时序分析等方面实现了突破。

递归神经网络最先是在自然语言处理领域中被成功应用起来的。例如，2003年，约书亚·本吉奥（Yoshua Bengio）把递归神经网络用于优化传统的“N元统计模型（N-gram Model）”，提出了关于单词的分布式特征表示，较好地解决了传统语言处理模型的“维度诅咒（Curse of Dimensionality）”问题。自然语言处理有两大经典问题：文本理解和文本生成。文本理解又称文本语义分析，典型的应用场景包括文本分类、情感分析、自动文摘。文本生成是指让计算机自动输出符合人类学习的应用场景包括“机器翻译”“人机对话”，甚至包括机器智能写作等。到后来递归神经网络的作用越来越大，不仅限于自然语言处理，还在“机器翻译”“语音识别应用（如谷歌公司的语音搜索和苹果的Siri）”“个性化推荐”等众多领域大放异彩，成为深度学习的三大模型之一。另外两个模型分别是卷积神经网络和深度信念网络（DBN）。

在之前介绍的一些传统型的神经网络模型中，网络结构都是从输入层到隐含层再到输出层，层与层之间均为全连接或部分连接，但每一层的内部节点是无连接的。这种类型的网络结构应用到文本处理时就会产生一些问题。考虑这样一种情况：如果要预测句子中某个单词的下一个单词是什么，一般需要用到当前单词以及当前单词的前一个单词，因为句子中前后单词并不是独立的。比如，当前单词是“非常”，前一个单词是“普罗旺斯的风景”，那么下一个单词很大概率是“美丽”。递归神经网络的来源就是为了刻画一个序列当前的输出与之前信息的关系。从网络结构上，递归神经网络会记忆之前的信息，并利用之前的信息影响后面节点的输出内容。也就是说，递归神经网络的隐藏层之间的节点是有连接的，隐藏层的输入不仅包括输入层的输出，还包括上一时刻隐藏层的输出。从理论上来讲，递归神经网络能够包含之前的任意多个时刻的状态内容，在实际训练中，为了降低训练的复杂度，一般情况下只会处理之前状态中少数几个输出的状态内容。递归神经网络按照时间顺序进行展开，每一步的处理都会影响到下一步的处理，递归神经网络的训练使用误差反向传播算法（BackPropagation，BP），在反向传播过程中，它不仅仅需要依赖当前的网络，还需要依赖前面若干层的网络，这种算法被称为随时间的反向传播算法（BackPropagation Through Time，BPTT）。随时间的反向传播算法属于反向传播算法的一个扩展，它可以将加载在网络上的时序信号按照层数进行依次展开，从而完成前馈神经网络从静态网络到动态网络的转化。

8.1　递归神经网络的架构

递归神经网络是一类神经网络，包括一层内的加权连接（与传统前馈网络相比，连接仅馈送到后续层）。因为递归神经网络包含循环，所以它们可以在处理新输入的同时存储信息。这种记忆使它们非常适合处理必须考虑事先输入的任务（比如时序数据）。

简单递归网络是一类流行的递归网络，其中包括将状态引入网络的状态层。状态层影响下一阶段的输入，所以可应用于随时间变化的数据模式。

可以用不同的方式应用状态，其中两种流行的方法是 Elman Network（Elman 网络）和 Jordan Network（Jordan 网络），如图 8-1 所示。在 Elman 网络中，隐藏层对保留了过去输入记忆的上下文节点状态层进行馈送。另一种流行的拓扑结构是 Jordan 网络。Jordan 网络有所不同，因为它们将输出层存储到状态层中，而不是保留隐藏层的历史记录。

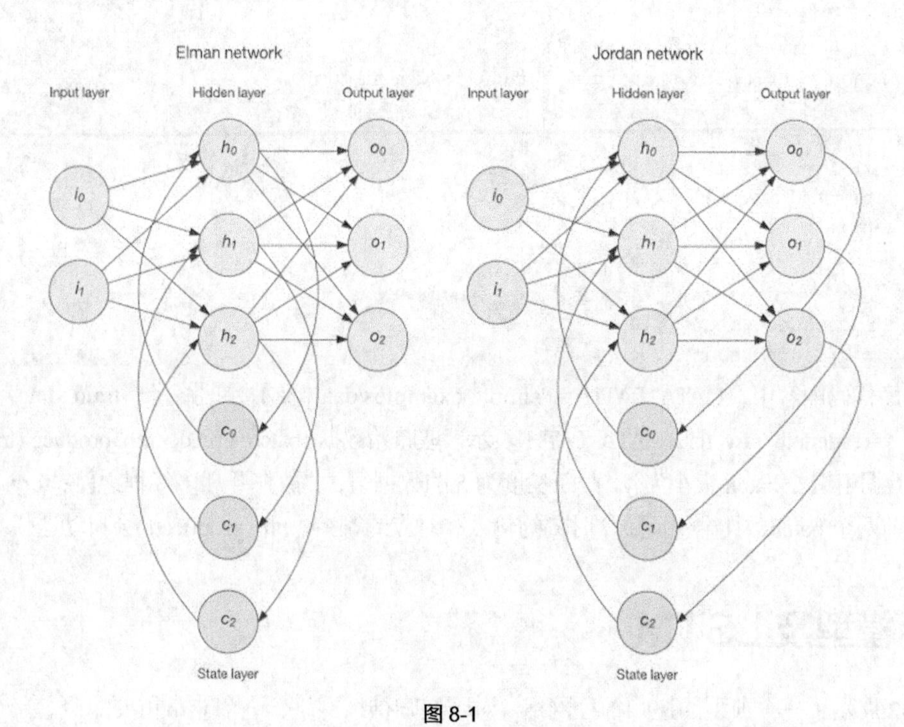

图 8-1

Elman 网络和 Jordan 网络可通过标准的反向传播来训练，都已应用到序列识别和自然语言处理中。请注意，这里仅引入了一个状态层，但很容易看出，可以添加更多状态层，在这些状态层中，状态层输出可充当后续状态层的输入。

8.2 PTB 数据

PTB(Penn Treebank Dataset)文本数据集是语言模型学习中目前使用最广泛的数据集，TensorFlow 对 PTB 数据集是支持的，首先要下载数据集，然后读取 PTB 数据集需要用到 reader.py 代码文件。

reader.py 代码文件提供了两个函数用于读取和处理 PTB 数据集。

（1）ptb_raw_data(DATA_PATH)：读取原始数据。

（2）ptb_producer(raw_data,batch_size,num_steps)：用于将数据组织成大小为 batch_size，长度为 num_steps 的数据组。

以下代码示范了如何使用这两个函数。

```
import reader
import tensorflow as tf

DATA_PATH = 'simple-examples/data/'

train_data, valid_data, test_data, _ = reader.ptb_raw_data(DATA_PATH)

batch = reader.ptb_producer(train_data, 4, 5)

with tf.Session() as sess:
    tf.global_variables_initializer().run()

    #开启多线程
    coord = tf.train.Coordinator()
    threads = tf.train.start_queue_runners(coord=coord)

    for i in range(2):
        x, y = sess.run(batch)
        print('x:', x)
        print('y:', y)

    #关闭多线程
    coord.request_stop()
    coord.join(threads)
```

源程序代码内容中，DATA_PATH = 'simple-examples/data/'表示数据路径；train_data, valid_data, test_data, _ = reader.ptb_raw_data(DATA_PATH)表示读取原始数据；batch = reader.ptb_producer(train_ data, 4, 5)表示将数据组织成 batch 大小为 4，截断长度为 5 的数据组，要放在开启多线程之前；for i in range(2): 表示读取前两个 batch，其中包括每个时刻的输入和对应的答案；ptb_producer()会自动迭代。

8.3 模型及 LSTM

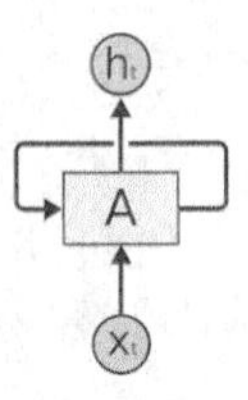

图 8-2

图 8-2 展示了一个典型的递归神经网络。对于递归神经网络，一个非常重要的概念就是时刻。递归神经网络会对每一个时刻的输入结合当前模型的状态给出一个输出。从图 8-2 中可以看到，递归神经网络的主体结构 A 的输入除了来自输入层 x_t，还有一个循环的边来提供当前时刻的状态。在每一个时刻，递归神经网络的模块 A 会读取 t 时刻的输入 x_t，并输出一个值 h_t。同时 A 的状态会从当前步传递到下一步。因此，递归神经网

络理论上可以被看作是同一神经网络结构被无限复制的结果。

但出于优化的考虑，目前递归神经网络无法做到真正的无限循环，所以，现实中一般会将循环体展开，于是可以得到图 8-3 所展示的结构。

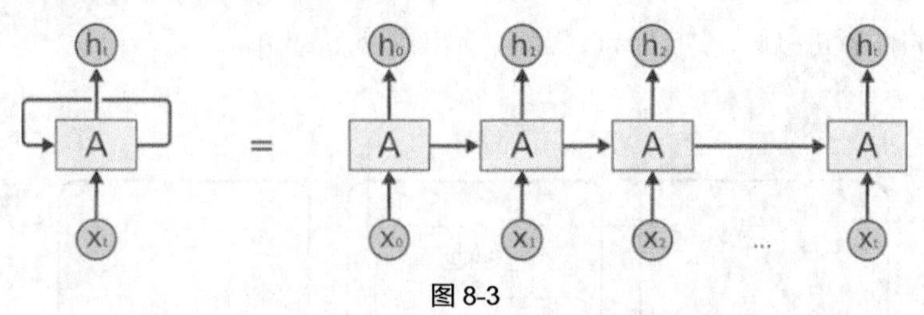

图 8-3

在图 8-3 中可以更加清楚地看到递归神经网络在每一个时刻会有一个输入 x_t，然后根据递归神经网络当前的状态 A_t 提供一个输出 h_t。从而神经网络当前状态 A_t 是根据上一时刻的状态 A_{t-1} 和当前输入 x_t 共同决定的。从递归神经网络的结构特征可以很容易地得出它最擅长解决的问题是与时间序列相关的。递归神经网络也是处理这类问题时最自然的神经网络结构。对于一个序列数据，可以将这个序列上不同时刻的数据依次传入递归神经网络的输入层，而输出可以是对序列中下一个时刻的预测。递归神经网络要求每一个时刻都有一个输入，但是不一定每个时刻都需要有输出。在过去几年中，递归神经网络已经被广泛地应用在语音识别、语言模型、机器翻译以及时序分析等问题上，并取得了巨大的成功。

以机器翻译为例来介绍递归神经网络是如何解决实际问题的。递归神经网络中每一个时刻的输入为需要翻译的句子中的单词。如图 8-4 所示，需要翻译的句子为 ABCD，那么递归神经网络第 1 段每一个时刻的输入就分别是 A、B、C 和 D，然后用“—”作为待翻译句子的结束符。在第 1 段中，递归神经网络没有输出。从结束符“—”开始，递归神经网络进入翻译阶段。该阶段中每一个时刻的输入是上一个时刻的输出，而最终得到的输出就是句子 ABCD 翻译的结果。从图 8-4 中可以看到句子 ABCD 对应的翻译结果就是 XYZ，而 Q 是代表翻译结束的结束符。

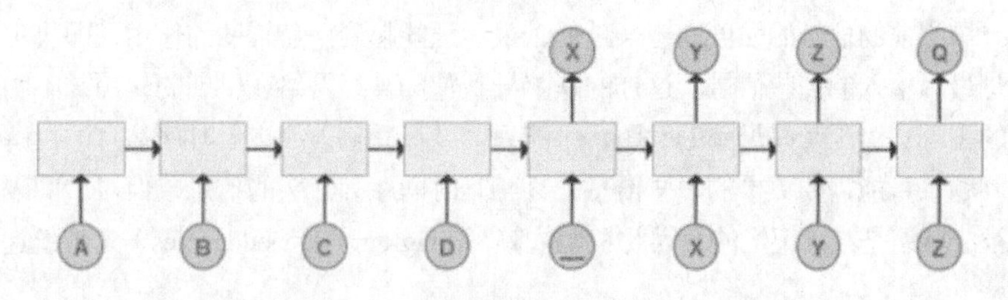

图 8-4

如之前所介绍，递归神经网络可以被看作是同一神经网络结构在时间序列上被复制多次的结果，这个被复制多次的结构被称之为循环体。如何设计循环体的网络结构是递归神经网络解决实际问题的关键。和卷积神经网络过滤器中参数是共享的类似，在递归神经网络中，循环体网络结构中的参数在不同时刻也是共享的。

图 8-5 展示了一个使用最简单的循环体结构的递归神经网络，在这个循环体中只使用了一个类似全连接层的神经网络结构（中间标有 tanh 的小方框表示一个使用了 tanh 作为激活函数的全连接神经网络）。下面将通过图 8-5 中所展示的神经网络来介绍递归神经网络前向传播的完整流程。递归神经网络中的状态是通过一个向量来表示的，这个向量的维度也称为递归神经网络隐藏层的大小，假设

其为 h。从图 8-5 中可以看出，循环体中的神经网络的输入有两部分，一部分为上一时刻的状态 h_{t-1}，另一部分为当前时刻的输入样本 x_t。对于时间序列数据来说（比如不同时刻商品的销量），每一时刻的输入样例可以是当前时刻的数值（比如销量值）；对于语言模型来说，输入样例可以是当前单词对应的词嵌入。将两者拼接后，通过 tanh 操作，输出新的状态 h_t。

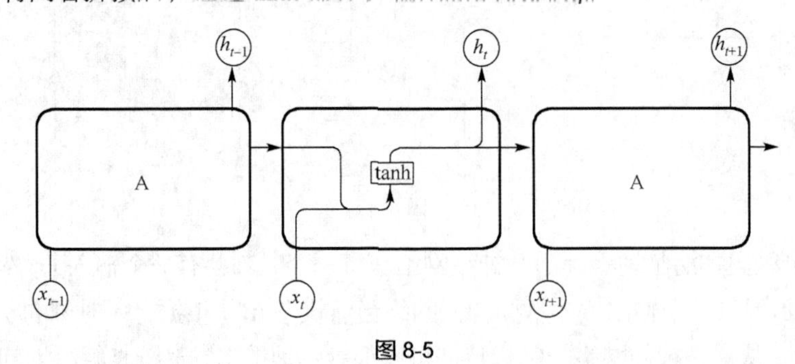

图 8-5

理论上，经过多次的数据迭代，这样的结构就能够提取出序列间的依赖信息。但是序列的长度使得上下文之间的关联变得困难。我们以“设计师懂得如何设计漂亮的建筑”为例：这个句子结构看上去很简单，但是要关联设计师和建筑这两个概念，则需要非常多的训练实例。这个问题就属于梯度的爆炸和消失。

事实上，递归神经网络在做反向传播的时候，会遇到跟深度神经网络类似的问题，不同的是深度神经网络引发的原因是层数多，而递归神经网络是因为步长太长。这种级联的梯度计算，传递到最后阶段，容易造成两种后果，要么梯度削弱到非常小的没有意义的值，要么弥散到超出参数的边界。这也是 LSTM 结构出现的原因。

8.3.1 LSTM 的概念

递归神经网络虽然被设计成可以处理整个时间序列信息，但是其记忆最深的还是最后输入的一些信号。而更早之前的信号的强度则越来越低，最后只能起到一点辅助的作用，即决定递归神经网络输出的还是最后输入的一些信号。这样的缺陷导致递归神经网络在早期的作用并不明显，并慢慢淡出了大家的视野。对于某些见到的问题，可能只需要最后输入的少量时序信息即可解决。但是对于某些复杂问题，可能需要更早的一些信息，甚至是时间序列开头的信息，但对于间隔太远的输入信息，递归神经网络是难以记忆的，因此长期依赖（Long-term Dependencies）是传统递归神经网络的致命伤。

简单循环神经网络有可能会丧失学到距离很远的信息的能力。或者在复杂语言场景中，有用信息的间隔有大有小，长短不一，循环神经网络的性能也会受到限制。

在多层训练过程中（长期依赖即当前的输出和前面很长的一段序列有关，一般超过 10 步），可能产生梯度消失和梯度膨胀的问题。

“梯度消失”说的是，如果梯度较小的话（<1），经过多层迭代以后，指数相乘，梯度很快就会下降到对调参几乎没有影响了。例如，$(0.99)^{100}$ 是不是趋近于 0 了？

“梯度膨胀”说的是，如果梯度较大的话（>1），经过多层迭代以后，将导致梯度非常大，例如，$(1.01)^{100}$ 是不是很大？

长短期记忆网络（Long Short-Term Memory，LSTM）就是为了解决这个问题设计的，而递归神经网络被成功应用的关键就是 LSTM。在很多的任务上，采用 LSTM 结构的递归神经网络比标准的递归神经网络表现更好。

LSTM 是一种时间递归神经网络，适合于处理和预测时间序列中间隔和延迟相对较长的重要事件。

LSTM 已经在科技领域有了多种应用。基于 LSTM 的系统可以学习语言翻译、机器人控制、图像分析、文档摘要、语音识别、图像识别、手写识别及控制聊天机器人、预测疾病、预测点击率、预测股票、合成音乐等任务。

8.3.2　LSTM 的结构

LSTM 结构是由塞普·霍普里特（Sepp Hochreiter）和于尔根·施密德胡伯（Jürgen Schmidhuber）于 1997 年提出的，它是一种特殊的循环体结构。如图 8-6 所示，LSTM 是一种拥有 3 个“门”结构的特殊网络结构。LSTM 靠一些“门”的结构让信息有选择性地影响每个时刻递归神经网络中的状态。所谓“门”的结构实际上就是一个全连接的网络层，它的输入是一个复杂的矩阵向量，而输出是一个 0 和 1 之间的实数向量（可理解为一个连续的模拟数值）。模拟数值的显著优点就是可导，因此适合反向传播调参。

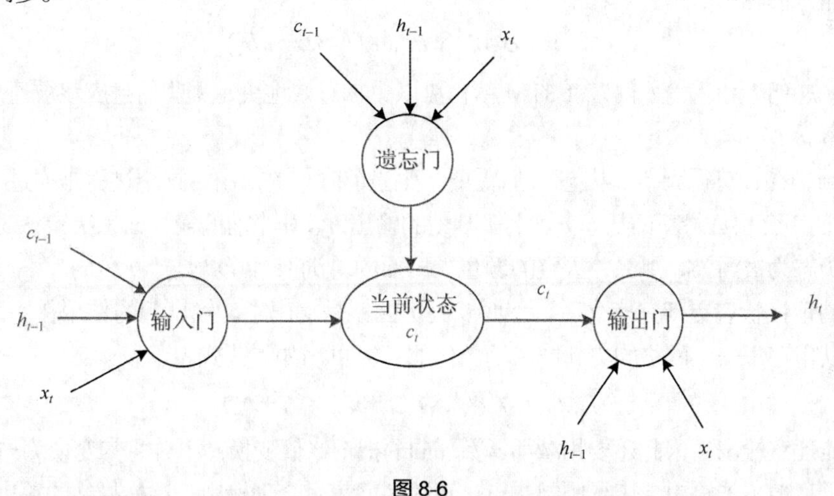

图 8-6

8.3.3　LSTM 的控制门

LSTM 靠一些“门”结构让信息有选择性地影响每个时刻递归神经网络中的状态。所谓“门”的结构就是一个使用 sigmoid 作为激活函数的全连接神经网络层和一个按位做乘法的操作，这两项合在一起就是一个“门”结构。之所以该结构叫作“门”是因为使用 sigmoid 作为激活函数的全连接神经网络层会输出一个 0～1 的数值，描述当前输入有多少信息量可以通过这个结构。于是这个结构的功能就类似于一扇门，当门打开时（使用 sigmoid 作为激活函数的全连接神经网络层输出为 1 时），全部信息都可以通过；当门关上时（使用 sigmoid 作为激活函数的全连接神经网络层输出为 0 时），任何信息都无法通过。本节下面的篇幅将介绍每一个“门”是如何工作的。LSTM 在每个序列索引位置 t 的门一般包括 3 种，分别为：遗忘门、输入门和输出门，用来维护和控制单元的状态信息。

为了使递归神经网络更有效地保存长期记忆，“遗忘门”和“输入门”至关重要，它们是 LSTM 结构的核心。“遗忘门”的作用是让递归神经网络“忘记”之前没有用的信息。比如一段文章中先介绍了某地原来是绿水蓝天，但后来被污染了。于是在看到被污染了之后，递归神经网络应该“忘记”之前绿水蓝天的状态。这个工作是通过“遗忘门”来完成的。“遗忘门”会根据当前的输入 x_t、上一时刻状态 c_{t-1} 和上一时刻输出 h_{t-1} 共同决定哪一部分记忆需要被遗忘。

遗忘门可以通过公式来表示。

$$f_t = \sigma(W_i^{\mathrm{T}} \times h_{t-1} + U_i^{\mathrm{T}} \times x_t + b_i)$$

在公式中，σ 表示激活函数，通常为 sigmoid。W_f^{T} 表示遗忘门的权重矩阵，U_f^{T} 是遗忘门输入层与隐含层之间的权重矩阵，b_f 是遗忘门的偏置项。从公式中可以看出，遗忘门是通过前一隐含层的输出 h_{t-1} 与当前的输入 x_t 进行线性组合，然后利用激活函数将其输出值压缩到 0～1 的区间。输出值越靠近 1，表示记忆块保留的信息越多。反之，越靠近 0，表示保留的信息越少。

在递归神经网络“忘记”了部分之前的状态后，还需要从当前的输入补充最新的记忆。这个过程就是通过“输入门”来完成的。“输入门”会根据当前的输入 x_t、上一时刻输出 h_{t-1} 和上一时刻输出 c_{t-1} 决定哪些部分将进入当前时刻的状态 c_t。比如当看到文章中提到环境被污染之后，模型需要将这个信息写入新的状态。

同样，输入门也可以用公式表示。

$$i_t = \sigma(W_o^{\mathrm{T}} \times h_{t-1} + U_o^{\mathrm{T}} \times x_t + b_o)$$

通过“遗忘门”和“输入门”，LSTM 结构可以更加有效地决定哪些信息应该被遗忘，哪些信息应该得到保留。

LSTM 结构在计算得到新的状态 c_t 后需要产生当前时刻的输出，这个过程是通过“输出门”完成的。“输出门”会根据最新的状态 c_t、上一时刻的输出 h_{t-1} 和当前的输入 x_t 来决定该时刻的输出 h_t。比如当前的状态为被污染，那么“天空的颜色”后面的单词很可能就是“灰色的”。

在内部的记忆状态更新完毕之后，下面要决定的就是输出了。输出门的作用在于，它控制着有多少记忆可以用在下一层网络的更新中。输出门的计算可用如下公式表示。

$$o_t = \sigma(W_o^{\mathrm{T}} \times h_{t-1} + U_o^{\mathrm{T}} \times x_t + b_o)$$

此处不能任意输出，因此还要用激活函数 tanh()把记忆值变换一下，将其变换为-1～+1 的数。负值区间表示不但不能输出，还得压制一点，正数区间表示合理输出。这样最终的输出门公式如下。

$$S_t = o_t \times \tanh(c_t)$$

模型的核心由一个 LSTM 单元组成，其可以在某时刻处理一个词语，以及计算语句可能的延续性的概率。网络的存储状态由一个零矢量初始化并在读取每一个词语后更新。而且，由于计算上的原因，将以 batch_size 为最小批量来处理数据，代码如下。

```
lstm = rnn_cell.BasiclSTMCell(Lstm_size)
state = tf.zeros([batch_size, lstm.state_size])

loss = 0.0
for current_batch_of_words in words_in_dataset:
    output, state = lstm(current_batch_of_words, state)

    #LSTM 输出可用于产生下一个词语的预测
    logits = tf.matmuL(output, softmax_w) + softmax_b
    probabilities = tf.nn.softmax(Logits)
loss += loss_function(probabilities, target_words)
```

源程序代码内容中，Lstm = rnn_ceLL.BasicLSTMCeLL(Lstm_size)表示初始化 LSTM 存储状态；output, state = Lstm(current_batch_of_words, state)表示每次处理一批词语后更新状态值。

8.4　反向传播的截断

为使学习过程易于处理，通常的做法是将反向传播的梯度在（按时间）展开的步骤上按照一个固定长度（num_steps）截断。通过在一次迭代中的每个时刻上提供长度为 num_steps 的输入和每次迭代完成之后的反向传导，这会很容易实现。

一个简化版的用于计算图创建的截断反向传播代码如下。

```
words = tf.placeholder(tf.int32, [batch_size, num_steps])
lstm = rnn_cell.BasiclSTMCell(lstm_size)
initial_state = state = tf.zeros([batch_size, lstm.state_size])
for i in range(len(num_steps)):
    output, state = lstm(words[:, i], state)
finaL_state = state
```

源程序代码内容中，words = tf.pLacehoLder(tf.int32, [batch_size, num_steps])表示一次给定的迭代中的输入占位符；Lstm = rnn_ceLL.BasicLSTMCeLL(Lstm_size)表示初始化 LSTM 存储状态；output, state = Lstm(words[:, i], state)表示每处理一批词语后更新状态值。

8.5　输入与损失函数

在输入 LSTM 前，词语 ID 被嵌入到了一个密集的表示中。这种方式允许模型高效地表示词语，也便于编写代码，代码如下。

```
word_embeddings = tf.nn.embedding_lookup(embedding_matrix, word_ids)
```

embedding_matrix 表示张量的形状是[vocabuLary_size, embedding_size]；词嵌入矩阵会被随机地初始化，模型会学会通过数据分辨不同词语的意思。

为了使损失函数最小，要使目标词语的平均负对数概率最小

$$\text{loss} = -\frac{1}{N}\sum_{i=1}^{N}\ln p_{\text{target}_i}$$

实现起来并非很难，而且函数 sequence_Loss_by_exampLe 已经有了，可以直接使用。

算法中典型衡量标准是每个词语的平均复杂度（perpLexity），计算式为

$$\mathrm{e}^{-\frac{1}{N}\sum_{i=1}^{N}\ln p_{\text{target}_i}} = \mathrm{e}^{\text{loss}}$$

perplxity 值刻画的就是某个语言模型估计的一句话出现的概率。perplxity 的值越小，模型越好，也就是这句话出现的概率越高越好，出现这句话的概率和 perplxitty 是成反比例的。

8.6　多个 LSTM 层堆叠

要想给模型更强的表达能力，可以添加多层 LSTM 来处理数据。第 1 层的输出作为第 2 层的输入，以此类推。

使用类 MuLtiRNNCeLL 可以无缝地将其实现，代码如下。

```
lstm = rnn_cell.BasicLSTMCell(lstm_size)
stacked_lstm = rnn_cell.MultiRNNCell([lstm] * number_of_layers)

initial_state = state = stacked_lstm.zero_state(batch_size, tf.float32)
for i in range(len(num_steps)):
    output, state = stacked_lstm(words[:, i], state)
final_state = state
```

源程序代码内容中，output, state = stacked_Lstm(words[:, i], state)表示每次处理一批词语后更新状态值。

8.7 代码的编译与运行

首先需要构建库，在 CPU 上编译，代码如下。

```
bazel build -c opt tensorflow/models/rnn/ptb:ptb_word_lm
```

如果有强大的 GPU 可以运行，代码如下。

```
bazel build -c opt --config=cuda tensorflow/models/rnn/ptb:ptb_word_lm
```

运行模型，代码如下。

```
bazel-bin/tensorflow/models/rnn/ptb/ptb_word_lm \
  --data_path=/tmp/simple-examples/data/ --alsologtostderr --model small
```

有 3 个模型配置参数：small，medium 和 large。它们指的是 LSTM 的大小，以及用于训练的超参数集。模型越大，得到的结果应该越好。在测试集中，small 模型应该可以达到低于 120 的复杂度，large 模型则是低于 80 的复杂度，但它可能花费数小时来训练。

09 第9章　Mandelbrot集合

Mandelbrot 集合又被称为曼德布洛特集合，它是一种在复平面上组成分形的点的集合，算是一种分形图案。由于它最先是被数学家 Benoit B.Mandelbrot（本华·曼德布洛特）提出的，因此而命名。Mandelbrot 集合可以用复二次多项式 $f_c(z)=z^2+c$ 来进行定义，公式中的 c 是一个复参数，对于每一个 c 的值，从 z=0 开始对函数 $f(z)$ 进行迭代。从数学上来讲，Mandelbrot 集合是一个复数的集合。

在对 Mandelbrot 集合进行描述的时候，提到了一个词，叫作分形（Fractal），那么究竟什么是分形呢？从概念上来讲，分形通常被定义为“一个粗糙或零碎的几何形状，可以被分成若干个部分，并且每一个部分都是（或者近似地是）整体缩小后的形状”，即它具有自相似的性质。

提到分形的几何形状，就要先从自然界中的几何学图案开始说起。在 1904 年，瑞典的一位叫柯赫的科学家描述了一种形状接近于理想化的雪花曲线图案——柯赫雪花，如图 9-1 所示。这个所谓的柯赫雪花就是柯赫曲线所围成的一个封闭图形，柯赫雪花存在着许多奇妙的性质。首先，柯赫雪花的周长趋近于无穷大，而柯赫雪花的面积却有一个限定的值；其次，柯赫雪花还可以体现出一种递归的自相似性，把图形的局部放大后，它会呈现出与整体（或整体的局部部分）有相当高程度的相似性。

在自然界中，除了提到的雪花之外，还有很多事物的形状都无法用传统的几何学来进行描述，例如树木、海岸线、山脉等，这些形状都有一些共同的特性：一是它们都具有精细的不规则结构；二是这些几何形状的局部与整体在一定程度上具有相似性。1975 年，数学家曼德布洛特将这些部分与整体以某种方式相似的形体统称为分形，并创立了这个领域的专门学说——分形几何学（Fractal Geometry），分形几何学是一门以不规则几何形态为研究对象的几何学。由于不规则现象在自然界普遍存在，因此分形几何学又被称为描述大自然的几何学。分形几何学建立以后，很快就引起了各个学科领域的关注。不仅在理论上，在应用上分形几何学也具有非常重要的价值。并在此基础上，形成了研究分形性质及其应用的科学，称为分形理论（Fractal Theory），因此，曼德布洛特也被称为“分形学创始人”。

在自然界中，还存在着一些图案内容，这些图案内容初看起来很像是某位大师的艺术作品，但其实，这些图案有一个共同的名字，叫作 Mandelbulb。它们是对著名的分形方程 Mandelbrot 集合的 3 维描述。分形图像是由程序进行不断迭代（iterative）而产生的一种图像结果，它使一个方程等于一个数字，然后再使用同样的方程去计算相同的结果，对这样的过程进行重复，当结果被转换成几何形态，便会产生惊人的自我衍生图像。它们具有同样的形态，但是又具有不同的比例，如图 9-2 所示。

分形理论发展到现在，已经发展成为了一门新的理论学科，将分形理论和混沌理论结合之后更可衍生出更多的研究应用领域。

分形世界与几何学中许多常识之间存在着极大的冲突，平时常说一个几何图形的维度，这个维度一般是整数，例如平面上所画的一个矩形图案就是一个 2 维的图形，空间中的球体呈现出 3 维结构；在分形几何中，几何图形的维度都不是整数，而是用分数来表示，这个维度又被称为 Hausdorff-Becikovich Dimesion（豪斯多夫-贝赛科维奇维度），于 1918 年由数学家豪斯多夫所提出，通过豪斯多夫-贝赛科维奇维度可以给一个任意复杂的点集合（包括分形）赋予一个维度。

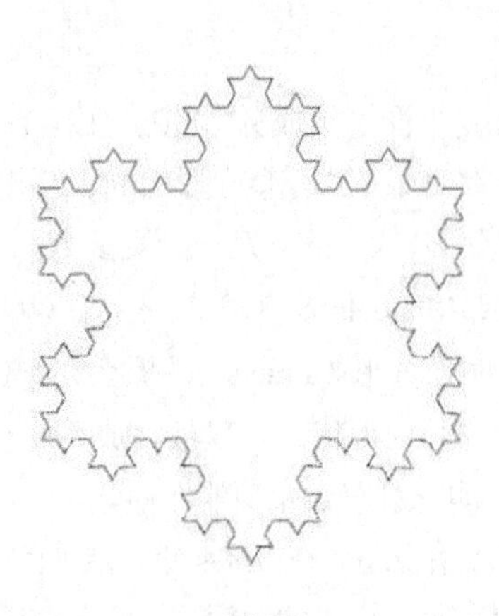

图 9-1

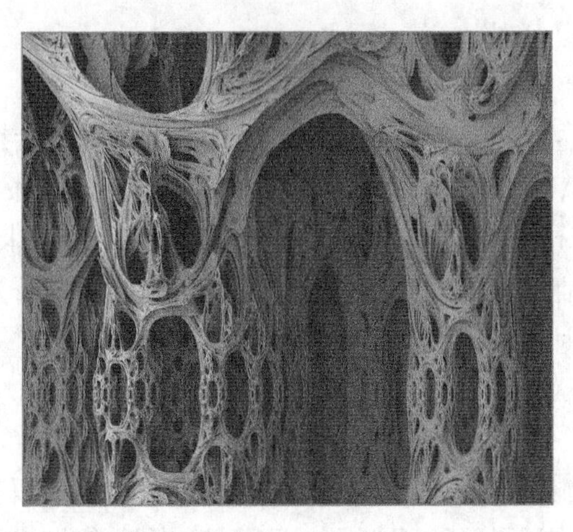

图 9-2

9.1 库的导入

虽然可视化 Mandelbrot 集合与机器学习没有任何关系，但这对于将 TensorFlow 应用在数学以外更广泛的领域是一个有趣的例子。实际上，这是 TensorFlow 一个非常直截了当的可视化运用。在使用 TensorFlow 进行实际应用前，首先需要导入一些库，代码如下。

```
#导入仿真库
import tensorflow as tf
import numpy as np

#导入可视化库
import PIL.Image
from cStringIO import StringIO
from IPython.display import clear_output, Image, display
import scipy.ndimage as nd
```

接下来，将定义一个函数用来显示迭代计算出的图像，代码如下。

```
def DisplayFractal(a, fmt='jpeg'):
  a_cyclic = (6.28*a/20.0).reshape(list(a.shape)+[1])
  img = np.concatenate([10+20*np.cos(a_cyclic),30+50*np.sin(a_cyclic),
155-80*np.cos(a_cyclic)], 2)
  img[a==a.max()] = 0
  a = img
  a = np.uint8(np.clip(a, 0, 255))
  f = StringIO()
  PIL.Image.fromarray(a).save(f, fmt)
  display(Image(data=f.getvalue()))
```

在代码中，def DisplayFractal(a, fmt='jpeg'):表示的是显示迭代计算出的彩色分形图像。

9.2　会话和变量初始化

为了操作的方便，通常会使用交互式会话（Interactive Session），但是一般性的会话（Regular Session）也可以被正常使用，代码如下。

```
sess=tf.InteractiveSession()
Y,X=np.mgrid[-1.3:1.3:0.005,-2:1:0.005]
Z=X+1j*Y
xs=tf.constant(Z.astype("complex64"))
zs =tf.Variable(xs)
ns=tf.Variable(tf.zeros_like(xs,"float32"))
tf.initialize_all_variables().run()
```

源程序代码内容中，通过第 1 行内容的使用，来指定一个交互式会话；通过第 2～3 行内容的使用，来创建一个数组，接着使用 NumPy 模块来创建一个 2 维的复数数组；通过第 4～6 行内容的使用，来定义一组 TensorFlow 的张量，并对这个张量进行初始化；通过第 7 行内容的使用，将变量的初始值进行确定。

9.3　定义并运行计算

接下来指定更多的计算内容，代码如下。

```
zs_ =zs*zs+xs
not_diverged=tf.abs(zs_)<4
step=tf.group(
zs.assign(zs_),
ns.assign_add(tf.cast(not_diverged, tf.float32))
)
for i in range(200):step.run()
DisplayFractal(ns.eval())
```

源程序代码内容中，通过第 1 行内容的使用，来进行一个新值 *zs* 的计算：zs^2+xs；通过第 2 行内容的使用，来对新值 *zs* 是否发散进行判定；通过第 3～6 行内容的使用，用来对 *zs* 进行更新并迭代计算；通过第 7 行内容的使用，使用 for 循环来进行一个 200 次的重复执行；通过第 8 行内容的使用，完成最终运行结果图案的呈现。最终结果图案如图 9-3 所示。

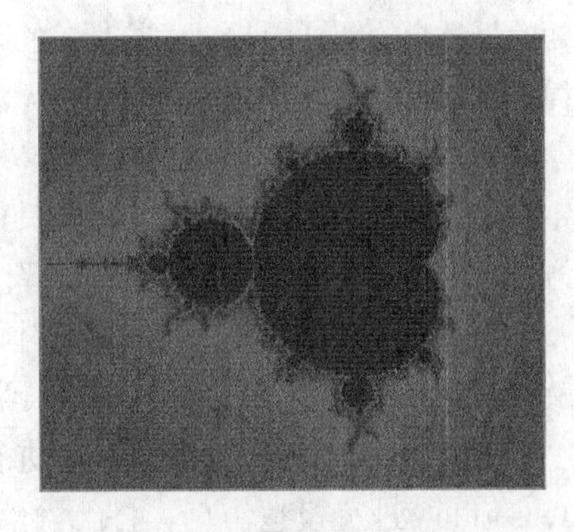

图 9-3

10 第10章 偏微分方程模拟仿真

18 世纪，瑞士数学家莱昂哈德·欧拉（Leonhard Euler）在与其他数学家解决物理问题的过程中，创立了微分方程这门学科。常见的微分方程有常微分方程、偏微分方程等，其中，常微分方程是指解得的未知函数是一元函数的微分方程，即一个量随一个自变量变化的规律，比如常见到的行驶中的车辆位置会随着时间变化而规律运动；偏微分方程是指解得的未知函数是多元函数的微分方程，即一个量随两个或多个自变量变化而变化的规律，它比常微分方程更复杂一些，不仅仅在于自变量的增多，还因为各个自变量之间会有耦合，比如温度会随着时间的变化而在不同位置上有不同的数值表现，与此同时，温度随位置的变化也会因为时间的不同而在数值上有所变化，生活中的天气预报，就是通过计算机来对偏微分方程进行求解而得到的。偏微分方程关于纯数学研究的第 1 篇论文是欧拉所写的《方程的积分法研究》，在此之后，法国数学家达朗贝尔（Jean Le Rond d'Alembert）也在他的著作《动力学》和论文《张紧的弦振动时形成的曲线的研究》中提出了关于偏微分方程的内容，从而最终开创了偏微分方程这门学科。19 世纪是偏微分方程迅速发展的时期，瑞士数学家丹尼尔·伯努利（Daniel Bernoulli）、法国数学家约瑟夫·拉格朗日（Joseph Lagrange）、让·巴普蒂斯·约瑟夫·傅里叶（Jean Baptiste Joseph Fourier）在各自研究领域的成果都对偏微分方程的发展产生了不同程度的影响。

对于偏微分方程问题的讨论和解决，往往需要应用微分几何学、代数与拓扑学等其他数学分支的理论和方法。偏微分方程的解有无穷多个，但是解决具体的实际问题时，则需要从中选取出所需要的最适合的解，因此，一些必备的附加条件是必不可少的。偏微分方程属于同一类现象的共同规律的表示式，仅仅知道共同规律是无法掌握和了解具体问题的特殊性的，所以，针对不同的具体问题，它的特殊性就在于所处的不同环境的特定条件，即初始条件和边界条件，又被称为定解条件。定解条件反映出具体问题的个性和具体情况，定解条件和方程式的结合被称为定解问题。求偏微分方程的定解问题可以先求出它的通解，然后再用定解条件确定出函数。

简单而言，偏微分方程是先通过建立数学模型，再进行一定程度的理论分析来对客观现象进行解释，并最终解决实际问题的一门科学。

TensorfLow 不仅仅可以用来进行机器学习，还可以用来进行模拟仿真。本章通过应用 TensorFlow 进行模拟仿真，将雨滴落入池塘的情况进行模拟，通过程序代码详细说明如何使用 TensorFlow 进行偏微分方程的模拟仿真全过程。

10.1 计算函数的定义

首先，针对计算函数，先导入一些模拟仿真所必需的库文件，代码如下。

```
#导入模拟仿真需要的库
import tensorflow as tf
import numpy as np

#导入可视化需要的库
import PIL.Image
from cStringIO import StringIO
from IPython.display import clear_output, Image, display
```

源程序代码内容中，通过使用 import tensorflow as tf 和 import numpy as np 将模拟仿真中所需要的 TensorFlow 模块和 NumPy 模块进行导入；import PIL.Image 代码中的图像处理类库（Python Imaging Library Python，PIL）提供了关于图像的最基本的处理及功能操作，如图像的旋转、裁剪、缩放、颜色的变化等。利用免费的图像处理类库中的各类函数，可以将数据从图像格式的文件中提取出来进行数据处理，然后再将处理之后的数据写入到指定的图像格式中，在图像处理类库的众多函数中，最重要的一个函数是 Image 函数。在代码内容中，from cStringIO import StringIO 语句中的 cStringIO 和 StringIO 所代表的是两个不同功能的模块，这两个模块具有相似的功能操作。其中，StringIO 模块的功能和文件具有很高的相似性，它算是存在于内存中的一个文件，对 StringIO 模块进行操作的方法与对磁盘文件进行操作的方法相类似，即通过 StringIO 模块对内存文件进行读取和写入的操作；而 cStringIO 模块则与 StringIO 模块相类似，但是它又比 StringIO 模块更高效一些。原因是因为 Python 语言是一种动态的计算机编程语言，它可以进行解释性执行，如果想要针对 Python 程序代码的运行速度进行提高，可以通过使用 C 语言来对某些关键函数进行重写，通过这种方式可以提高整个 Python 程序代码的执行速度，而具体到 cStringIO 和 StringIO 这两个模块来讲，StringIO 模块是使用纯 Python 代码编写的模块内容，而 cStringIO 模块中的部分函数则是使用 C 语言编写的，因此 cStringIO 模块运行速度会更高效。

针对池塘的表面状态，我们通过一些程序代码来进行相应操作的函数设定，代码如下。

```
def DisplayArray(a, fmt='jpeg', rng=[0,1]):
  """Display an array as a picture."""
  a = (a - rng[0])/float(rng[1] - rng[0])*255
  a = np.uint8(np.clip(a, 0, 255))
  f = StringIO()
  PIL.Image.fromarray(a).save(f, fmt)
  display(Image(data=f.getvalue()))
```

接下来，需要打开一个 TensorFlow 的交互式会话内容，来进行更加方便的效果演示。此外，将相关代码内容写入 Python 编程语言的可执行文件中，这样能够在以后的操作中更加方便地进行调用，代码如下。

```
sess = tf.InteractiveSession()
```

经过前面知识点的学习，已经知道了 TensorFlow 是基于图的计算系统，图的节点是由操作构成的，而图的各个节点是由张量作为边来进行连接的，TensorFlow 图必须在一个 Session 操作中来进行计算，Session 操作提供了代码执行和张量求值的环境。TensorFlow 中的变量和操作定义好以后，由 Session 对象合成图形才会得到最终的结果图像，一般使用 tf.Session()对象来进行相应的操作，但是 Session 的运行会涉及运算，比较消耗资源，因此在 Session 的运行操作结束以后，需要通过使用 sess.close()语句来手动关闭 Session 操作。另外，对于 Python 原生编辑器或类似于

Jupyter 这样基于浏览器的 Python 编辑器来讲，运行时需要将程序代码一段一段地输入，于是，就出现了 tf.InteractiveSession()这样的交互式 Session。sess = tf.InteractiveSession()代码语句中的 tf.InteractiveSession()用来完成在图的运行过程中实现一些计算图的插入，这些计算图可以由某些操作构成。通过此种方式，可以提高交互式环境中工作的便利性，在使用 tf.InteractiveSession()来构建交互式会话时，可以先构建一个 Session，然后再定义一个操作，其目的是为了在交互式环境下，实现手动设定当前 Session 为默认 Session，从而避免了每次都要针对 sess 进行说明的烦琐过程，代码如下。

```
def make_kernel(a):
  """Transform a 2D array into a convolution kernel"""
  a = np.asarray(a)
  a = a.reshape(list(a.shape) + [1,1])
  return tf.constant(a, dtype=1)

def simple_conv(x, k):
  """A simplified 2D convoLution operation"""
  x = tf.expand_dims(tf.expand_dims(x, 0), -1)
  y = tf.nn.depthwise_conv2d(x, k, [1, 1, 1, 1], padding='SAME')
  return y[0, :, :, 0]

def laplace(x):
  """Compute the 2D laplacian of an array"""
  laplace_k = make_kernel([[0.5, 1.0, 0.5],
                           [1.0, -6., 1.0],
                           [0.5, 1.0, 0.5]])
return simple_conv(x, laplace_k)
```

10.2 偏微分方程的定义

首先创建一个 500×500 的方形池塘以及若干滴即将落入池塘中的雨滴，代码如下。

```
N = 500
#初始条件——一些雨滴落入池塘

#设置变量为零
u_init = np.zeros([N, N], dtype="float32")
ut_init = np.zeros([N, N], dtype="float32")

#一些雨滴随机落入池塘中
for n in range(40):
 a,b = np.random.randint(0, N, 2)
 u_init[a,b] = np.random.uniform()

DisplayArray(u_init, rng=[-0.1, 0.1])
```

运行后，模拟图片如图 10-1 所示。

下一步，针对微分方程的一些详细参数，进行制定，代码如下。

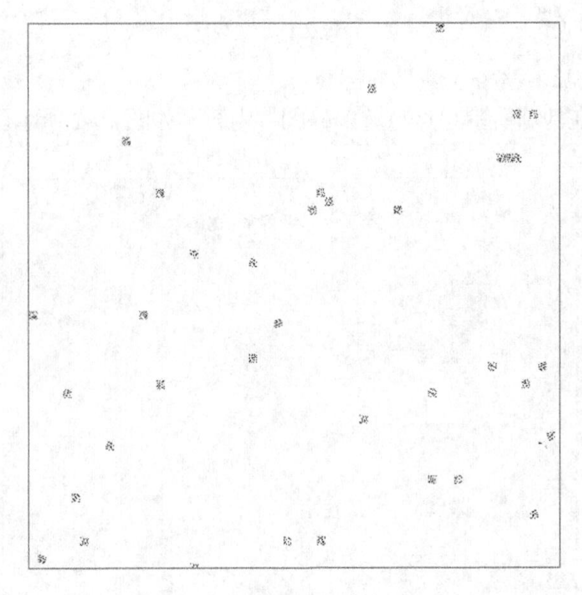

图 10-1

```
#参数:
#eps 时间分辨率
#damping 波阻尼
eps = tf.placeholder(tf.float32, shape=())
damping = tf.placeholder(tf.float32, shape=())

#为模拟状态创建变量
U  = tf.Variable(u_init)
Ut = tf.Variable(ut_init)

#离散 PDE 更新规则
U_  = U + eps * Ut
Ut_  = Ut + eps * (Laplace(U) - damping * Ut)

#更新状态的操作
step = tf.group(
  U.assign(U_),
  Ut.assign(Ut_))
```

10.3　仿真

在仿真过程中，加入 for 循环代码部分来实现仿真效果的清晰化，代码如下。

```
#初始化状态到初始条件
tf.initialize_all_variables().run()

#Run 1000 steps of PDE
for i in range(1000):
  #步骤模拟
  step.run({eps: 0.03, damping: 0.04})
  #Visualize every 50 steps
```

```
    if i % 50 == 0:
      clear_output()
  DisplayArray(U.eval(), rng=[-0.1, 0.1])
```

最终，形成雨滴落在池塘后掀起点点涟漪的图片内容，如图 10-2 所示。

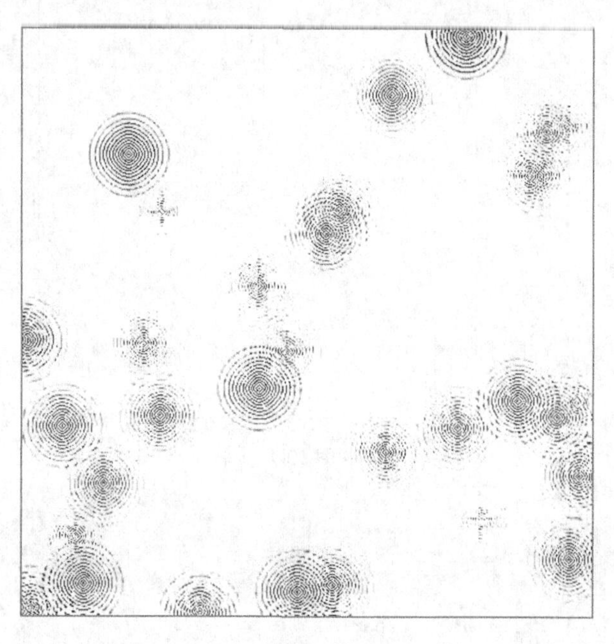

图 10-2

11 第11章　人脸识别

11.1　人脸识别概念

从20世纪后半叶开始，计算机视觉技术获得了飞速的发展。与视觉图像相关联的软件技术和硬件技术逐渐应用于人们的日常生活中，并逐渐成为人类社会信息来源的一个重要组成部分，这些技术的广泛普及与应用也促使了计算机视觉技术的不断革新和改进。计算机视觉技术被广泛应用于智能安检、人机交互等领域。

计算机视觉技术是人工智能技术的一个重要组成部分，也是当下计算机技术发展的一个前沿领域，经过多年不断的发展，已经形成了以数字处理、计算机图形图像等多种技术相融合的综合性技术，并具有较强的边缘性和学科交互性。在这其中，人脸识别技术是一个热门的研究方向，也是目前生物特征识别技术中备受研发人员和科技人员关注的一个技术分支。

所谓的人脸识别，是基于人体的面部特征信息进行身份信息识别的一种生物识别技术。通常情况下，通过使用摄像头或者其他视频采集设备可以采集到包含有人脸的图像或视频流可进行进一步的检测工作，然后针对图像或视频流中的人脸信息进行自动跟踪和相应的一系列技术操作。根据相关资料统计，2017年生物识别技术在全球范围内的市场规模接近180亿美元，预计到2020年，全球范围内的市场规模将会达到250亿美元，而在这个极具发展潜力的市场规模中，人脸识别技术将会占到接近30亿美元的市场份额。

目前国内外都有一些高科技IT公司针对人脸识别领域在进行研发并取得了不同程度的成果。这些研发成果被广泛应用在与我们生活息息相关的各个领域。针对广大的技术开发人员市场，这些公司则开源了一些类似于云平台、API、SDK等方面的技术支持，以便能够扩大研发技术在不同应用领域的应用范围及影响力。

随着人脸识别技术的发展与普及，越来越多的公司和移动App已经开始将人脸识别技术应用在自己的产品和服务领域中，从而使得用户体验到了“刷脸解锁”“刷脸支付”“刷脸认证”“眨眼支付”等新颖的高科技手段。目前比较大的几个应用领域有公共安全、信息安全、政府职能部门、商业企业、门禁控制等领域。

在门禁控制领域，随着人们生活水平的提高，大家更加注重家居环境的安全，安防观念不断加强，伴随着这种需求的提高，智能门禁系统应运而生，越来越多的企业、商铺、家庭都安装了各种各样的门禁系统。当前使用比较普遍的门禁系统有视频门禁、密码门禁、射频门禁和指纹门禁等。其中，视频门禁只是简单地把视频信息传送给用户，并没有体现出智能化，它本质上仍然离不开以人为本的安防，用户不在场时并不能绝对保障家居的安全；密码门禁最大的硬伤则是密码容易被忘记，且密码容易被破解；射频门禁的缺点是只认卡不认人，射频卡容易丢失或易被他人所盗用；指纹门禁的安全隐患则是指纹容易被复制。因此，现有技术中提供的门禁系统均存在不同程度的安全性较低的问题。而安装了人脸识别系统，只要对着摄像头完成面部识别即可轻松出入小区，可真正实现“刷脸出入”。生物识别门禁系统不需要携带验证介质，验证特征具有唯一性，安全性高，目前广泛应用于机密等级较高的场所，如研究所、银行等地方。

此外，在生活中，许多手机都在采用刷脸解锁的技术作为开机方式；在各类购物网站上进行购物之后，也可选择通过刷脸支付的新颖方式来作为最终的支付手段；甚至在一些机场和车站的安防工作，也纷纷采用人脸识别技术并将之应用于检票闸机位置，从而实现人脸识别的安防检票；还有一定比例的 IT 公司将人脸识别技术应用于员工签到，当员工到达公司之后，通过面部信息采集设备，将出勤员工的面部特征采集并发送到面部识别机器检测，然后将出勤员工与数据库中所保存的公司员工面部信息进行对比，完成出勤员工的最终身份信息识别及确认工作，从而自动完成签到工作并打开出入门禁对员工进行放行；市场上的一些人脸识别应用软件甚至可以做到识别出人物的性别、年龄、情绪、面部关键部位等细节，这样的效果则涉及人脸识别过程中的关键点监测技术。

总而言之，人脸识别技术之所以能够被广泛地应用于各个技术领域和生活领域中，是由它具备的一些得天独厚的优势所决定的。第 1 个优势是人脸识别技术具有并发性，它可以在同一时间对多张人脸进行检测、识别和跟踪；第 2 个优势是人脸识别技术具有非接触性，人脸图像信息的采集方式不同于其他信息的采集，例如采用指纹采集信息需要用到被采集者的手指接触信息采集设备，不但容易引起被采集者的心理反感，还会因为采集设备的共用而造成一些卫生问题，而人脸图像的信息采集，就避免了这种情况的发生，被采集者不需要与设备进行直接接触即可完成信息采集；第 3 个优势是人脸识别技术具有便捷性，人脸图像信息采集所使用的硬件具有设备简单、使用快捷的优点，通过普通的摄像头即可进行人脸图像信息的采集，并可在短短的几秒之内完成信息采集工作；第 4 个优势是人脸识别技术具有非强制性的优势，它通过不易被察觉的信息采集方式来进行人脸数据的采集工作，被识别者的面部图像信息通过这种方式被人脸识别设备主动获取；第 5 个优势是人脸识别技术具有可扩展性，在人脸识别步骤完成之后，紧接着的步骤就是针对识别结果进行数据的处理和实际应用，这项技术可以被用于门禁出入控制、人脸图片信息搜索、交通安检、人脸美化等各个领域，可扩展性较强。

人脸识别技术发展到今天，经历了几个重要的阶段，经由这些重要发展阶段的历程，人脸识别技术有了现在的丰硕成果，发展阶段如图 11-1 所示。

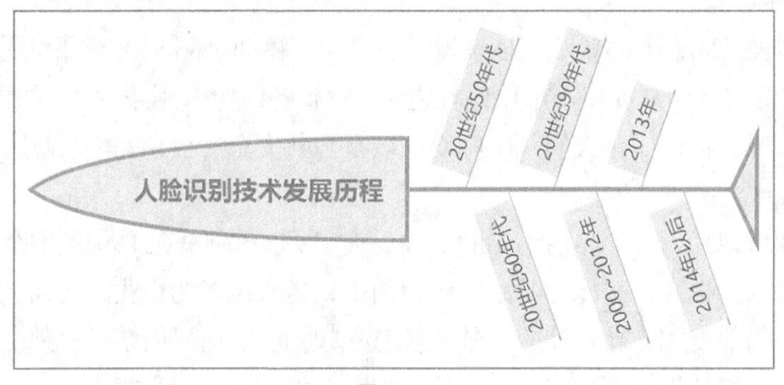

图 11-1

（1）20 世纪 50 年代：大量的认知科学家开始着手对人脸识别领域的技术展开研究。

（2）20 世纪 60 年代：正式开启了对人脸识别工程化的应用研究。当时主要应用的方法是通过人脸的几何结构，进一步分析人脸器官特征点及其之间的拓扑关系。这种方法主要是基于可见光线的人脸图像识别，具有简单直观的特点，但是也具有一定程度的技术局限性。例如，在不同姿势、不同表情、不同光照条件等外界因素发生变化时，同一张面孔的人脸识别的精度数值会大幅度降低。

（3）20 世纪 90 年代：1991 年，著名的"特征脸（Eigenface）"方法第 1 次将主成分分析和统计特征这两种技术引入人脸识别领域。通过实验，它在实际的应用效果上取得了长足的进步。这一思路也在人脸识别的后续研究中得到进一步的发扬光大。例如，BeLhumer 将 Fisher 判别准则应用于人脸分类领域并取得了成功，还以此为基础提出了基于线性判别分析的 Fisherface 方法。

（4）2000～2012 年：在这 12 年间，伴随着机器学习理论的不断发展，研究学者们纷纷将遗传算法、支持向量机（Support Vector Machine，SVM）、Boosting、流形学习等科学理论应用于人脸识别领域中。2009～2012 年，稀疏表达（Sparse Representation）因为其优美的理论和对遮挡因素的健壮性成为当时的研究热点。基于人工设计的局部"描述子"进行特征提取和子空间方法进行特征选择能够取得最好的人脸识别效果这种认知也被广大研究学者所接受。在人脸识别领域中最为成功的两种人工设计局部描述子分别是 Gabor 及 LBP 特征"描述子"。这期间，对各种人脸识别影响因子的针对性处理也是当时的研究热点，比如人脸光照归一化、人脸姿态校正、人脸超分辨以及遮挡处理等。

也是在这一研究时期，研究者的关注点开始从受限场景下的人脸识别转移到非受限环境下的人脸识别。LFW 人脸识别公开竞赛便是在此背景下开始逐渐流行起来的，LFW 人脸数据库是由美国马萨诸塞大学发布并维护的公开人脸数据库，测试数据规模为数万个图像，当时最好的识别系统尽管在受限的 FRGC 测试集上能取得 99%以上的识别精度，但是在 LFW 人脸数据库上的最高精度仅仅在 80%左右，远远无法达到实际应用的标准。

（5）2013 年：微软亚洲研究院的研究学者们第 1 次尝试了 10 万级别的大规模训练数据，并基于高维 LBP 特征和 Joint Bayesian 方法在 LFW 人脸数据库上获得了 95.17%的训练精度。这一结果充分表明在大规模训练数据集的应用前提下，非受限环境下的人脸识别效果能够获得显著的提升。

（6）2014 年以后：随着大数据和深度学习的发展及广泛应用，神经网络重受瞩目，并在图像分类、手写体识别、语音识别等应用中获得了比以往经典方法更显著的训练效果。中国香港中文大学的 Sun Yi 等人提出将卷积神经网络应用到人脸识别上，采用 20 万数量级的训练数据，在 LFW 人脸数据库上第 1 次获得了超过人类水平的识别精度，这是人脸识别发展历史上一座重要的里程碑。自此之后，研究学者们通过不断改进网络结构，扩大训练样本规模，将 LFW 人脸数据库上的识别精度提高到 99.5%以上。人脸识别发展过程中一些经典的方法及其在 LFW 人脸数据库上的精度呈现出一个相同的发展趋势，即训练数据的规模越来越大，识别的精度越来越高。

在我国，从 2015 年开始，政府密集出台了一系列有利于人工智能和人脸识别发展的政策。这其中，2015 年 1 月 7 日发布的《关于银行业金融机构远程开立人民币银行账户的指导意见（征求意见稿）》，给人脸识别的普及打开了一丝缝隙；在这之后的 2015 年 5 月和 12 月，政府分别出台了《安全防范视频监控人脸识别系统技术要求》《信息安全技术网络人脸识别认证系统安全技术要求》等法律法规，为人脸识别在金融、安防、医疗等领域的普及打下了坚实的基础。在 2017 年，人工智能这个词首次写入我国的国家政府报告中，作为人工智能的重要细分领域，国家对人脸识别相关的政策支持力度也在不断加大。2017 年 12 月发布的《促进新一代人工智能产业发展三年行动计划（2018

—2020 年）》甚至对人脸识别的具体标准做了规定："到 2020 年，复杂动态场景下人脸识别有效检出率超过 97%，正确识别率超过 90%"。

本章中将针对人脸识别技术的整个识别流程进行详细介绍。

11.2 人脸识别的流程

通常情况下，可以将人脸识别技术原理简单分为 3 个步骤：第 1 步，构建出一个包含大量人脸图像信息的数据库；第 2 步，通过各种技术途径获得当前要识别的目标人脸图像；第 3 步，将当前目标人脸图像与数据库中已有的人脸图像进行对比及筛选。人脸识别技术原理在具体实施过程中，所需要进行的技术流程如图 11-2 所示。

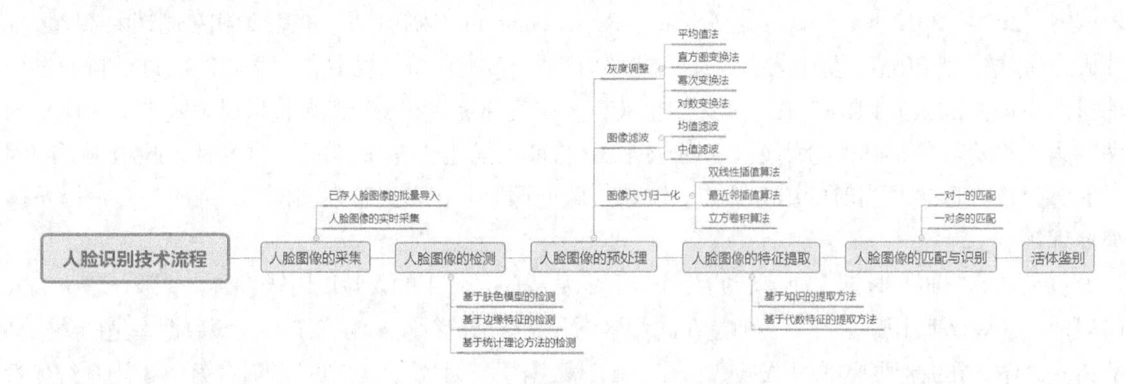

图 11-2

按照图中所示信息，可得知整个人脸识别技术流程按细节可分为以下几个组成部分。

- 人脸图像的采集。
- 人脸图像的检测。
- 人脸图像的预处理。
- 人脸图像的特征提取。
- 人脸图像的匹配与识别。
- 活体鉴别。

下面将通过具体的示例来对人脸识别系统的这几个组成部分进行详细讲解。

11.2.1 人脸图像的采集

人脸识别系统需要做的第 1 步工作就是针对人脸的图像进行采集。采集人脸图像通常情况下有两种途径，分别是已存人脸图像的批量导入和人脸图像的实时采集。已存人脸图像的批量导入是指将通过各种方式采集好的人脸图像批量导入人脸识别系统中，人脸识别系统会自动完成人脸图像的逐个采集工作。人脸图像的实时采集是指通过调用摄像机或摄像头等摄像器材将人脸图像信息采集下来，包括静态图、动态图、人体面部 8 个主要角度的图像信息、人体面部不同表情的图像信息等内容，用户处于摄像器材的拍摄范围内，设备会自动进行面部信息搜索并采集相应的图像信息。

11.2.2 人脸图像的检测

人脸识别的检测主要涉及以下两个方面的内容。

（1）首先对将要检测的目标图像进行概率统计，然后得到要检测的目标图像的特征信息，最后建立关于要检测的目标图像的具体模型。

（2）使用建立的目标检测模型对输入的图像信息进行匹配，如果有相应的匹配内容，则输出匹配的区域部分，如果没有相应的匹配内容则停止输出。

人脸检测是人脸识别预处理过程的一部分，指在图像中准确地标注出目标对象的人脸位置和人脸尺寸。人脸图像中所包含的模式特征异常丰富，结构特征、颜色特征、直方图特征等特征信息都属于模式特征的一部分。人脸检测就是将这些信息过滤出来，并加以应用。

11.2.3 人脸图像的预处理

人脸图像预处理是指基于前一个阶段人脸检测的结果，对人脸图像进行进一步处理，以便为后续的人脸特征提取流程提供相应的服务。

在现实环境下采集图像，由于图像受到光线明暗不同、脸部表情变化、阴影遮挡等众多外在因素的干扰，使得系统获取的人脸图像会受到各种条件的限制和干扰而产生一定程度的变化，从而导致采集图像质量不理想，因此人脸图像的预处理在具体实施过程中，需要对系统采集到的人脸图像进行光线、旋转、切割、过滤、降噪、放大缩小等一系列的复杂预处理，从而使得该人脸图像无论是从光线、角度、距离、大小等任何方面来衡量，均能够符合下一个处理流程中人脸图像的特征提取的标准要求。如果图像预处理做不好，将会严重影响后续的人脸特征提取与识别。下面将介绍 3 种图像预处理的方法：灰度调整、图像滤波和图像尺寸归一化。

需要进行灰度调整是因为人脸图像处理的最终图像一般都是二值化的图像，并且由于位置、设备、光照等各种客观因素的影响，会造成采集到的彩色图像在质量上参差不齐，因此需要对图像进行统一的灰度处理，来平滑处理这些差异。进行灰度调整的常用方法有平均值法、直方图变换法、幂次变换法、对数变换法等。

在实际的人脸图像采集过程中，人脸图像的质量会受到各种噪声的影响，这些噪声来源于方方面面。例如在我们生活的周边环境中，就充斥着大量的电磁信号，这些电磁信号将会干扰到数字图像的传输，进而影响到人脸图像的质量。为保证图像的质量，减小噪声对后续处理过程的影响，就必须对图像进行降噪处理。去除噪声的原理和方法有很多，常见的有均值滤波、中值滤波等方法。目前常用中值滤波算法对人脸图像进行预处理。

在进行简单的人脸训练时，有时会遇到人脸图像数据库的图像像素大小不一致的情况，因此，需要在进行人脸对比识别之前就对人脸图像做尺寸归一化的处理。现阶段比较常见的尺寸归一化算法有双线性插值算法、最近邻插值算法和立方卷积算法等。

11.2.4 人脸图像的特征提取

人脸图像特征提取是指针对人脸上的一些具体特征来提取。目前主流的人脸识别系统所使用的特征通常分为人脸视觉特征和人脸图像像素统计特征。特征提取的方法一般包括基于知识的人脸图像特征提取和基于代数特征的人脸图像特征提取。

以基于知识的人脸图像特征提取为例。因为人脸主要由眼睛、额头、鼻子、耳朵、下巴、嘴巴等部位组成，这些部位以及它们之间的结构关系都可以用几何形状特征进行描述，即每个人的人脸图像都可以有一个与之相对应的几何形状特征，可以帮助我们作为识别人脸的重要差异特征，这也是基于知识提取方法中的一种。

11.2.5 人脸图像的匹配与识别

人脸图像的匹配与识别是指将提取出来的人脸图像的特征数据信息与数据库中所存在的人脸特征模板进行搜索匹配，并计算出不同的相似度数值，接着再依据相似度数值的高低对用户的身份信息进行精准判别。在此过程中，需要设定一个阈值，当通过搜索匹配计算出来的相似度超过了所设定的这个阈值，就输出匹配的结果。目前在进行人脸图像匹配的过程中，一般有两种匹配方式。第 1 种方式是将两张图像进行一对一的匹配比较，通过提取两张图像上的人脸特征进行相似度对比，最终返回相对应的相似度得分，系统再根据特征匹配程度来决定是“拒绝”还是“接收”。它常用于判断两个输入人脸是否属于同一个人，从而进行身份信息的核实，也就是常说的“人脸验证”，这样的方式常用在身份识别、信息安全、相似脸查询和金融等应用查询领域。第 2 种方式是将多张图片进行一对多的匹配比较，在大规模的人脸数据库中找出与待检索人脸相似度最高的一个或者多个人脸，系统通过预先创建的待查人员的面部特征索引，在数十万甚至上百万张人脸数据库图片中进行迅速查找，找到需要确定的某张图，甚至此方式还可以使用视频流，目标对象进入视频识别范围后就会自动开始进行人脸识别的工作，也就是常说的“人脸检索”，这样的方式常用在身份确认、身份查询以及安全防护等应用场景中。

11.2.6 活体鉴别

生物特征识别所面临的其中一个共同问题就是对真正的生物体和非生物体进行活体鉴别。例如指纹识别系统需要鉴别出待识别的指纹信息是来自真人的手指还是指纹手套。人脸识别系统也面临这样的问题，它需要鉴别出所采集到的人脸图像，是来自真实的人脸还是含有人脸的照片，因此，投入实际应用的人脸识别系统需要再增加一项活体鉴别的环节。例如，系统会要求目标对象进行左右转头、眨眼睛、开口说话等动作，以便进一步进行活体鉴别。

11.3 人脸识别种类

在人脸识别的技术领域，一般分为人脸检测、人脸关键点检测、人脸验证等细节化的研究方向。下面针对这几个研究方向进行介绍。

11.3.1 人脸检测

在实际生活中，人脸检测主要是进行人脸识别的预处理。首先在图像中对人脸进行检测并定位出人脸的具体位置和大小，然后返回一个人脸的高精确度框图坐标。人脸检测是对人脸进行分析和处理的第 1 个阶段。

早期的人脸检测方法是通过选择图像中的某个矩形区域作为检测窗口，在选定的这个检测窗口中进行一系列特征信息的提取，然后对这个选定的图像区域进行一些特征描述，最后再以这些特征描述信息为基础并结合算法模型来进行判断，判断所选定的窗口区域是否为人脸。整个人脸检测的过程最后就变成了针对所有滑动窗口进行遍历的一个过程。

目前主流的人脸检测方法是使用 Adaboost 算法。此算法是一种迭代算法，常应用于分类领域，其核心思想是针对同一个训练集，训练不同数量的功能较弱的分类方法，再将这些功能较弱的分类方法进行组合，最终形成功能较强的最终分类方法。在人脸检测过程中，首先使用 Adaboost 算法，从训练集中挑选出一部分最能够代表人脸的矩形框特征（即所谓的弱分类方法），再按照加权投票的方式，将这些矩形框特征重新构建，最终形成一个新的特征（即所谓的强分类方法），将此过程重复若干次，最终将训练所得到的若干个强分类方法串联起来，形成一个能够有效提高检测速度的最终分类方法。

11.3.2　人脸关键点检测

人脸关键点检测有时也被称为人脸关键点定位或人脸对齐。它依据给定的人脸图像进行定位，确定出人脸面部的关键点坐标位置并返回相应的数值。人脸面部的关键点包括人脸的五官轮廓、脸轮廓等，因为会受到姿态、位置及物品遮挡等客观因素的影响，人脸关键点检测也是一个有难度的环节。目前有些 IT 公司所研发的人脸识别技术已经可以提供出高达 100 多个关键点的高精度检测技术，另外，无论是针对静态的图片信息还是动态的视频流信息，所检测出的关键点均能完美地与人脸五官轮廓进行贴合。

人脸关键点检测是人脸识别过程中最重要的环节，人脸关键点检测的精确度对众多科研领域和应用领域都具有举足轻重的作用。可以通过它对姿态进行相应识别，对表情进行识别，对疲劳状态进行检测识别，对嘴型进行识别等。因此，获取高精度的人脸关键点就成了最重要的工作，也是当下最热门的领域，它的技术突破与否，直接影响到了计算机视觉、计算机模式识别、计算机图像处理等领域的发展。

人脸关键点检测所使用的方法分为以下 3 种方式。

- 基于 ASM 和 AAM 的传统方式。
- 基于级联形状回归的方式。
- 基于深度学习的方式。

人脸关键点检测方法根据是否需要参数化模型又可分为基于参数化形状模型和基于非参数化形状模型的两类方法。目前使用最广泛的是基于非参数化形状模型的深度学习方法。具体分类如图 11-3 所示。

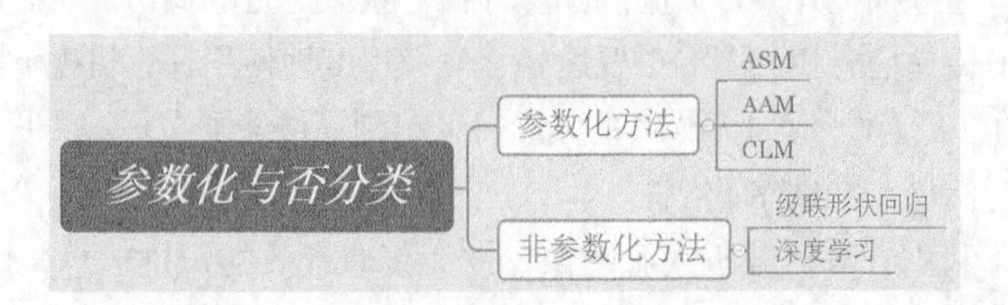

图 11-3

按照出现的时间先后顺序，在这些最重要的人脸关键点检测方法中应用的算法依次为 ASM

（Active Shape Model）算法、AAM（Active Appearance Model）算法、CLM（Constrained Local Model）算法、CSR（Cascaded Shape Regression）算法和 CNN（Convolutional Neural Networks）算法。

ASM 算法被称为主动形状模型或主观形状模型，有些资料中称为动态形状模型。它最早于 1995 年被提出，主要通过形状模型对物体进行抽象，是一种基于点分布模型（Point Distribution Model，PDM）的算法。在点分布模型算法中，人的面部、手、心脏、肺部等部位的几何形状，可以通过若干个关键点的坐标依次串联成一个形状向量来表示。ASM 算法的基础理论是：物体图像的结构能够被一系列的点表示出来，这些点可以是表示边缘的点，也可以是表示内部结构的点，甚至可以是表示外部的点。ASM 算法可以用来提取物体的特征点或作为表示物体特征的一种形式。它的优点是模型简单、架构清晰，易于使用者理解和应用，并且对轮廓形状有比较强的约束，适用于表示一些典型的形状和典型的形状改变，是一种很成熟的算法。

它的流程一般为先通过人工标定的方法标定训练集，经过训练获得形状模型，再通过特征点的匹配实现特定物体的匹配。总体分为训练和搜索两个阶段，在第 1 个阶段的训练过程中，首先构建形状模型，搜集 n 个训练样本，再通过手动的方式标记脸部特征点，然后将训练集中特征点的坐标串成特征向量，并对形状进行归一化和对齐，将对齐后的形状特征做 PCA 处理，最后为每个特征点构建局部特征。它的目的是在每次迭代过程中每个特征点可以寻找到新的位置。为了防止因光照而产生变化，在局部特征的选取上采用梯度特征。在第 2 个阶段的搜索过程中，首先需要计算嘴巴或者嘴巴和眼睛的位置，并做简单的尺寸变化和旋转变化，将人脸进行对齐，然后在对齐后的各个点附近进行搜索，对每个局部特征点进行匹配操作，得到初步形状，接着采用平均人脸模型对匹配结果进行修正，不断对此过程进行迭代，直至最后。

AAM 主动外观模型算法是广泛应用于模式识别领域的一种特征点提取算法。它在 ASM 算法的基础上，对纹理进行进一步统计建模，并将形状和纹理两个统计模型进一步融合为表观模型。简单来讲，就是利用“外观信息”对对象进行识别，这里面的外观信息指的是形状和纹理。AAM 识别目标的方式与人脸识别中的“分类器”方法类似，即通过之前建立好的外观训练模型（一个文件）对目标对象进行识别。

基于 AAM 的人脸特征定位方法在建立人脸模型的过程中，不仅需要考虑人脸的局部特征信息，还需要综合考虑全局形状和纹理信息，并通过对人脸形状特征和纹理特征进行统计分析，最终构建出人脸混合模型。在图像的匹配过程中，为了能够快速准确地进行人脸特征点的标定，在对被测试人脸对象进行特征点定位时采取“匹配→比较→调整后再匹配→再比较”的过程。

基于 AAM 算法的人脸特征识别在人机交互、人脸识别、人脸表情分析、人脸 3 维动画建模等方面有着比较广泛的应用。

（1）人机交互：通过捕捉并整合人脸的图像等信号获取对方的身份、状态、意图等相关信息内容。人脸是代表身份传递信息和意图的重要途径，最大程度地使用计算机视觉系统来获取人的面部信息，是人机交互的重要工作。基于 AAM 的人脸特征识别算法能够在极短的时间内准确地获取人脸的特征点位置，进而获取人脸的特征信息。

（2）人脸识别：利用计算机分析人脸图像，进而获取有效的识别信息，用来辨识人脸对象的身份。目前在众多的人脸识别技术中，使用较多的是基于特征分析的方法，这个方法中最关键的部分就是获取人脸面部的特征信息。基于 AAM 的人脸特征识别算法能够准确定位到面部器官的特征点位置。

（3）人脸表情分析：对人脸的表情信息连同人类所具有的情感信息方面的经验知识，进行特征提取并进行进一步分析，使计算机进行联想和推理，进而分析出人的快乐、悲伤、恐惧、惊喜、愤怒等常见情绪。基于特征点的表情提取方法要求应用特征点算法进行标定，因此基于 AAM 的人脸特征识别算法能够快速准确地对人脸表情分析做出最重要的分析。

（4）人脸 3 维动画建模：通过计算机图形学技术，以人脸的面部结构和属性为基础，构建出虚拟人脸的 3 维动画模型。通过人脸特征点的定位技术，可以准确快速地获取人脸的特征信息，利用 AAM 的人脸特征识别算法建模来获取形状和外观参数组，进而使得人脸具备很强的表征能力，还可以快速重建对应的原始人脸图像的 3 维动画模型。

基于 AAM 的人脸特征标定与识别方式已经成为人脸特征点定位领域的新兴算法，代表了未来发展的一个方向。

以上是目前人脸识别领域最经典的两种算法。在实际应用时，需要首先得出算法所获取的关键点位置与真实关键点位置之间的偏差。由于不同的人脸图像总会存在一定程度的大小差异，因此，如果需要在相同尺度下进行算法性能的比较，需要一定的方式将数据进行归一化处理。目前最主流的方法是以两眼之间的距离为基础，进行人脸尺寸大小的标准化处理。

传统的人脸关键点检测数据库均采用在室内环境下采集的方式，而现在所使用的人脸关键点检测数据库，则多为复杂环境下所采集的信息数据库。目前常见的人脸数据库有 FERET（Face Recognition Technology）、AFLW（Annotated Facial Landmarks in the Wild）、LFW（Labeled Faces in the Wild）、AFW（Annotated Faces in the Wild）、FDDB（Face Datection Data Set and Benchmark）、WIDER FACE、CMU Multi-PIE 和 ORL（OLivetti Research Laboratory）等。其中，FERET 人脸数据库由 FERET 项目创建，此图像集包含大量的人脸图像，并且每幅图中均只有一个人脸。该数据集中，同一个人的照片有不同表情、光照、姿态和年龄的变化。它包含了 1 万多张多姿态和光照的人脸图像，是人脸识别领域应用最广泛的人脸数据库之一。

AFLW 人脸数据库是一个多姿态、多视角的海量规模的人脸数据库，数据库中的每个人脸部都被标注了 21 个特征点。在这个包含了海量数据的信息库中，包含了大约 25 000 万已被手工标注的图片，图片包含了各种姿态和表情，还有其他诸如光照条件、种族等各类影响因素的图片。图片大部分以彩色为主，少部分为灰色图片，此数据库适合用于人脸识别、人脸检测、人脸对齐等方面的深入研究，具有很高的研究价值。

AFW 数据集是使用了基于雅虎旗下图片分享网站所建立的人脸图像库，它包含了 200 多个图像，每个人脸都具有一个长方形的边界框、6 个地标以及相关的姿势角度，数据库不大但是具有训练好的模型，是人脸识别练习过程中比较不错的范例。

WIDER FACE 是中国香港中文大学建立的一个人脸检测基准数据集，它包含了 32 000 多个图像以及接近 40 万个人脸图像，在姿势、表达和装扮等方面有很大的变化空间，作为一个基于时间类别所组织的人脸图像库，它由 61 个不同事件类别构成，其中每一个事件类别中的图片，40%的图片用于训练集的训练，50%的图片用于测试集的测试，最后 10%的图片用于交叉验证。

CMU Multi-PIE 人脸数据库由美国卡内基梅隆大学建立。所谓“PIE”就是姿态（Pose）、光照（Illumination）和表情（Expression）的缩写。CMU Multi-PIE 人脸数据库是在 CMU PIE 人脸数据库的基础上发展起来的，包含 337 位志愿者的 75 000 多张多姿态、光照和表情的面部图像。其中，姿态和光照变化图像也是在严格控制的条件下采集的，目前已经逐渐成为人脸识别领域的一个重要的测试集合。

ORL 人脸数据库是由英国剑桥大学 AT&T 实验室创建的数据库，它由该实验室从 1992 年 4 月～1994 年 4 月期间拍摄的一系列人脸图像组成，共有 40 个不同年龄、不同性别和不同种族的对象。每个人 10 幅图像，共计 400 幅，由经过归一化处理的灰度图像组成，图像尺寸是 92px×112px，图像背景为黑色。其中人脸部分表情和细节均有变化，例如笑与不笑、眼睛睁着或闭着、戴或不戴眼镜等，不同人脸样本的姿态也有变化，其深度旋转和平面旋转可达 20°，人脸尺寸最多也有 10%的变化。该人脸数据库在人脸识别研究的早期经常被人们采用，特别是刚从事人脸识别研究的学生和初学者，研究 ORL 人脸数据库是个很好的开始。但由于变化模式较少，多数系统的识别率均可以达到 90%以上，因此进一步利用的价值已经不大。

11.3.3 人脸验证

人脸验证是指通过分析对比从而判断两张人脸是否属于同一个人。输入两张人脸数据，将会得到一个相似度数值，从而进行相似度的评估。

11.4 人脸检测

本节中通过使用 TensorFlow 进行人脸识别，采用的案例实现部分内容参考了 github 网站上的相关内容。案例使用了 TensorFlow 1.7 以及 Python 3.5。首先通过输入下列命令行内容进行代码下载。

```
git cLone -- recursive https://github.com/davidsandberg/facenet.git
```

11.4.1 LFW 数据集

人脸识别领域最重要的数据集合是 LFW 数据库，它是由美国的马萨诸塞大学（University of Massachusetts）阿姆斯特分校（Amherst）计算机视觉实验室整理完成的一个数据库。数据库下载的网址可以通过搜索引擎查找马萨诸塞大学的相关网址来完成操作。关于马萨诸塞大学的网址内容如图 11-4 所示。

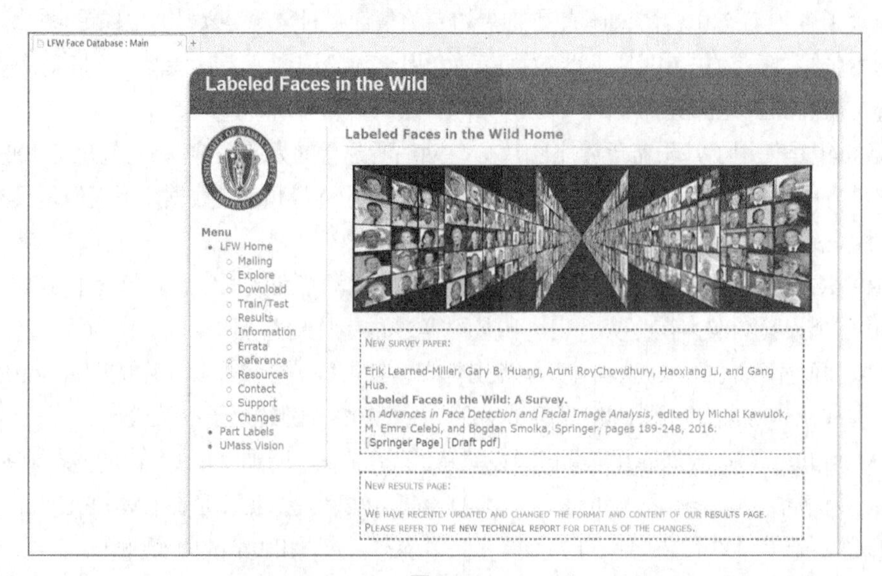

图 11-4

在官方主页的 Download 页面，有所需的 LFW 数据集的全部图片内容，如图 11-5 所示。

LFW 数据集主要用来测试人脸识别的准确率，该数据集来源于 13000 多张全世界知名人士自然场景下不同朝向、表情和光照环境的人脸图片，所有图片全部来自互联网环境中，然后从中随机选择了 6000 对人脸组成了人脸辨识图片对，其中 3000 对里每人有两张照片，另 3000 对里每人只有一张照片。每张人脸图片都有其唯一的姓名 ID 和序号加以区分，每张图片的大小是 250px×250px。测试过程中 LFW 给出一对照片，询问测试中的系统两张照片是不是同一个人，系统给出“是”或“否”的答案。通过 6000 对人脸测试结果的系统答案与真实答案的比值可以得到人脸识别准确率。

完成数据集的下载后，下一步进行数据训练的预处理，如图 11-5 所示。

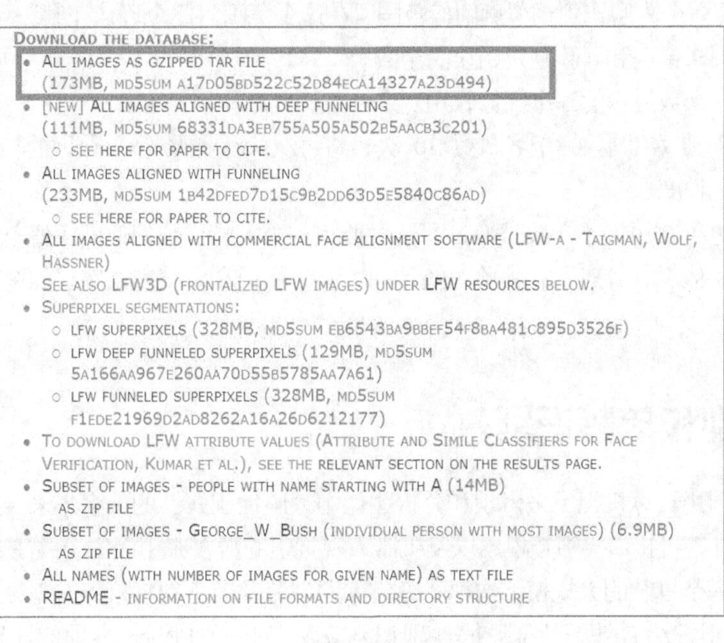

图 11-5

11.4.2　数据预处理与检测

在图像识别领域中，数据预处理是很重要的一个环节。

通过 dlib 进行人脸识别网络训练后，得到 dlib_face_recognition_resnet_model_v1.dat。通常在 LFW 人脸数据集上对该模型进行精度验证。下面梳理验证过程。

（1）在原始 LFW 数据集中，截取人脸图像并保存。例如，可以使用开源人脸检测对齐工具 seetaface 将人脸剪切出来，并保存，建议以原图像名称加一个后缀来命名人脸图像。

（2）通过 Python、Matlab 或者 C++构建训练时的网络结构并加载 dlib_face_recognition_resnet_model_v1.dat。

（3）将截取的人脸传入网络，每个人脸都可以得到网络前向运算的最终结果，一般为一个 N 维向量，并保存，建议以原图像名称加一个后缀命名。

（4）LFW 提供了 6 000 对人脸验证 txt 文件 lfw_pairs.txt，其中第 1 个 3 000 对中每人有两张人脸图像；第 2 个 3 000 对中每人有一张人脸图像。按照该 List，在步骤（3）保存的数据中，找到对比人脸对应的 N 维特征向量。

（5）通过余弦距离/欧式距离计算两张人脸的相似度。同脸和异脸分别保存到各自对应的得分向量中。

（6）同脸得分向量按照从小到大排序，异脸得分向量按照从大到小排序。

（7）FAR（错误接受率）从 0～1，按照万分之一的单位，利用排序后的向量，求 FRR（错误拒绝率）或者 TPR（True Positive Ratio）。

（8）根据步骤（7）可绘制 ROC 曲线。

对于阈值的确定，有如下步骤。

（1）将测试人脸对分为 10 组，用来确定阈值并验证精度。

（2）自己拟定一个人脸识别相似度阈值范围，在这个范围内逐个确认在某一阈值下，选取其中 1 组数据统计同脸判断错误和异脸判定错误的个数。

（3）选择错误个数最少的那个阈值，用剩余 9 组，判断识别精度。

（4）将步骤（2）和步骤（3）各执行 10 次，将每次执行步骤（3）获取的精度进行累加并求平均，得到最终判定精度。

阈值的确定也可以用下述方式替换，即自己拟定一个人脸识别相似度阈值范围，在这个范围内逐个确认在某一阈值下，针对所有人脸对统计同脸判断错误和异脸判定错误的个数，从而计算得出判定精度。

11.5 性别和年龄识别

性别识别是利用计算机视觉来辨别和分析图像中人脸性别属性的。多年来，人脸性别分类由于在人类身份认证、人机接口、视频检索以及机器人视觉中的潜在应用而备受关注。

性别分类是一个复杂的大规模二次模式分类问题，分类器将数据录入并划分男性和女性。目前最主要的性别识别方法有基于特征脸的性别识别算法、基于 Fisher 准则的性别识别方法和基于 Adaboost+SVM 的人脸性别分类算法三大类。

基于特征脸的性别识别算法主要是使用 PCA（主成分分析）。在计算过程中通过消除数据中的相关性，将高维图像降低到低维空间，而训练集中的样本则被映射成低维空间中的一点。当需要判断测试图片的性别时，就需要先将测试图片映射到低维空间中，然后计算离测试图片最近的样本点是哪一个，将最近样本点的性别赋值给测试图片即可。

基于 Fisher 准则的性别识别方法主要利用 LDA（线性投影分析）的思想。它是通过将样本空间中的男女样本投影到过原点的一条直线上，并确保样本在该线上的投影类内距离最小，类间距离最大，从而分离出识别男女的分界线。

基于 Adaboost+SVM 的人脸性别分类算法主要分为两个阶段，如图 11-6 所示。

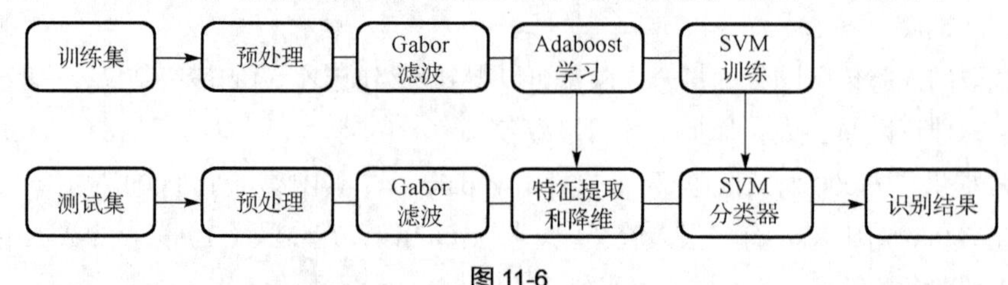

图 11-6

（1）训练阶段：通过对样本图像进行预处理，提取图像的 Gabor 小波特征，通过 Adaboost 分类器进行特征降维，最后对 SVM 分类器进行训练。

（2）测试阶段：通过对样本图像进行预处理，提取图像的 Gabor 小波特征，通过 Adaboost 分类器进行特征降维，最后用训练好的 SVM 分类器进行识别，输出识别结果。

年龄估计的定义并不明确，它既可以是分类问题，也可以是回归问题。如果将年龄分成几类，比如少年、青年、中年和老年时，年龄估计就是分类问题；如果精确估计具体年龄时，年龄估计就是回归问题。

年龄估计是一个比性别识别更为复杂的问题。原因在于人的年龄特征在外表上很难准确地被观察出来，即使是人眼也很难准确地判断出一个人的年龄。再看人脸的年龄特征，它通常表现在皮肤纹理、皮肤颜色、光亮程度和皱纹纹理等方面，而这些因素通常与个人的遗传基因、生活习惯、性别、性格特征和工作环境等方面相关。所以说，很难用一个统一的模型去定义人脸图像的年龄。若想要较好地估计出人的年龄层，则需要通过大量样本的学习。基于人脸图像进行年龄估计的效果如图 11-7 所示。

图 11-7

年龄估计大致分为预估和详细评估两个阶段，如图 11-8 所示。

（1）预估阶段：提取出照片中人脸的肌肤纹理特征，对年龄范围做一个大致的评估，得出一个特定的年龄段。

（2）详细评估阶段：通过支持向量机的方法，建立了对应于多个年龄段的多个模型分类器，并选择合适的模型进行匹配。这其中，以一项融合 LBP 和 HOG 特征的人脸年龄估计算法最为人们所熟知。

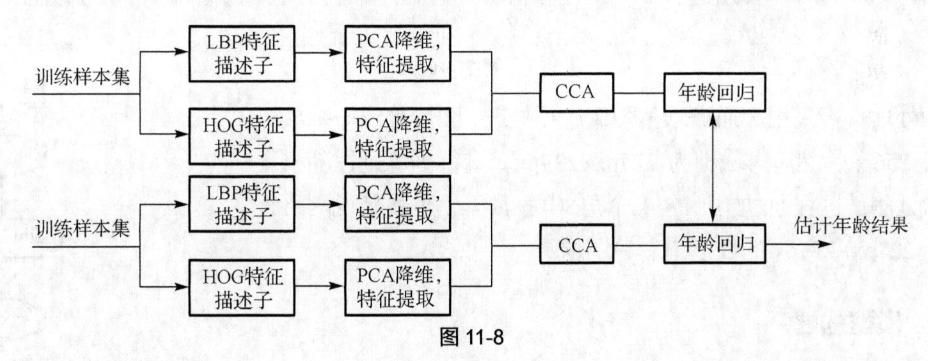

图 11-8

该算法提取与年龄变化关系紧密的人脸的局部统计特征的 LBP（局部二值化模式）特征和 HOG（梯度直方图）特征，如图 11-9 所示，并用 CCA（典型相关分析）的方法融合，最后通过 SVR（支持向量机回归）的方法对人脸库进行训练和测试。

利用 CNN 进行图片分类已经不是什么新鲜事，使用 CNN 网络进行年龄和性别预测，也可以获得不错的精度。

性别分类自然而然是二分类问题，然而对于年龄判断怎么操作？年龄预测是回归问题吗？常见的方法是划分多个年龄段，每个年龄段相当于一个类别，这样年龄也就是多分类问题了。

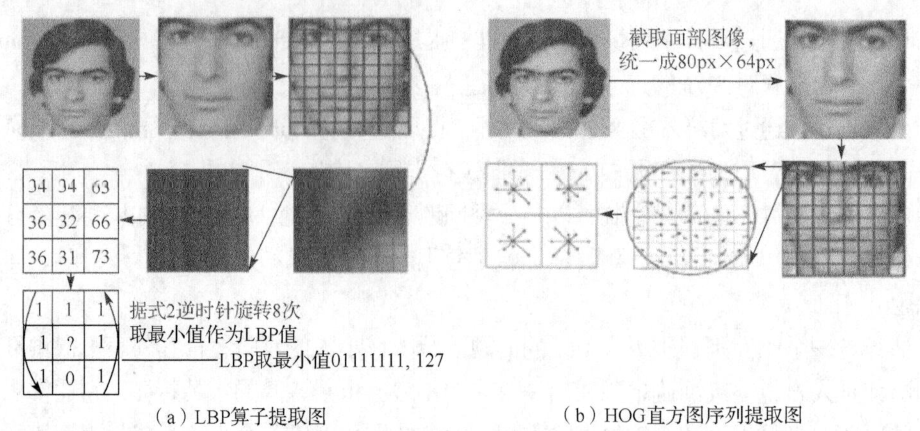

（a）LBP算子提取图　（b）HOG直方图序列提取图

图 11-9

11.5.1　数据预处理

所用的网络包含三个卷积层，还有两个全连接层，如图 11-10 所示，这算是层数比较少的 CNN 网络模型了，这样可以避免过拟合。对于年龄的识别，分为 8 个年龄段，相当于 8 分类模型；对于性别识别自然而然是二分类问题了。

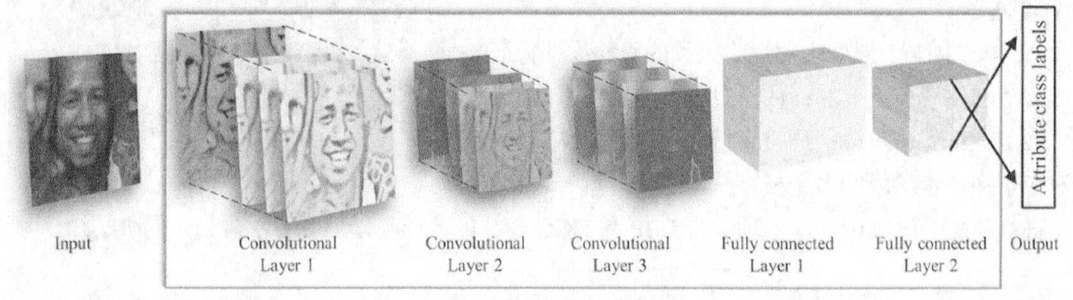

图 11-10

图像处理直接采用 3 通道彩色图像进行处理，图片都统一缩放到 256px×256px，然后再裁剪为 227px×227px，进行训练过程随机裁剪，验证测试过程通过矩形的 4 个角+中心裁剪，也就是说网络的输入是 227px×227px 的 3 通道彩色图像。

11.5.2　模型构建

模型构建分以下 6 层。

（1）第 1 层：采用 96 个卷积核，每个卷积核参数个数为 3×7×7，相当于 3 个 7×7 大小的卷积核在每个通道进行卷积。激活函数采用 ReLu，采用最大重叠池化，池化的大小选择 3×3，strides 选择 2。然后放置一个局部响应归一化层。局部响应归一化分成两种情况，一种是 3D 的归一化，也就是特征图之间对应像素点的归一化，还有一种是 2D 归一化，就是对特征图的每个像素的局部做归一化，流程如图 11-11 所示。

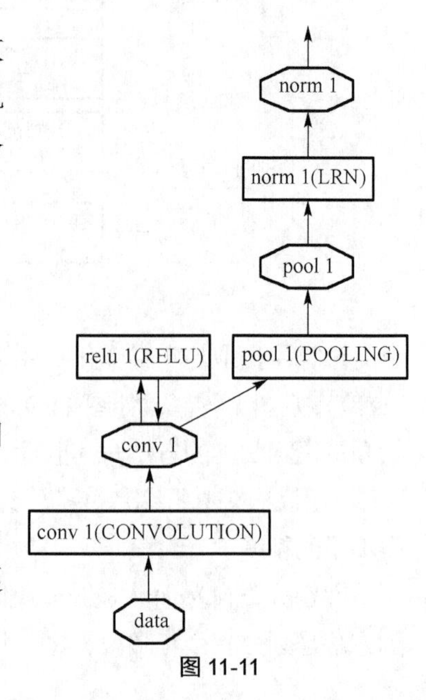

图 11-11

第 1 层的代码如下。

```
layers {
  name: "conv1"
  type: CONVOLUTION
  bottom: "data"
  top: "conv1"
  blobs_lr: 1
  blobs_lr: 2
  weight_decay: 1
  weight_decay: 0
  convolution_param {
    num_output: 96
    kernel_size: 7
    stride: 4
    weight_filler {
      type: "gaussian"
      std: 0.01
    }
    bias_filler {
      type: "constant"
      value: 0
    }
  }
}
layers {
  name: "relu1"
  type: RELU
  bottom: "conv1"
  top: "conv1"
}
layers {
  name: "pool1"
  type: POOLING
  bottom: "conv1"
  top: "pool1"
  pooling_param {
    pool: MAX
    kernel_size: 3
    stride: 2
  }
}
layers {
  name: "norm1"
  type: LRN
  bottom: "pool1"
  top: "norm1"
  lrn_param {
    local_size: 5
    alpha: 0.0001
    beta: 0.75
  }
}
```

（2）第 2 层：输入是 96×28×28 的单通道图片，因为第 1 层已经把三通道合在一起进行卷积了。

在第 2 层结构选择 256 个滤波器，滤波器大小为 5×5，卷积步长为 1。池化也选择跟之前一样的参数，代码如下。

```
layers {
  name: "conv2"
  type: CONVOLUTION
  bottom: "norm1"
  top: "conv2"
  blobs_lr: 1
  blobs_lr: 2
  weight_decay: 1
  weight_decay: 0
  convolution_param {
    num_output: 256
    pad: 2
    kernel_size: 5
    weight_filler {
      type: "gaussian"
      std: 0.01
    }
    bias_filler {
      type: "constant"
      value: 1
    }
  }
}
layers {
  name: "relu2"
  type: RELU
  bottom: "conv2"
  top: "conv2"
}
layers {
  name: "pool2"
  type: POOLING
  bottom: "conv2"
  top: "pool2"
  pooling_param {
    pool: MAX
    kernel_size: 3
    stride: 2
  }
}
layers {
  name: "norm2"
  type: LRN
  bottom: "pool2"
  top: "norm2"
  lrn_param {
    local_size: 5
    alpha: 0.0001
    beta: 0.75
  }
}
```

（3）第 3 层：滤波器个数选择 384，卷积核大小为 3×3，代码如下。

```
layers {
 name: "conv3"
 type: CONVOLUTION
 bottom: "norm2"
 top: "conv3"
 blobs_lr: 1
 blobs_lr: 2
 weight_decay: 1
 weight_decay: 0
 convolution_param {
  num_output: 384
  pad: 1
  kernel_size: 3
  weight_filler {
   type: "gaussian"
   std: 0.01
  }
  bias_filler {
   type: "constant"
   value: 0
  }
 }
}
layers {
 name: "relu3"
 type: RELU
 bottom: "conv3"
 top: "conv3"
}
layers {
 name: "pool5"
 type: POOLING
 bottom: "conv3"
 top: "pool5"
 pooling_param {
  pool: MAX
  kernel_size: 3
  stride: 2
 }
}
```

（4）第 4 层：为第 1 个全连接层，神经元个数选择 512，代码如下。

```
layers {
 name: "fc6"
 type: INNER_PRODUCT
 bottom: "pool5"
 top: "fc6"
 blobs_lr: 1
 blobs_lr: 2
 weight_decay: 1
 weight_decay: 0
 inner_product_param {
  num_output: 512
  weight_filler {
```

```
      type: "gaussian"
      std: 0.005
    }
    bias_filler {
      type: "constant"
      value: 1
    }
  }
}
layers {
  name: "relu6"
  type: RELU
  bottom: "fc6"
  top: "fc6"
}
layers {
  name: "drop6"
  type: DROPOUT
  bottom: "fc6"
  top: "fc6"
  dropout_param {
    dropout_ratio: 0.5
  }
}
```

（5）第 5 层：为第 2 个全连接层，神经元个数也选择 512，代码如下。

```
layers {
  name: "fc7"
  type: INNER_PRODUCT
  bottom: "fc6"
  top: "fc7"
  blobs_lr: 1
  blobs_lr: 2
  weight_decay: 1
  weight_decay: 0
  inner_product_param {
    num_output: 512
    weight_filler {
      type: "gaussian"
      std: 0.005
    }
    bias_filler {
      type: "constant"
      value: 1
    }
  }
}
layers {
  name: "relu7"
  type: RELU
  bottom: "fc7"
  top: "fc7"
}
layers {
```

```
  name: "drop7"
  type: DROPOUT
  bottom: "fc7"
  top: "fc7"
  dropout_param {
    dropout_ratio: 0.5
  }
}
```

（6）第 6 层：为输出层，对于性别来说是二分类，输入神经元个数为 2，代码如下。

```
layers {
  name: "fc8"
  type: INNER_PRODUCT
  bottom: "fc7"
  top: "fc8"
  blobs_lr: 10
  blobs_lr: 20
  weight_decay: 1
  weight_decay: 0
  inner_product_param {
    num_output: 2
    weight_filler {
      type: "gaussian"
      std: 0.01
    }
    bias_filler {
      type: "constant"
      value: 0
    }
  }
}
layers {
  name: "accuracy"
  type: ACCURACY
  bottom: "fc8"
  bottom: "label"
  top: "accuracy"
  include: { phase: TEST }
}
layers {
  name: "loss"
  type: SOFTMAX_LOSS
  bottom: "fc8"
  bottom: "label"
  top: "loss"
}
```

11.5.3　模型训练

模型训练包括以下 4 个步骤。

（1）初始化参数：权重初始化方法采用标准差为 0.01，均值为 0 的高斯正态分布。

（2）网络训练：采用 dropout 来限制过拟合，dropout 比例采用 0.5。还要进行数据扩充，数据扩充是通过输入 256px×256px 的图片进行随机裁剪，裁剪为 227px×227px 的图片，当然要以人脸的中心为基点进行裁剪。

（3）训练方法：采用点随机梯度下降法，min-batch 选择为 50，学习率为 0.001，当迭代到 10 000 次以后，把学习率调为 0.0001。

（4）结果预测：预测方法为输入一张 256px×256px 的图片，然后裁剪为 5 张大小为 227px×227px 的图片，其中 4 张图片的裁剪方法为分别以 256px×256px 的图片的 4 个角为基点，最后 1 张以人脸的中心为基点进行裁剪。然后对这 5 张图片进行预测，最后对预测结果进行平均。

11.5.4 模型验证

如果直接把书中给出的训练好的模型用到自己的项目上，可能精度会比较低。直接使用书中给出的模型，在个人的数据上进行测试，精度为 82%左右，这个精度对于实际的工程应用还差得很远。后面就要发挥自己的调参技巧把精度提高上去，才能达到 95%以上的精度。